JN051592

今すぐ使える
かんたんbiz

Python × Excel 自動処理 ビジネス活用 大全

著
土屋和人

技術評論社

本書の使い方

セクションごとに機能を順番に解説しています。

セクション名は具体的な作業を示しています。

セクションの解説内容のまとめを表しています。

操作内容の見出しです。

読者が抱く小さな疑問を予測して解説しています。

番号付きの記述で操作の順番が一目瞭然です。

サンプルファイル名を表示しています（P.4参照）。

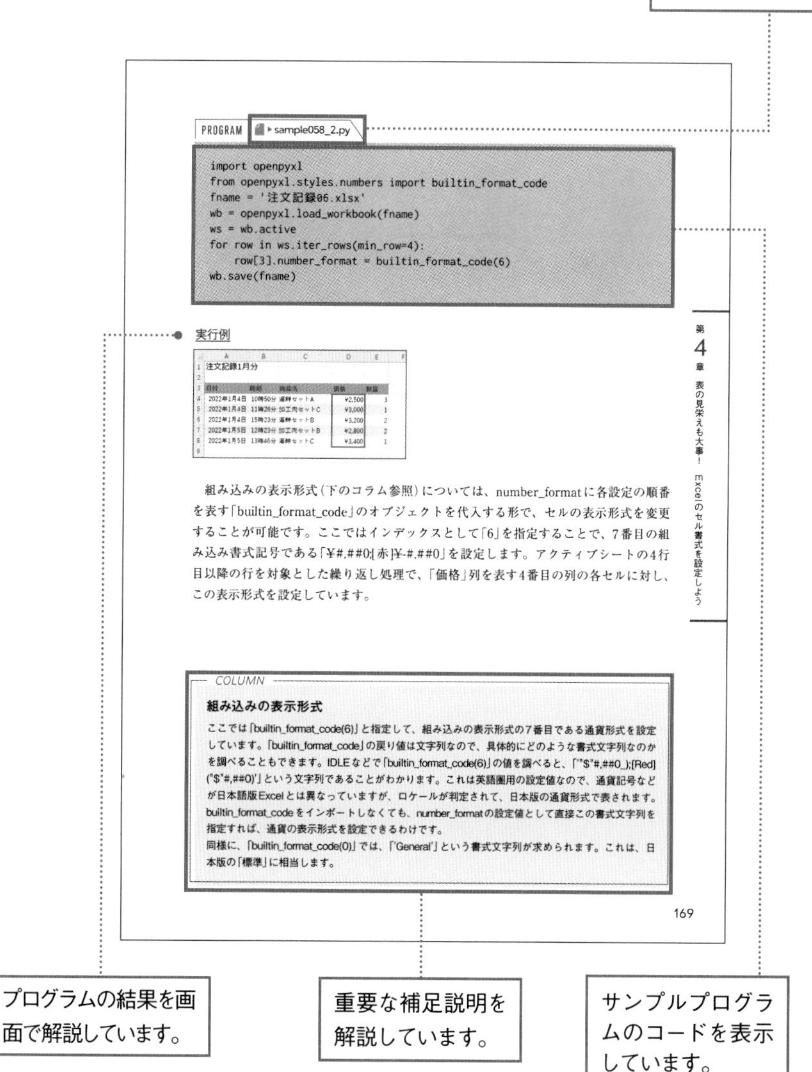

PROGRAM sample058_2.py

```
import openpyxl
from openpyxl.styles.numbers import builtin_format_code
fname = '注文記録06.xlsx'
wb = openpyxl.load_workbook(fname)
ws = wb.active
for row in ws.iter_rows(min_row=4):
    row[3].number_format = builtin_format_code(6)
wb.save(fname)
```

実行例

	A	B	C	D	E
1	注文記録1月分				
2					
3	日付	時刻	商品名	価格	数量
4	2022年1月4日	10時50分	海鮮セットA	¥2,500	3
5	2022年1月4日	11時26分	加工肉セットC	¥3,000	1
6	2022年1月4日	15時23分	海鮮セットB	¥3,200	2
7	2022年1月5日	12時23分	加工肉セットB	¥2,800	2
8	2022年1月5日	13時46分	海鮮セットC	¥3,400	1
9					

組み込みの表示形式（下のコラム参照）については、number_formatに各設定の順番を表す「builtin_format_code」のオブジェクトを代入する形で、セルの表示形式を変更することが可能です。ここではインデックスとして「6」を指定することで、7番目の組み込み書式記号である「¥#,##0;[赤]¥-#,##0」を設定します。アクティブシートの4行目以降の行を対象とした繰り返し処理で、「価格」列を表す4番目の列の各セルに対し、この表示形式を設定しています。

COLUMN

組み込みの表示形式

ここでは「builtin_format_code(6)」と指定して、組み込みの表示形式の7番目である通貨形式を設定しています。「builtin_format_code」の戻り値は文字列なので、具体的にどのような書式文字列なのかを調べることもできます。IDLEなどで「builtin_format_code(6)」の値を調べると、「'"$"#,##0_);[Red]("$"#,##0)'」という文字列であることがわかります。これは英語圏用の設定値なので、通貨記号などが日本語版Excelとは異なっていますが、ロケールが判定されて、日本版の通貨形式で表されます。builtin_format_codeをインポートしなくても、number_formatの設定値として直接この書式文字列を指定すれば、通貨の表示形式を設定できるわけです。
同様に、「builtin_format_code(0)」では、「'General'」という書式文字列が求められます。これは、日本版の「標準」に相当します。

第4章 表の見栄えも大事！ Excelのセル書式を設定しよう

169

プログラムの結果を画面で解説しています。

重要な補足説明を解説しています。

サンプルプログラムのコードを表示しています。

サンプルファイルのダウンロード

本書の解説内で使用しているサンプルファイルは、以下のURLのサポートページからダウンロードできます。ダウンロードしたときは圧縮ファイルの状態なので、展開してからご利用ください。ここでは、Windows 11のMicrosoft Edgeを使ってダウンロード・展開する手順を解説します。

https://gihyo.jp/book/2023/978-4-297-13583-6/support

手順解説

1. Webブラウザー(画面はMicrosoft Edge)を起動し、アドレス欄に上記のURLを入力して、Enterキーを押します。

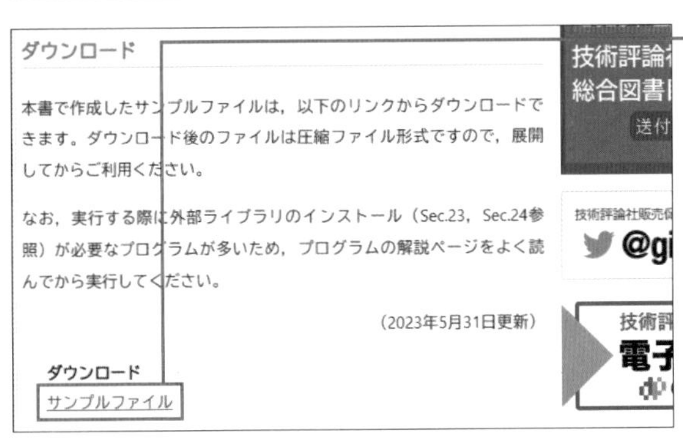

2. ［ダウンロード］欄にある［サンプルファイル］をクリックします。

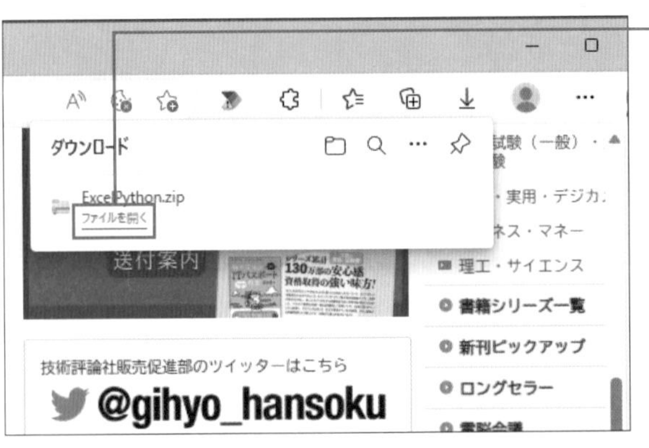

3. ダウンロードが行われます。ダウンロードが完了したら、［ファイルを開く］をクリックします。

MEMO ダウンロード画面

ダウンロードしたファイルが画面から消えてしまったときは、…をクリックして［ダウンロード］をクリックすると表示されます。

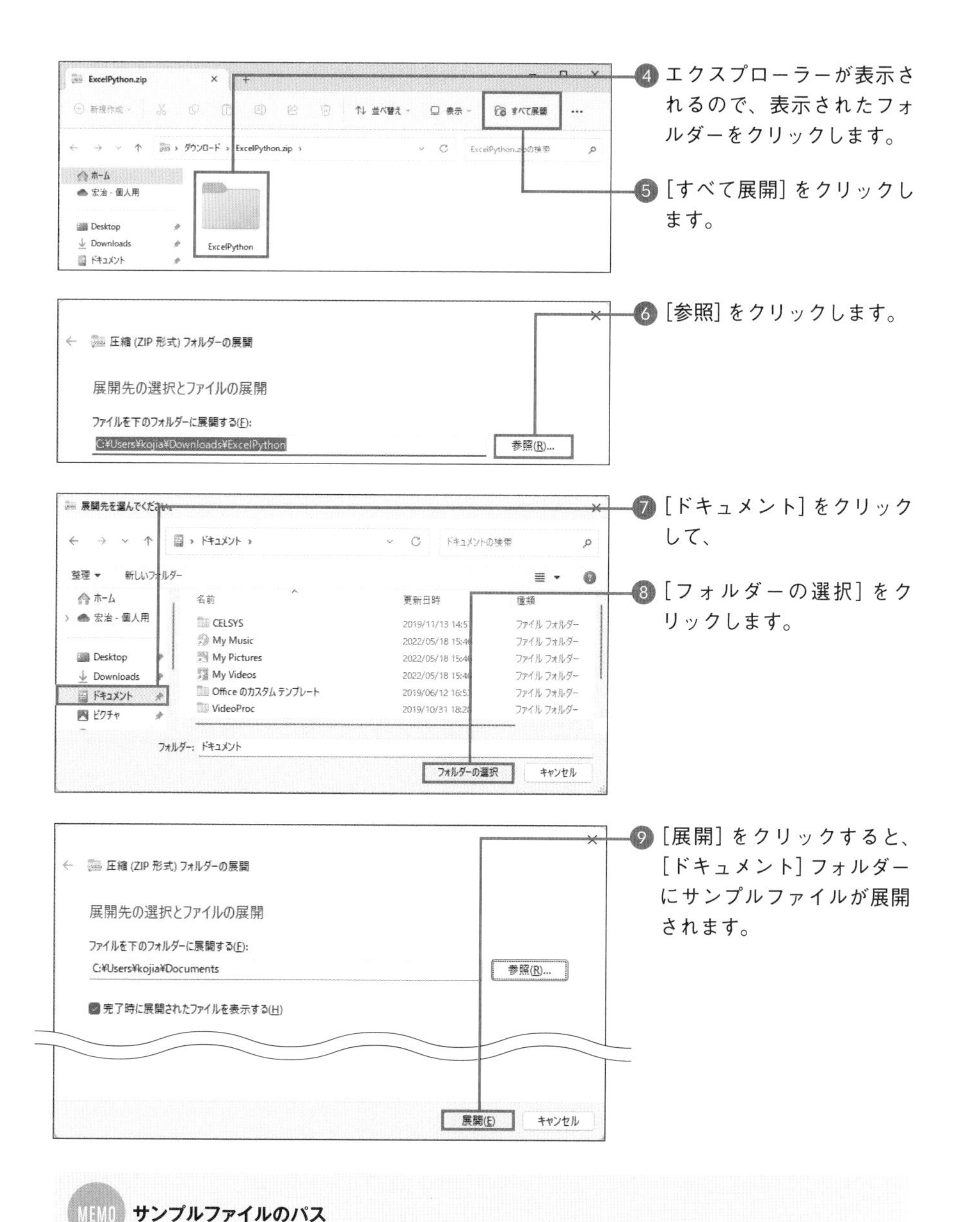

MEMO

サンプルファイルのパス

［ドキュメント］フォルダーに展開した場合、サンプルファイルのパスは以下のようになります。

```
C:¥Users¥ユーザー名¥Documents¥ExcelPython¥1sho_samples¥sample01_01.py
```

サンプルファイルの使い方

ダウンロードしたサンプルファイルを使用して、本書の解説内容を確認できます。ここでは、IDLEとVisual Studio Codeで、それぞれPythonのスクリプトファイルを開く手順を説明します。IDLEとVisual Studio CodeのインストールはP.30～P.37を参照してください。

【IDLEでファイルを開く】

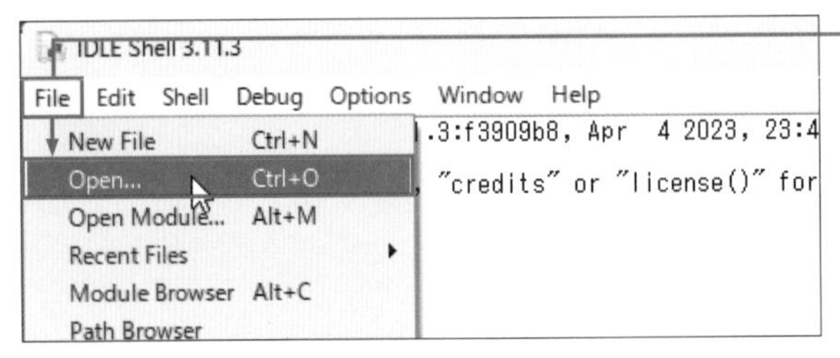

❶ IDLEの「File」メニューをクリックし、「Open」を選びます。

❷「開く」ダイアログボックスが表示されます。目的のスクリプトファイルを選択し、「開く」をクリックします。

sample01_01.py - C:\Users\clayh\Documents\ExcelPython\ExcelPython\1sl

File Edit Format Run Options Window Help

```
import openpyxl

wb = openpyxl.load_workbook('販売記録.xlsx')
ws = wb.active
for row in ws.iter_rows(min_row=4, max_row=8, max_col=5):
    sval = row[0].value
    if sval.endswith('本店'):
        print([cel.value for cel in row])
```

❸ IDLEのShell画面とは別のウィンドウが開き、スクリプトファイルの内容が表示されます。ここで、コードを編集したり、実行結果を確認したりできます。

【Visual Studio Codeでファイルを開く】

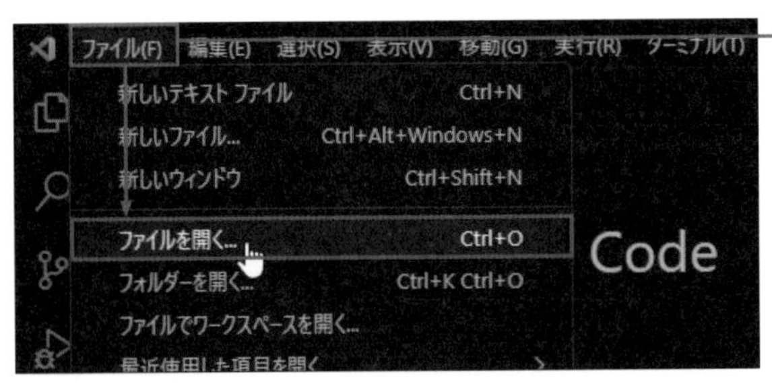

❶「ファイル」メニューをクリックし、「ファイルを開く」を選びます。

❷「ファイルを開く」ダイアログボックスで目的のファイルを選び、「開く」を選びます。

ファイル(F) 編集(E) 選択(S) 表示(V) 移動(G) 実行(R) ターミナル(T)

ようこそ　sample01_01.py ×

C: > Users > clayh > Documents > ExcelPython > ExcelPython > 1sho_sa

```
1  import openpyxl
2
3  wb = openpyxl.load_workbook('販売記録.xlsx')
4  ws = wb.active
5  for row in ws.iter_rows(min_row=4, max_row=8, ma
6      sval = row[0].value
```

❸ 確認メッセージが表示されたら、「開く」をクリックします。

❹ Visual Basic Codeの画面に、スクリプトファイルが読み込まれます。ここで、コードを編集したり、実行結果を確認したりできます。

【Visual Studio Codeでフォルダーを開く】

Visual Studio Codeの「エクスプローラー」では、フォルダーを指定して、その中に含まれるファイルを一覧表示できます。この状態から、スクリプトファイルの表示を簡単に切り替えたり、同時に開いて作業したりすることが可能です。

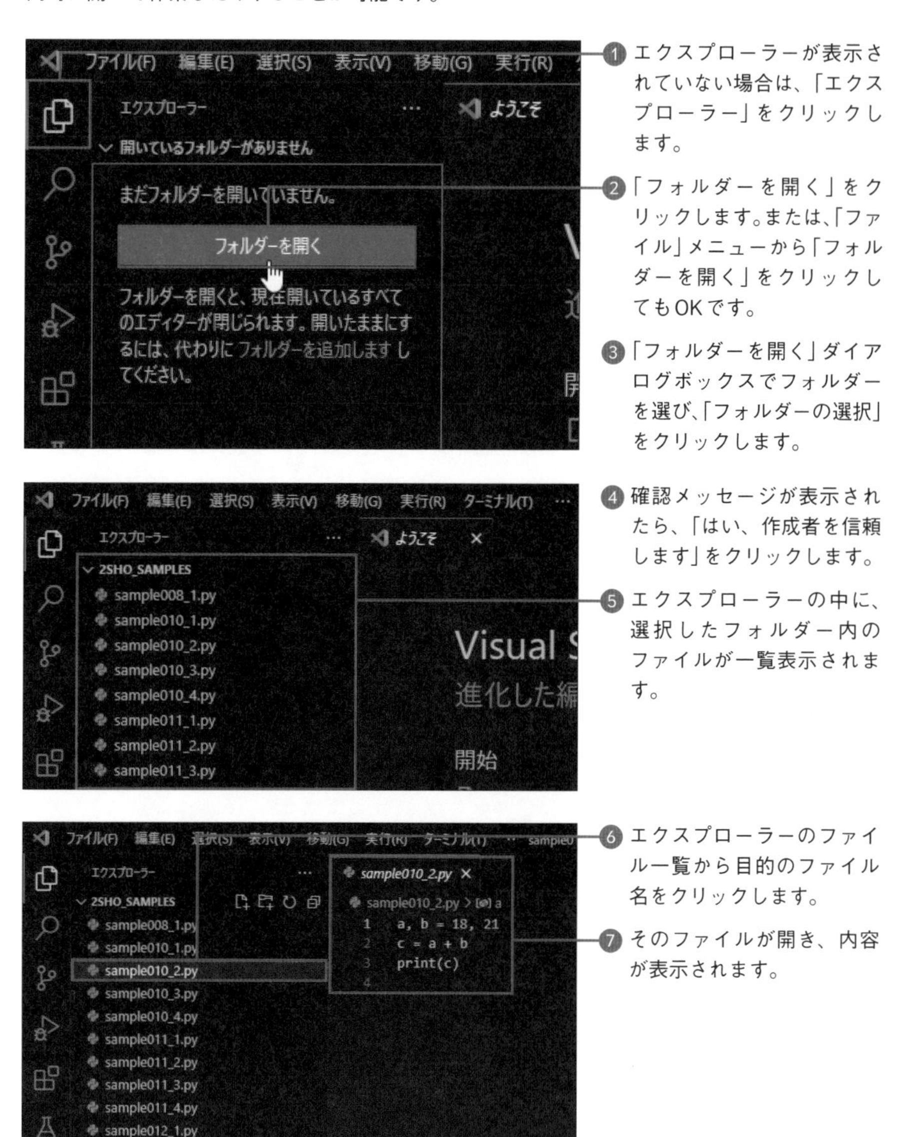

目次

第1章 これだけは知っておきたい! PythonとExcelの基礎知識

第2章 まずはここから! Pythonプログラミングの基本

CONTENTS

第4章 表の見栄えも大事! Excelのセル書式を設定しよう

第5章 データの見える化も自動化! テーブル・図形・グラフを操作しよう

第6章 面倒な反復処理を自動化! シートとブックを操作しよう

CONTENTS

データの活用法が広がる! Excelデータと外部データを連携しよう

第8章 ダイアログやアプリ作成で効率化! Pythonをもっと活用しよう

ご注意 **ご購入・ご利用の前に必ずお読みください**

本書に記載された内容は、情報の提供のみを目的としています。したがって、本書を用いた運用は、必ずお客様自身の責任と判断によって行ってください。これらの情報の運用の結果について、技術評論社および著者はいかなる責任も負いません。

■ ソフトウェアに関する記述は、特に断りのない限り、2023年5月現在での最新バージョンをもとにしています。ソフトウェアはバージョンアップされる場合があり、本書での説明とは機能内容や画面図などが異なってしまうこともあり得ます。あらかじめご了承ください。

■ 本書は、Windows 11で解説を行っています。Windows以外のPythonが動作する環境(macOSやLinux)でも利用できますが、外部ライブラリ「pywin32」を利用したプログラムは、Windows以外の環境では動作しません。

■ 本書では、プログラム中で使用する特殊文字(ASCIIコード「5C」)を「¥」(円記号)と表示していますが、Windows以外の環境やプログラミング用フォントを使用している環境では、「\」(バックスラッシュ)と表示されます(P.127参照)。

■ インターネットの情報については、URLや画面などが変更されている可能性があります。

以上の注意事項をご承諾いただいた上で、本書をご利用願います。これらの注意事項をお読みいただかずに、お問い合わせいただいても、技術評論社は対応しかねます。あらかじめご承知おきください。

第1章

これだけは知っておきたい!
PythonとExcelの
基礎知識

Excelのデータの内部構造を知ろう

本書の目的は、プログラミング言語のPythonを利用して、Excelのデータを自動的に処理することです。その前提として、Excelのデータがどのような構造になっているか、またそのデータに対してどのような処理が可能なのかを、改めて理解しておきましょう。

□ Excelのファイルとは？

Excelで作成される文書（ドキュメント）ファイルは「ブック」と呼ばれます。作業したブックを保存する際の標準的なファイル形式は「Excelブック」です。この形式で名前を付けて保存したファイルには「.xlsx」という拡張子が付きます。また、マクロを含むブックは「マクロ有効ブック」として保存する必要があり、「.xlsm」という拡張子が付きます。

これらの拡張子は、Windowsの通常の設定では表示されていません。Pythonのプログラムでは拡張子まで指定することが多いため、エクスプローラー（フォルダーのウィンドウ）の「表示」の設定で、表示させておくとわかりやすいでしょう。

ファイル名に拡張子を表示

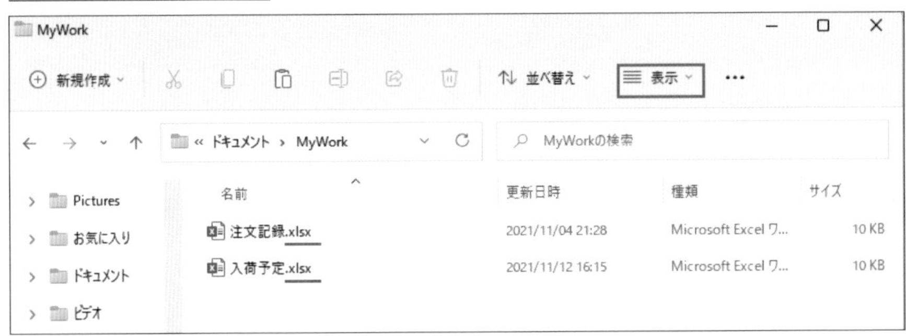

この「Excelブック」と、「Excelマクロ有効ブック」は、いずれも「Open XML」と呼ばれるファイルフォーマットになっています。それ以前のExcelファイルはバイナリ形式のデータでしたが、Open XMLのファイル構造は、XMLというテキストベースの複数のファイルが、zip形式で圧縮されたものです。Pythonなどの外部プログラムでは、そのXMLデータを直接書き換えることによって、ファイルをExcelで開いて編集しなくても、その内容を変更することができます。

□ワークシートとセル

ブックを新規作成すると、縦横の線で格子状に区切られた複数のマス目が並んだ画面が表示されます。これがExcelの基本的な作業画面である「ワークシート」であり、1つ1つのマス目のことを「セル」と呼びます。

Excelの作業画面

	A	B	C	D	E	F	G	H	I
1									
2		商品名	価格	送料	支払額				
3		炊飯器	24000	500	24500				
4									
5									
6									
7									
8									

セル

ワークシート

Excelでは、この各セルに数値や文字列といったデータを入力していきます。さらに、他のセルに入力された数値などを参照する数式をセルに入力して、その計算の結果を表示することもできます。

1つのブックの中に、複数のワークシートを作成することも可能です。Excelでは、通常、新規作成したブックに含まれているワークシートは1つだけですが、必要に応じて追加できます。また、ワークシートには自動的に「Sheet1」などのシート名が付きますが、自由に変更することが可能です。作業中のブックに含まれているワークシートの数やそのシート名は、画面下側のシート見出しで確認することができます。

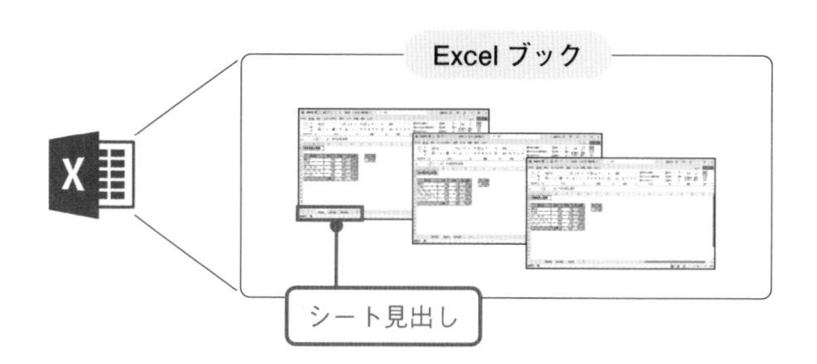

Excelのデータ処理を自動化するには?

Excelで扱うデータが大量である場合、それを手作業で1つ1つ処理していくのは非効率的です。Excel自体にも自動処理と呼べる機能がいくつかありますが、実行したい処理が複雑な場合は、一種の"プログラミング"が必要となります。

□ なぜ自動化が必要なのか

Excelで取り扱うデータは、業務によっては非常に大量になります。各セルのデータを1つ1つ処理していく場合、手作業では非常に時間がかかります。また、処理対象のセルを見落としたり、処理の内容を間違えたりする危険性もあります。

しかし、その処理が一定のルールに基づくものであれば、何らかの自動化が図れる可能性があります。ここでいう「自動化」は、「一括処理」と言い換えることもできます。自動化の仕組みを利用して機械的に処理することで、作業手順を簡略化し、作業時間を短縮することができます。また、見落としや間違いなどの危険も減らせます。

□ Excelを自動化する方法

データ処理の自動化を図りたいとき、最初に検討すべき方法は、Excelが基本的に備えている機能(コマンド)の利用です。たとえば、「置換」は、セルに入力された特定の語句を検索し、指定した別の語句に置き換えることができる機能です。

「検索と置換」ダイアログボックス

検索と置換 ? ×
検索(D) 置換(P)
検索する文字列(N): Excel
置換後の文字列(E): Python
オプション(T) >>
すべて置換(A) 置換(R) すべて検索(I) 次を検索(F) 閉じる

一括置換を実行

この機能では、「検索する文字列」に指定したデータを検索し、見つかったセルを1つ1つ確認しながら、「置換後の文字列」に置き換えていくことができます。さらに、見つかったすべてのセルの値を、一括で置換することもできます。

この他にも、連続するセル範囲に、同じデータや連続性のあるデータを自動入力できる「オートフィル」や、設定した条件に該当するセルの書式を自動的に変化させる「条件付き書式」など、いろいろと便利な機能が用意されています。

▫ Excelのマクロ機能

これらの機能を使っても対処しきれない問題に対して、次に検討すべき方法は、Excelのマクロ機能です。「マクロ」とは、アプリケーションの中の一連の操作を自動化できる機能の総称です。操作を登録する方法は、アプリケーションによっても異なります。たとえば、コマンドを一覧から選んで登録したり、一連の操作を実際に実行してその手順を記録したり、専用の言語を使用してプログラムとして記述したりといった方式があります。

Excelの場合、実行した一連の操作をマクロとして記録することも可能ですが、作成されたマクロは、自動的に独自の言語で記述されたプログラムになります。さらに、この言語の仕様を理解していれば、記録機能を使わず、最初からプログラムを記述して、マクロを作成することも可能です。このExcelのマクロ用プログラミング言語の名前が、「VBA」(Visual Basic for Applications)です。

VBAの作業画面

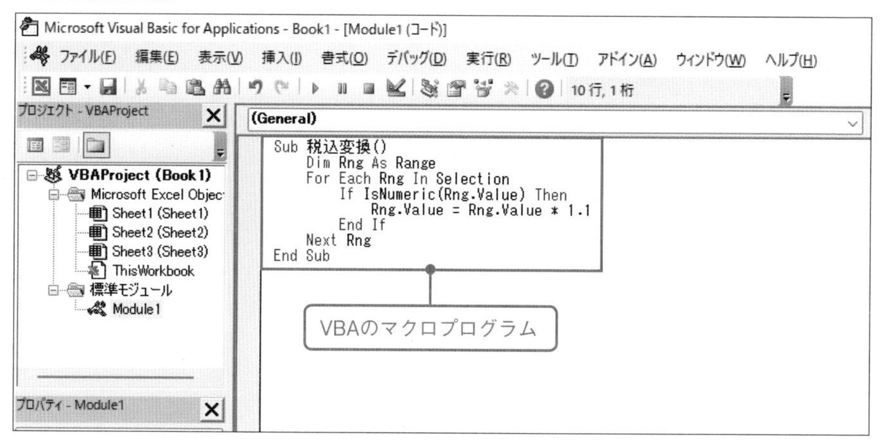

VBAは、いわばExcelの内部的なプログラミング言語ですが、外部の、つまりExcelとは別のプログラミング言語を使用してExcelのデータを処理することも可能です。現在、このような利用法で注目を集めているのが、本書のテーマである「Python」です。

Excel内蔵プログラミング言語「VBA」とは?

Excelのデータ処理を自動化するという目的では、従来は、Excelに標準で装備されているマクロ言語の「VBA」を利用するというのが一般的な方法でした。ここでは、このVBAの概要と、そのメリットやデメリットについて説明しておきましょう。

□「VBA」の概要

VBAとはVisual Basic for Applicationsの略で、直訳すると「アプリケーション用のVisual Basic」という意味です。Visual Basicはソフトウェアなどを開発するための本格的なプログラミング言語であり、その言語仕様を活かし、マクロ言語としてアプリに組み込んだものがVBAです。Excelだけでなく、WordやPowerPoint、Accessといった他のOfficeアプリにもVBAが搭載されており、それぞれの操作を自動化するために利用できます。

VBAのプログラムを作成・編集するには、Visual Basic Editor(VBE)と呼ばれる専用の編集画面を使用します。

Visual Basic Editor

VBEは、アプリとして直接起動するわけではなく、Excelの内部的な操作で開きます。しかし、あたかもExcelとは別のアプリであるかのように、別のウィンドウで表示されます。Wordなど、他のOfficeアプリから開いたVBEも、画面構成や機能は同じです。

なお、VBEを呼び出すためのコマンドは、初期設定ではリボンに表示されていない「開発」タブにあります。VBAのプログラム開発を本格的に始める場合は、「リボンのユーザー設定」などでこのタブを表示させておきましょう。

リボンの[開発]タブ

▫ VBAのメリットとデメリット

VBAはExcelのアプリケーション自体に組み込まれた専用のマクロ言語であり、Excelの操作や機能の多くを実行することが可能です。処理の対象を「オブジェクト」として表し、その属性や設定である「プロパティ」、オブジェクトに対する操作を表す「メソッド」を使用して、Excelの機能のほとんどをプログラムの形で記述できます。

Excelの内部的な操作を自動化することが目的であれば、外部のプログラムであるPythonなどは、やはりVBAには及びません。VBAを利用することで、たとえば、Excelによる作業の効率を向上させるための機能を追加するといったことが可能です。

「マクロ」というのも、言い方を変えれば、Excelの操作に独自のコマンドを追加するようなものです。さらに、VBAを利用することで、数式で利用できる独自の関数を追加したり、セルの選択や入力といった操作に応じて自動的に実行されるプログラムを記述したりといったことも可能です。

VBAで作成したプログラムを保存する場所は、通常は、作業対象のブック自体になります。このプログラムを使用できるのは、基本的にはそのブックを開いている時だけで、別のブックで利用したい場合は、わざわざプログラムを含むブックを開く必要があります。よく利用するマクロプログラムをどのブックでも使えるようにする「個人用マクロブック」や「アドイン」といった仕組みもありますが、別のユーザーやPCのExcel環境でも同じようにそれらのプログラムを利用するには、さらに面倒な手順が必要となります。

また、作業の内容によっては、必ずしもすべての作業をExcelだけで完結できるわけではありません。Excelでは処理できないデータを、別のプログラムを使って処理したい場合もあるでしょう。このような処理は、仮にVBAで実現できたとしても、最初にExcelとそのブックを開かなければならず、作業効率が悪くなることもあります。

Excelデータを処理できる「Python」とは?

Pythonは、無償で使用できるプログラミング言語の1つです。広い範囲で利用されていますが、近年はExcelのデータ処理という用途でも注目されています。ここでは、Pythonの概要について一通り解説しておきましょう。

□「Python」の概要

Pythonはオープンソースのプログラミング言語であり、さまざまなプラットフォーム向けのPythonとその関連ファイルが、無償で提供されています。2.x系と3.x系があり、現在は3.x系が主流です。本書でも、Windows用の3.x系の、原稿作成時点での最新バージョンを使って解説していきます。

プログラムの実行方式には、ソースコードをまとめて実行可能な形式に変換するコンパイル型と、ソースコードを1行ずつ解釈しながら実行するインタープリター型があります。Pythonは、後者のインタープリター型の言語と言えます。

Pythonで記述したプログラムのソースコードは「スクリプト」とも呼ばれます。スクリプト自体はテキストファイルなので、Windowsであれば、たとえば「メモ帳」で作成することもできます。プラットフォームの違いが問題にならない処理の場合、それぞれのプラットフォームにPythonをインストールしておくことで、同じスクリプトを、さまざまな環境で実行することが可能です。

Pythonのスクリプトの例

sample01_01.py - メモ帳

ファイル　編集　表示

```
import openpyxl

wb = openpyxl.load_workbook('販売記録.xlsx')
ws = wb.active
for row in ws.iter_rows(min_row=4, max_row=8, max_col=5):
    sval = row[0].value
    if sval.endswith('本店'):
        print([cel.value for cel in row])
```

他の言語と違うPythonの大きな特徴の1つに、処理のブロックをインデント(字下げ)によって指定するという点があります。他の言語でも処理のブロックをインデントで表しますが、それはプログラムの構造をわかりやすく示すための作法に過ぎず、実際にはインデントしなくても動作には影響しません。

インデントそのものがプログラムの構文の一部になっているのは、Pythonならではの大きなポイントといえます。

□ Pythonのライブラリとは?

Pythonの大きな特徴の1つとして、提供されている豊富な「ライブラリ」があります。ライブラリとは、さまざまな用途のために開発されたプログラムを、多くのプログラマーが利用しやすい形でまとめたものです。

Pythonには、本体をインストールしただけで使用可能になる標準ライブラリと、追加インストールの必要な外部ライブラリがあります。下の表に、Pythonで利用できるライブラリの例を示します。

名前	種類	説明
datetime	標準	日付や時刻のデータを扱う処理
math	標準	数学の計算で使用する関数
re	標準	正規表現を利用した文字列の処理
os	標準	オペレーティングシステム関連の処理
tkinter	標準	ユーザーインターフェースを構築
urllib	標準	URLを扱う処理
Numpy	外部	科学技術計算に便利な機能を提供
pandas	外部	データ分析に便利な機能を提供
openpyxl	外部	Excelのデータを処理
pywin32	外部	VBAと同様の記述でExcelを操作
xlwings	外部	VBAと同様の記述でExcelを操作

PythonでExcelのデータを処理するという目的にも、openpyxlなどのさまざまな外部ライブラリが用意されています。これらのライブラリを利用することで、PythonのプログラムからExcelデータを処理することが可能になります。

どちらを使う? VBAとPythonの使い分けのポイント

ここまで説明してきた通り、Excelのデータを自動的に処理するには、VBAとPythonのどちらも利用できます。ここで、改めてこの両者を比較し、目的や状況に応じて、それぞれどちらを使用すればよいかを考察していきましょう。

□「Excelの自動化」の2つの側面

「Excelを自動化する」と一口にいっても、その具体的な内容には、大きく分けて、次の2つの側面があります。1つは「Excelの操作の自動化」、もう1つは「Excelデータの処理の自動化」です。

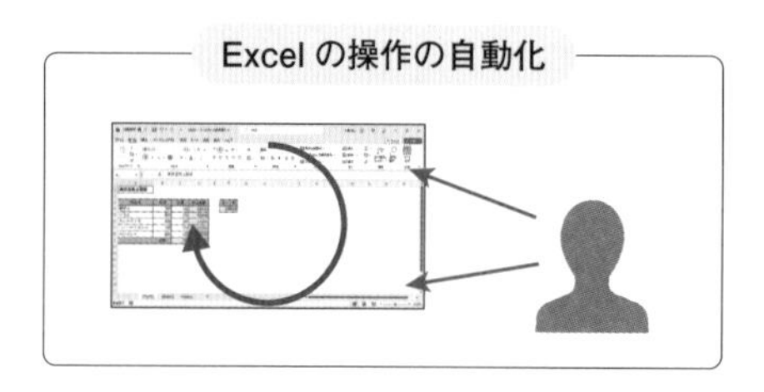

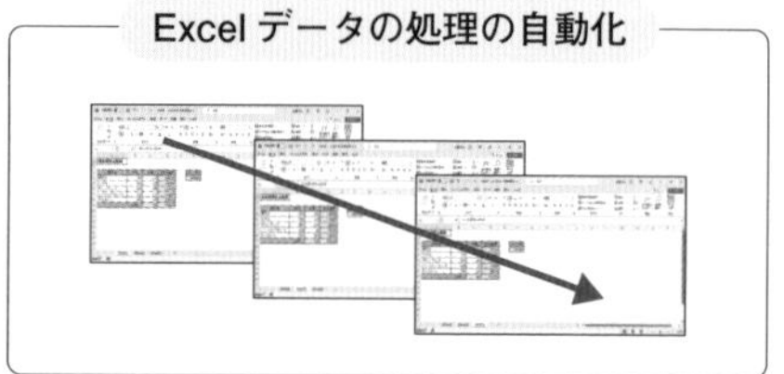

Excelのアプリケーション自体は、いうまでもなく、ユーザーが作業をするための環境です。Excelで自分自身が作業したり、他の人に指示をして作業させたりする際、その省力化や正確性の向上を図るために、一連の手順を自動化するというアプローチが、「Excelの操作の自動化」です。

一方で、Excelのデータは、ビジネスのさまざまな分野で広く利用されている、標準的な「データフォーマット」でもあります。重要なのはExcel形式のデータであり、それを処理するための方法は、必ずしもExcelでなければならないわけではありません。特に、過去に蓄積された大量のExcelデータに対しては、その1つ1つをユーザーがExcelで開いて作業するよりも、何らかのプログラムで、各ファイルを連続で開いて自動処理したほうが効率的です。これが、「Excelデータの処理の自動化」ということです。

□ VBAを利用するとよいケース

目的が「Excelの操作の自動化」であれば、Excel自体の備える機能のほとんどをコード化でき、またそのプログラムをExcel自体の機能であるかのように追加できるVBAのほうが、自動化の仕組みとしては優れています。

Excelでの作業がメインですが、重要な箇所では人間の判断や意思決定が必要になる場合、その作業全体を自動化することはできません。作業の一部分だけを効率化するために自動化を図りたいのであれば、PythonよりもVBAを利用することをおすすめします。前述したように、VBAでは、いわばExcelに独自のコマンドを追加するかのように機能を追加できるからです。

逆に、Excelでの作業と並行して、同じブックをPythonで処理しようとするのは、何かと面倒なことも少なくありません。たとえば、openpyxlでの処理は、対象のブックをExcelで開いている状態では実行できないため、一度閉じて実行してから、改めて開き直す必要があります。

また、Excelの数式で使えるユーザー定義関数を追加したり、Excelの操作に応じて自動的にプログラムを実行したりといったことも、VBAを使用するメリットの1つです。Pythonでユーザー定義関数を作る方法もないわけではありませんが、いずれにしてもVBAの知識がある程度は必要です。

さらに、自分自身が作業する場合以外にも、Excelでフォーマットを作り、そのブックで他の人に作業してもらうというケースもよくあります。このようなブックでの作業をより便利にする仕組みを作る際も、やはりVBAを利用するのがよいでしょう。たとえば、リボンやクイックアクセスツールバーにボタンを追加し、それをクリックするだけで、選択範囲の各セルを対象としたVBAのマクロを実行する、といったことが可能です。

▫ Pythonを利用するとよいケース

必ずしもExcelで実際に作業する必要はなく、目的が「Excelデータの処理の自動化」である場合は、VBAにこだわる必要はありません。蓄積された大量のExcelデータを一気に処理したい場合は、Pythonのプログラムを利用することで、逆にExcelを一切使用することなく処理を完了できます。

また、Pythonを利用することで、Excel以外の処理との連携がよりスムーズになる可能性があります。作業の各部分で人間の判断や意思決定が必要なく、Excelやその他のプログラムの機械的な処理を連続で実行したい場合は、Pythonを利用して一連の処理を完全に自動化することも可能でしょう。

前述した通り、Pythonには、さまざまな処理を容易に実行するための豊富なライブラリが用意されています。Excelデータの処理とそれらのライブラリを組み合わせることで、Excel単体では実現不可能な、より多彩で複雑な処理が可能になります。

なお、Excel VBAで大量データの処理ができないわけではありませんが、処理対象のブックそのものにプログラムを記述するのは、やはりいろいろとデメリットがあります。プログラム専用のブックを作成し、処理対象のブックはその外部に置いて、プログラムから開く形で処理したほうがいいでしょう。

□ これから学ぶならどっち？

プログラミング未経験の人が、これから新たに学ぶのであれば、VBAとPythonのどちらを選ぶべきでしょうか。もちろん、その答えは、業務の内容や形態によっても異なります。ここまで説明してきた「VBAを利用すべきケース」と「Pythonを利用すべきケース」をよく検討し、自分の条件が当てはまると思う方の言語を学習してください。

しかし、現在の業務内容に関係なく純粋に「プログラミング」を学習したい場合、あるいは、とりあえず何かの言語を習得して、具体的な用途はその後で検討したいといった場合は、Pythonを選択することをおすすめします。

VBAが、この先Excelで使えなくなったり、一般的なユーザーに使われなくなったりすることも、実はまったくあり得ないとはいえません。何らかの形で機能自体は残されるにしても、VBAの言語仕様自体、現在ではやや古くなっていることも事実です。また、Excelのマクロ言語としてのVBAに、この先大きな改訂が加えられるケースも考えられます。

Pythonを使う何より大きなメリットは、その「できること」の範囲の広さです。この先、業務でどのようなプログラミングの処理が必要になった場合でも、とりあえずPythonを覚えておけば、豊富なライブラリによって対応できる可能性が高いはずです。

条件	おすすめの言語
Excelでの作業がメイン	VBA
Excelデータを処理したいが作業環境にはこだわらない	Python
とりあえずプログラミングを学びたい	
Excel以外のさまざまなプログラムと連携したい	

COLUMN

「自動化」タブとOfficeスクリプト

現在、一部のExcel環境では、自動化機能として、VBAに加えて「Officeスクリプト」も使用可能です。リボンの「自動化」タブから実行できる機能で、言語自体の仕様はJavaScriptが拡張されたTypeScriptがベースになっています。VBAはWeb版Excelでは使用できませんが、OfficeスクリプトはWeb版Excelでも動作します。また、VBAと違ってプログラム（スクリプト）が外部のファイルとして保存されるため、不特定多数のブックを対象とした処理にも向いています。

ただし、本書執筆時点では、Officeスクリプトが使用できるのは、法人向けのMicrosoft 365のみです。Office 2021や個人向けのMicrosoft 365では使用できません。

まずはここから!
Python プログラミングの基本

Pythonをインストールしよう

ここでは、Pythonの公式サイトからインストール用のファイルをダウンロードし、Pythonをインストールする手順を解説します。各プラットフォーム用のPythonが用意されていますが、ここでは64bit版Windowsを対象とします。

□ Pythonのダウンロードとインストール

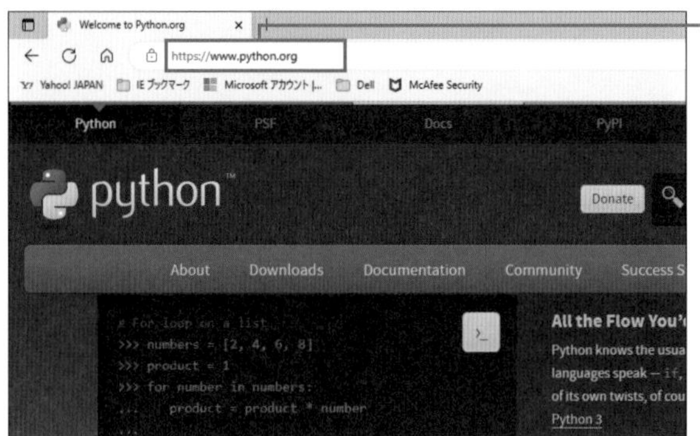

❶ WebブラウザーでPythonの公式サイト「https://www.python.org」を表示します。

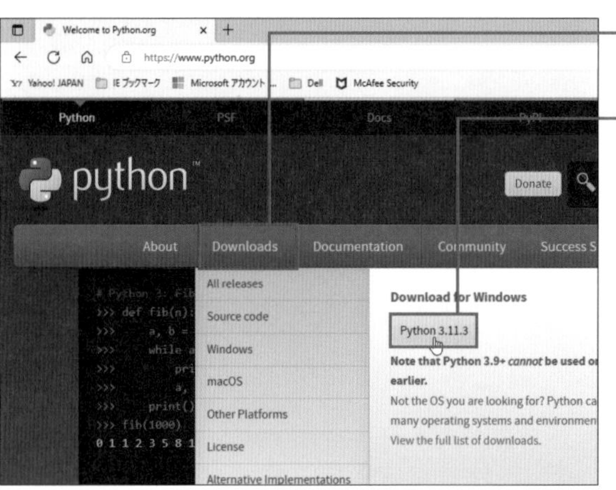

❷「Downloads」にマウスポインターを合わせ、

❸「Download for Windows」の下の最新バージョン（ここでは「Python 3.11.3」）の表示されたボタンをクリックします。

> **MEMO Pythonのバージョン**
>
> Pythonのバージョンは、以下すべて、実際にインストールした時点での最新バージョンに読み替えてください。

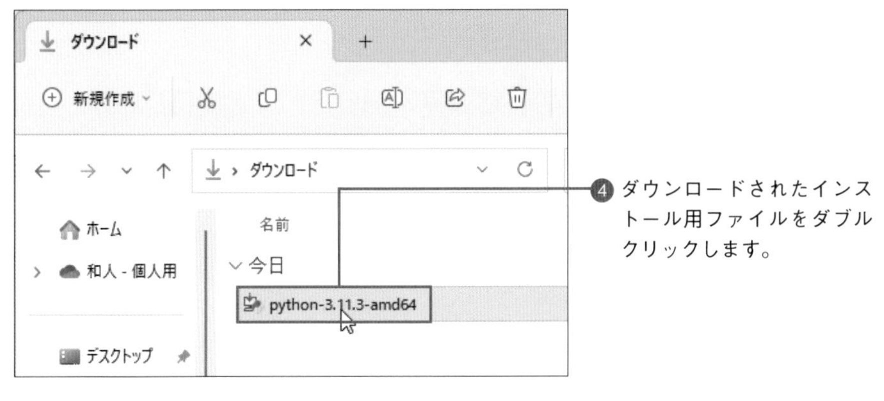

❹ ダウンロードされたインストール用ファイルをダブルクリックします。

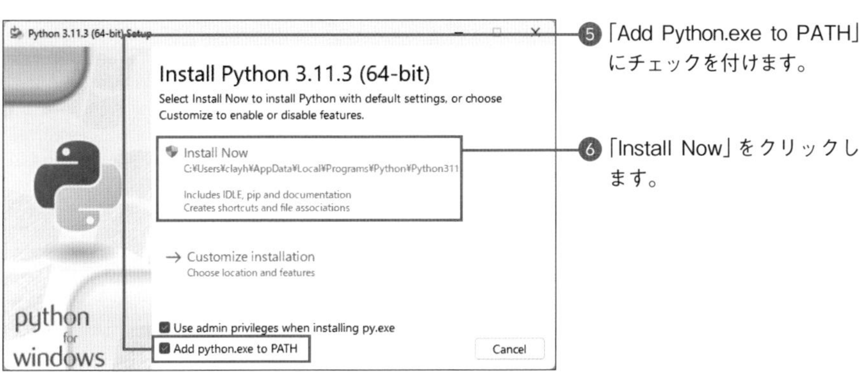

❺「Add Python.exe to PATH」にチェックを付けます。

❻「Install Now」をクリックします。

❼ 以下、画面の表示に従ってPythonのインストールを完了させます。

❽ Windowsの「スタート」ボタンからすべてのアプリを表示すると、「Python」がインストールされていることが確認できます。

SECTION 007 Pythonの統合開発環境を使ってみよう

ここでは、Pythonのプログラミングの作業をするための「統合開発環境」(IDE)について解説します。具体的には、Pythonに付属している「IDLE」と、Microsoftから提供されている「Visual Studio Code」の2種類のツールについて説明します。

Python付属のIDLEを利用する

Pythonのプログラム(スクリプト)はテキストデータなので、メモ帳をはじめとするテキストエディター、Wordなどのワープロソフトで作成することも可能です。しかし、より効率的にプログラミングの作業を進めるためには、入力や編集の操作をサポートしてくれる機能を備えた「統合開発環境」(Integrated Development Environment：IDE)を利用することをおすすめします。

Pythonに付属している「IDLE」はシンプルですが、Pythonのプログラムを作成するための手軽なツールとして、とりあえず実用的に使える統合開発環境です。シンプルな分、使い方もわかりやすく、プログラミングやPython学習の初心者には最適でしょう。

IDLEを起動する

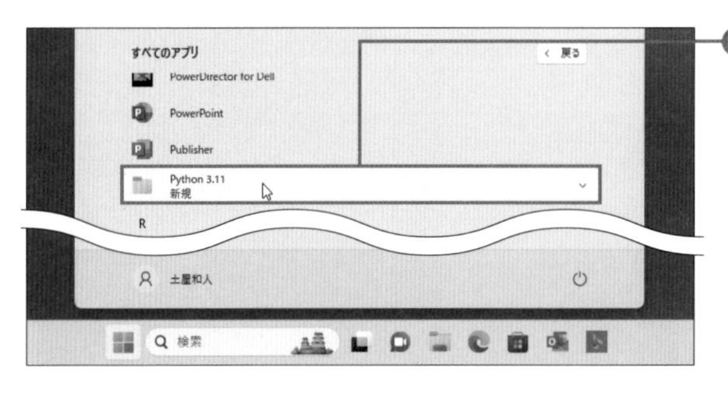

❶ Windowsの「スタート」ボタンからすべてのアプリを表示し、「Python 3.11」のフォルダーを開きます。

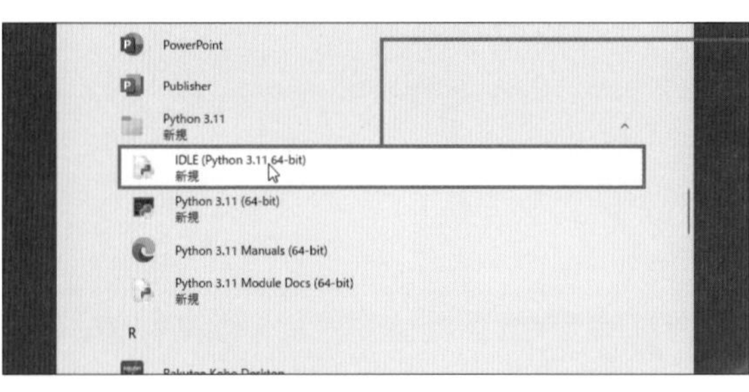

❷ 「IDLE(Python 3.11 64-bit)」をクリックします。

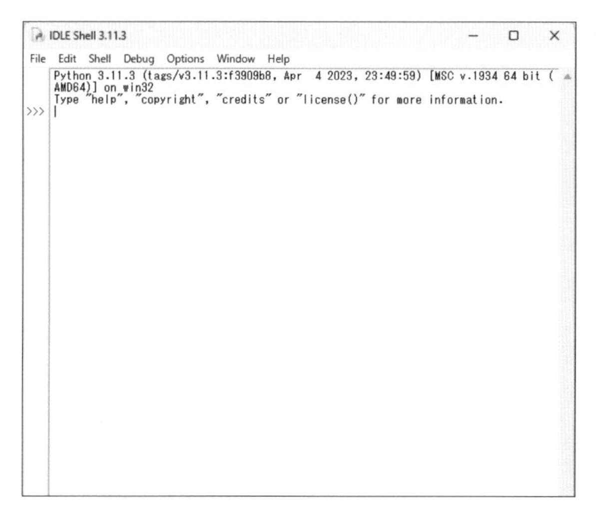

❸ IDLEのShell画面が表示されます。

IDLEとは?

IDLEは「Integrated Development and Learning Environment」の略で、Pythonの学習用の統合開発環境という意味です。

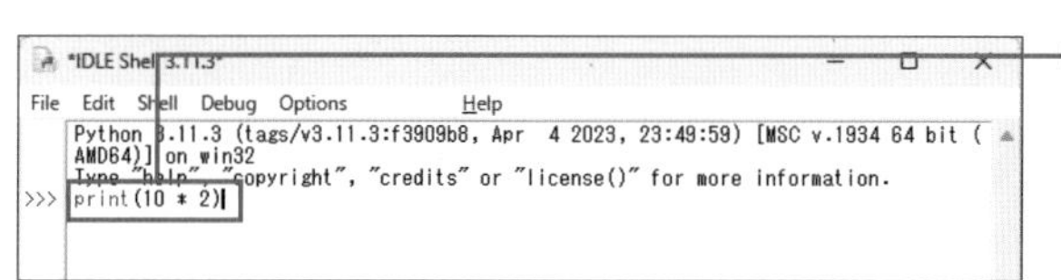

❹「>>>」の後に直接コードを打ち込んで、Pythonの処理を実行できます。

▫ Visual Studio Codeをインストールする

Visual Studio Codeは、Microsoftが無償で提供している統合開発環境です。まず、以下の手順でWebサイトからダウンロードしてインストールし、その作業環境を整えます。

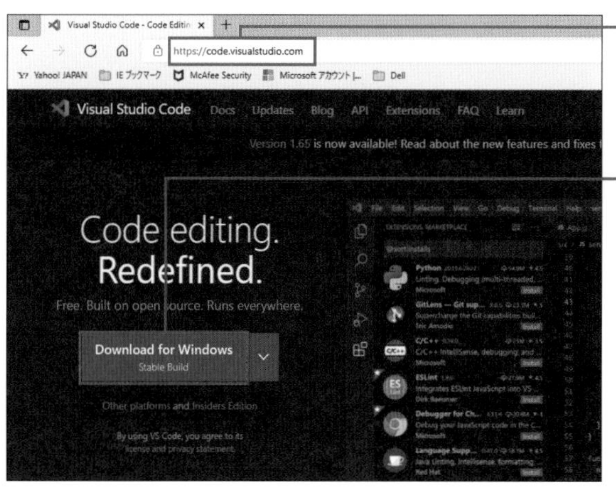

❶ Webブラウザーで Visual Studio Codeの公式サイト「https://code.visualstudio.com/」を開きます。

❷「Download for Windows」ボタンをクリックし、インストール用のファイルをダウンロードします。

MEMO OSの自動判定

このボタンが表示されるのは、Windowsパソコンでこのページを開いた場合です。別のOSを使用している場合は、そのOS用のファイルをダウンロードできます。

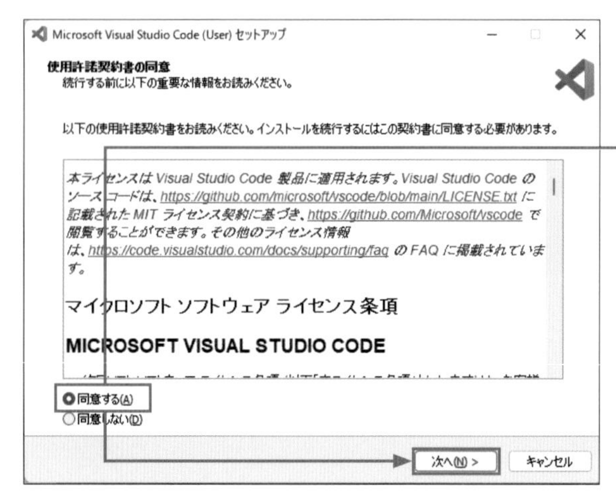

❸ダウンロードしたファイルをダブルクリックしてインストールを開始します。

❹最初の画面では「同意する」を選択して、「次へ」をクリックします。

❺以下、基本的に初期設定のまま、「次へ」でインストールを進めていきます。

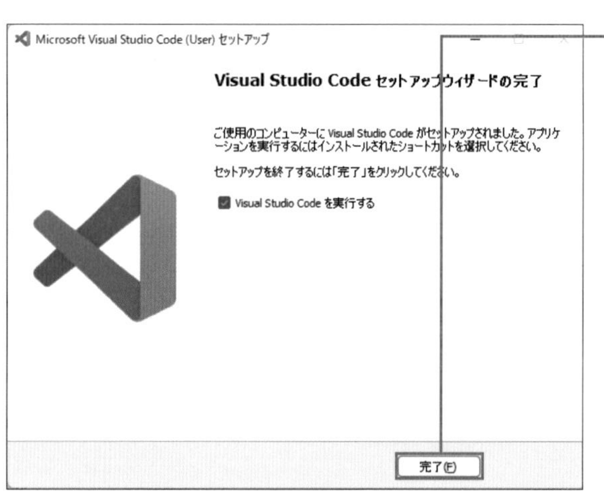

❻最後の画面で「完了」をクリックし、セットアップを完了します。

Visual Studio Codeの実行

この画面で「Visual Studio Codeを実行する」にチェックを付けておくと、セットアップ完了と同時にVisual Studio Codeが起動します。

▫Visual Studio Codeを日本語化する

Visual Studio Codeの表示は、初期状態ではすべて英語になっています。作業しやすいように、これを日本語化しましょう。

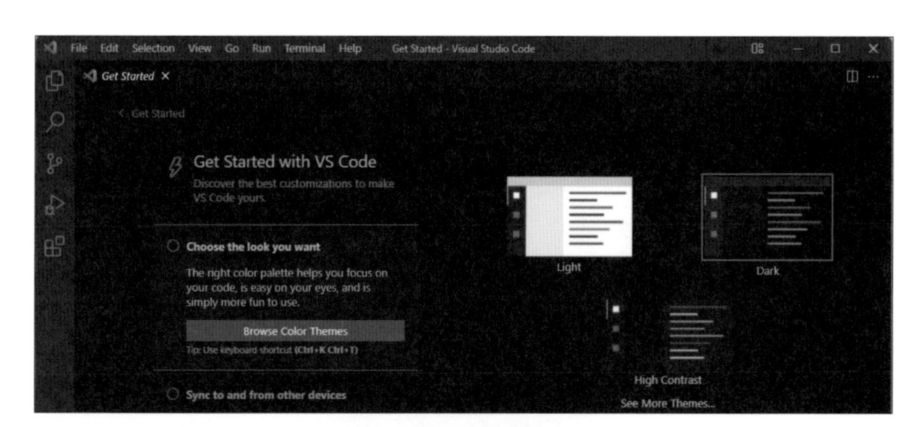

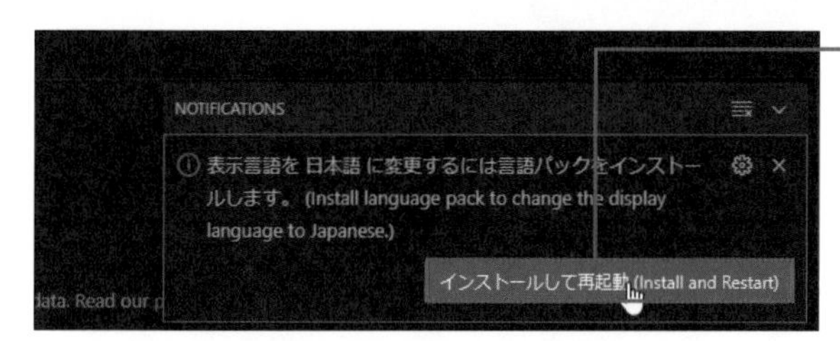

❶最初の起動時に画面右下に「NOTIFICATIONS」が表示されたら、その「インストールして再起動(Install and Restart)」をクリックします。

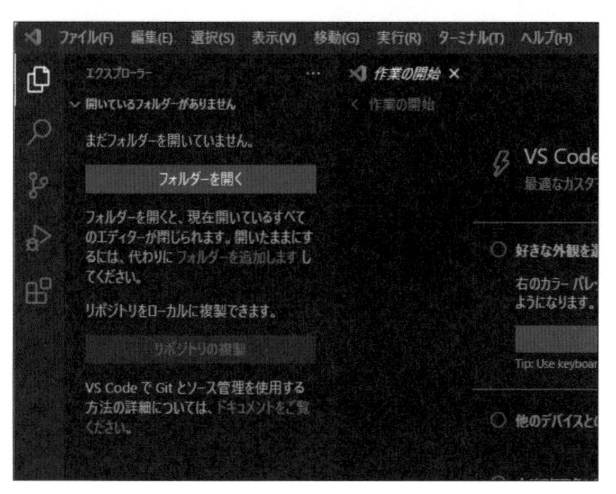

❷日本語化のための拡張機能が組み込まれ、Visual Studio Codeが自動的に再起動します。

MEMO 日本語化の方法

日本語化の拡張機能を組み込むには、画面左側の「Extensions」から「Japanese」を検索し、「Japanese Language Pack for Visual Studio Code」を選択してインストールする方法もあります。

□ Python拡張機能を組み込む

Visual Studio Codeは、Python専用の統合開発環境というわけではありません。Python拡張機能を組み込むことで、Pythonのプログラム開発を効率化するための各種機能が利用可能になります。

❶ 画面左端の「拡張機能」をクリックします。

❷ 検索ボックスに「Python」と入力します。

❸ 開発元が「Microsoft」となっている「Python」の項目を選択します。

❹ 「インストール」をクリックします。

❺ MicrosoftによるPython用の拡張機能がインストールされ、Visual Studio CodeでPythonプログラミングのサポート機能が有効になります。

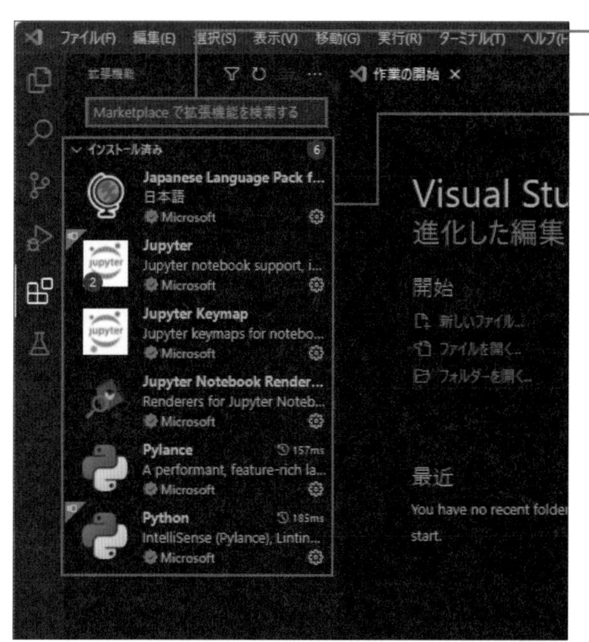

❻ 拡張機能の検索ボックスをクリアします。

❼ インストール済みの拡張機能が表示されます。日本語化と、Microsoftによる Python用の拡張機能がインストールされていることが確認できます。

Visual Studio Codeは多機能ですが、その分、画面構成も複雑で、最初に何をどう操作したらよいかがわかりにくいかもしれません。また、Python専用というわけではないので、その点でも操作の選択肢が増えてしまいます。

そのような理由からも、これ以後、本書で統合開発環境を使った操作を解説する場面では、IDLEを使用する例を紹介します。IDLEのメニュー表示などはすべて英語ですが、いずれもそれほど難しい用語ではなく、本書の解説で使用する機能はその中でもごく一部です。また、IDLEはPython専用であり、ユーザーインターフェースがシンプルで機能実行のためのボタン類も存在しないことで、逆に操作手順やコードの記述、その実行結果がわかりやすくなっていると思います。

print関数などを使ったコードの実行結果の出力先も、主としてIDLEのShell画面を前提とします。

とはいえ、Pythonのプログラミングに慣れてきたら、Visual Studio Codeなどその他の統合開発環境も試してみてください。それらの便利な機能を使いこなせるようになれば、プログラミングの作業効率も確実に向上するはずです。

Pythonのコードを実行してみよう

ここからは、IDLEを使用して、簡単なPythonのコードを実行してみましょう。1行単位で実行する方法と、一連のコードを連続して実行する方法を紹介します。後者では、その一連のコードを「スクリプトファイル」として保存します。

□ 1行のコードを実行する

IDLEのShell画面が表示された状態から、作業を開始します。この画面の「>>>」の後に、Pythonのコードを直接入力して実行したり、処理の結果を出力したりできます。

IDLEのShell画面

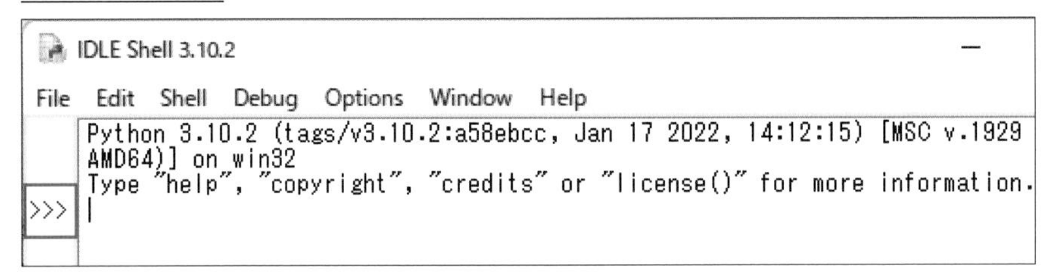

数値などの計算を行う式を入力すると、その結果が求められます。たとえば「3 +5」と入力して、Enterキーを押してみると、その下の行に「3 + 5」の結果である「8」が出力されます。ここで、「+」は数値を加算する算術演算子です。

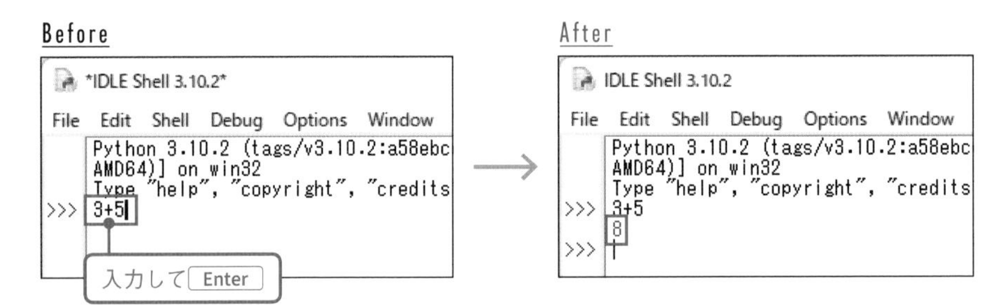

また、「'Excel' '2021' 」と入力してEnterキーを押すと、その下の行に「'Excel2021'」と出力されます。Pythonのコードで文字列を直接指定する場合は、その前後を「'」(シングルクォーテーション)または「"」(ダブルクォーテーション)で囲みます。文字列のデータを2つ並べて指定すると、それらの文字列が結合されます。この例の場合、処理の結果がそのまま出力されるため、文字列データが「'」で囲まれています。

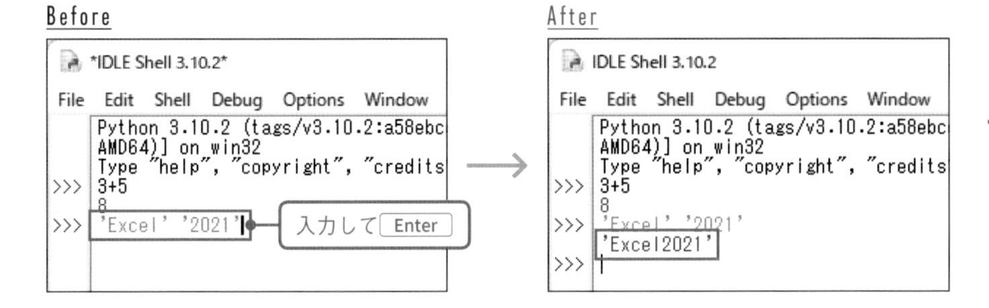

「>>>」には、Pythonの関数などを使った処理を実行するコードも入力できます。たとえば、「print('Excel' '2021')」と入力して Enter キーを押すと、その下の行に「Excel2021」と出力されます。

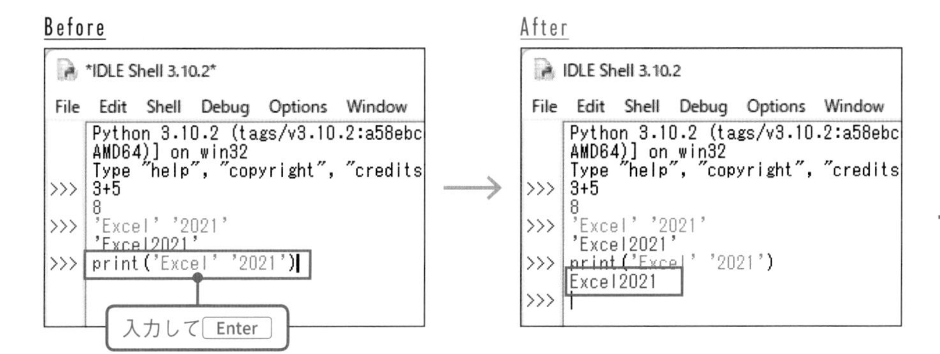

この「print」は、引数に指定した式の結果を出力するPythonの関数です。出力先は、そのコードが実行された環境によっても異なりますが、IDLEで実行した場合はIDLEのShell画面に出力されます。つまり、式を入力してその結果を求めた場合と同様になります。ただし、式を入力した場合は「'」が付いた形で表示されましたが、print関数を使った場合、「'」は付きません。

ここでいう「関数」とは、あらかじめ定義された一連の処理のことです。処理で使用するデータなどを「引数」と呼び、関数名の後の「()」の中に指定します。Pythonにもともと用意されている組み込み関数の他、ユーザーが独自の関数を定義することも可能です。

□スクリプトファイルを作成する

テキストファイルとして記述した一連のコードに拡張子「.py」を付けて保存したものが、Pythonのスクリプトファイルになります。テキストファイルなので、一般的なテキストエディターでも作成できますが、IDLEで作成することも可能です。

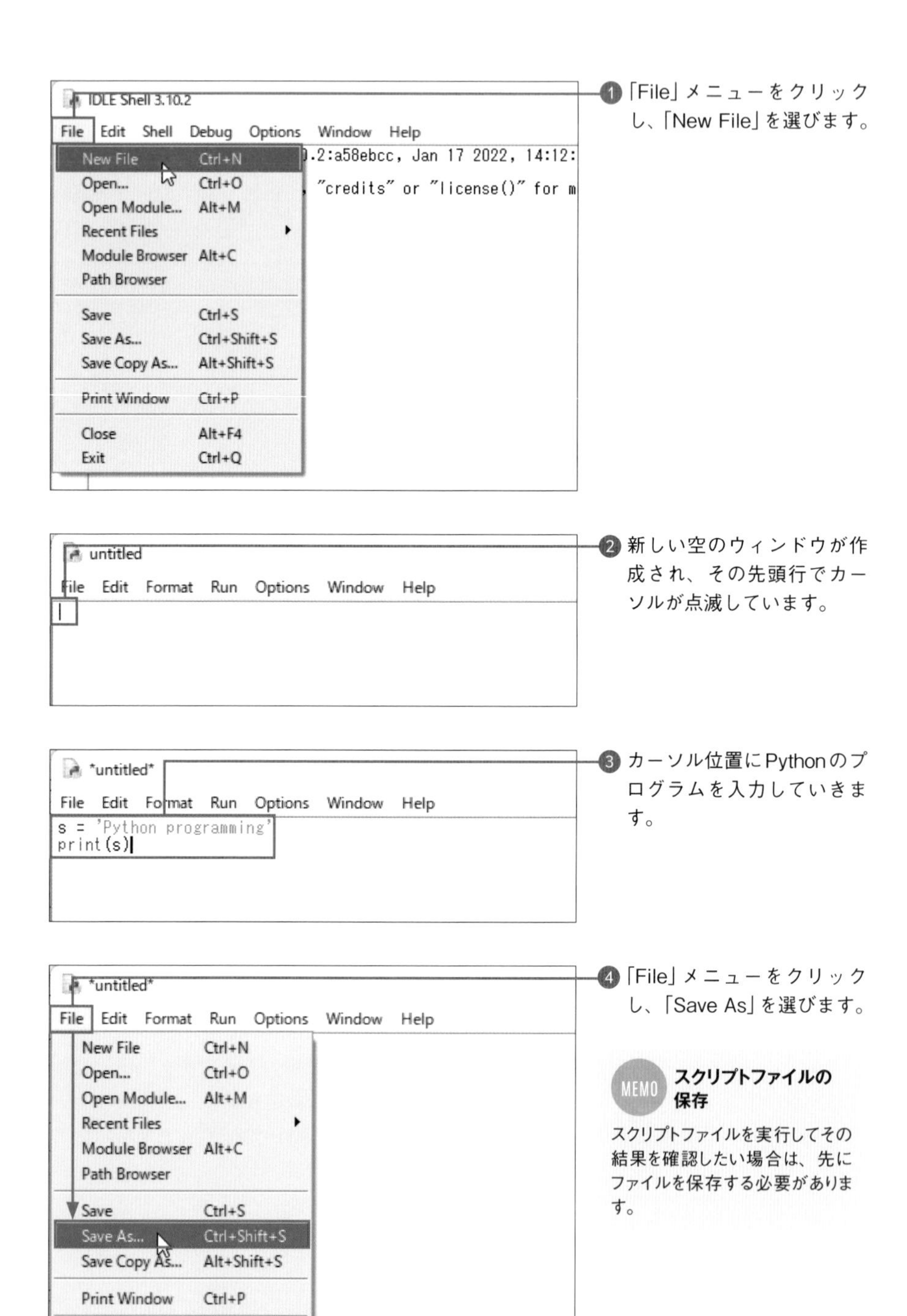

❶「File」メニューをクリックし、「New File」を選びます。

❷新しい空のウィンドウが作成され、その先頭行でカーソルが点滅しています。

❸カーソル位置にPythonのプログラムを入力していきます。

❹「File」メニューをクリックし、「Save As」を選びます。

MEMO **スクリプトファイルの保存**

スクリプトファイルを実行してその結果を確認したい場合は、先にファイルを保存する必要があります。

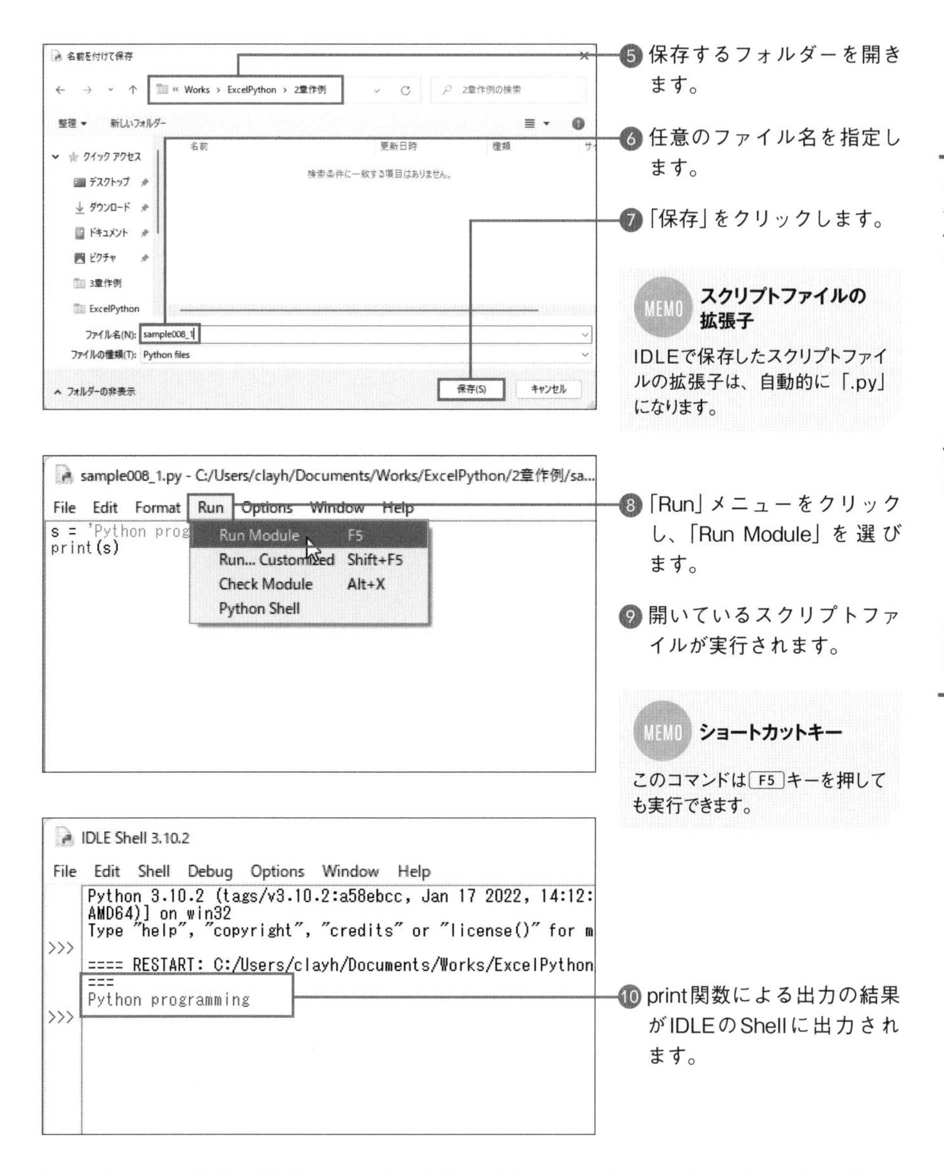

▫ IDLEを使わずに実行する

作成したスクリプトファイルは、Pythonがインストールされていれば、IDLEを使わなくても実行することが可能です。ただし、print関数による出力結果を確認したい場合は、実行方法を選ぶ必要があります。

まず、前の手順で作成したsample008_1.pyのファイルをエクスプローラー(フォルダーのウィンドウ)で表示し、ダブルクリックしてみましょう。

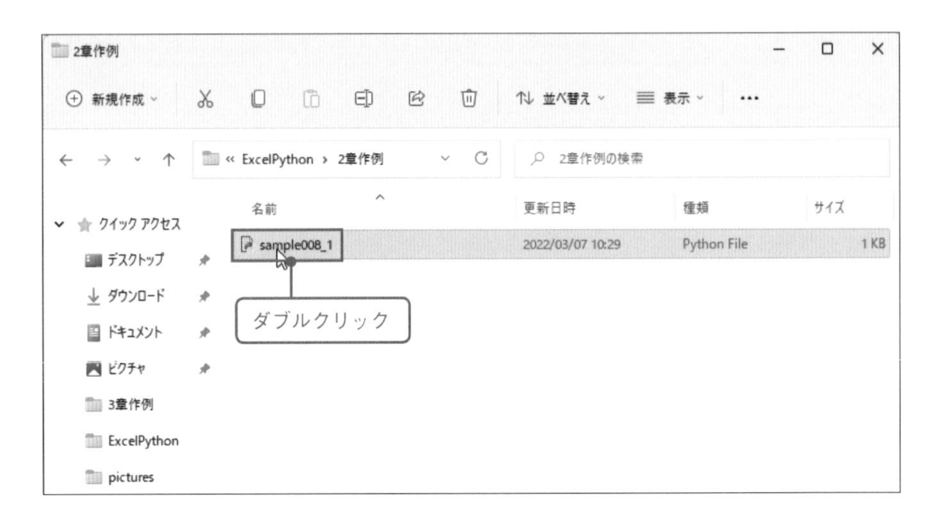

これだけで、スクリプトファイルはPythonによって実行されますが、print関数の出力結果が表示されるのはほんの一瞬であり、ほとんど確認することはできません。

出力結果を確認したい場合は、Windowsの「コマンドプロンプト」や「PowerShell」からPythonのスクリプトファイルを実行します。ここでは、コマンドプロンプトを利用してみましょう。

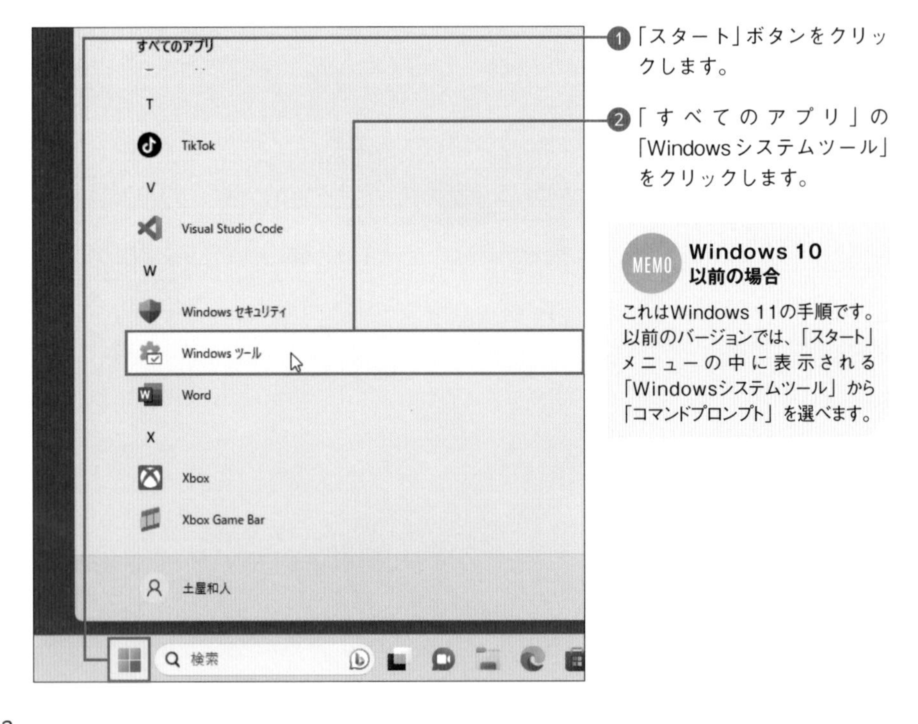

MEMO Windows 10以前の場合

これはWindows 11の手順です。以前のバージョンでは、「スタート」メニューの中に表示される「Windowsシステムツール」から「コマンドプロンプト」を選べます。

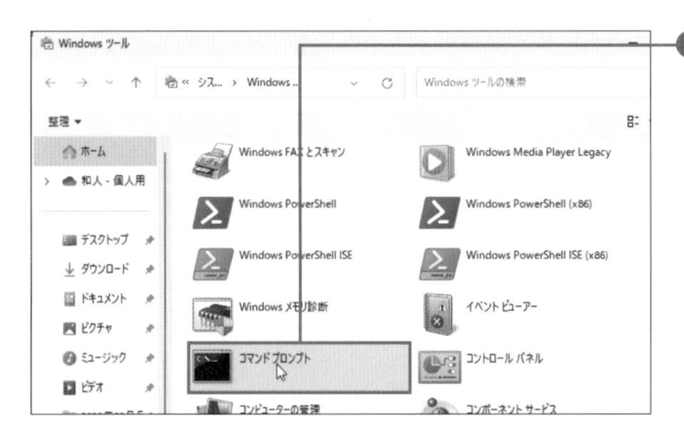

❸「コマンドプロンプト」をクリックします。

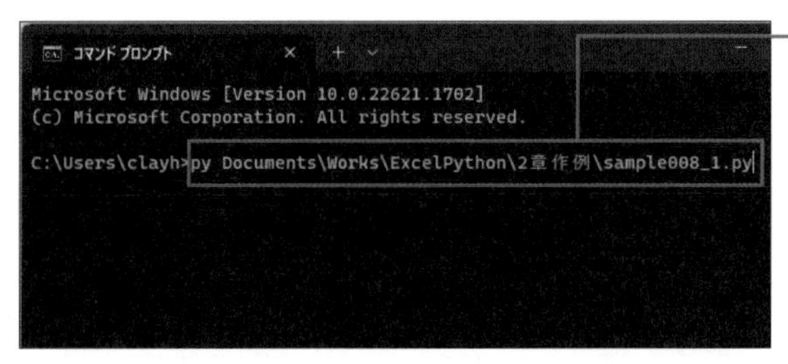

❹「py」の後にスペースを空けてスクリプトファイル名を入力し、Enter キーを押します。

MEMO ファイルのパスの指定

ファイル名はパスを付けて入力する必要があります。パスの入力が難しい場合は、実行したいスクリプトファイルをコマンドプロンプトにドラッグ&ドロップすると、パス付きでファイル名が入力されます。

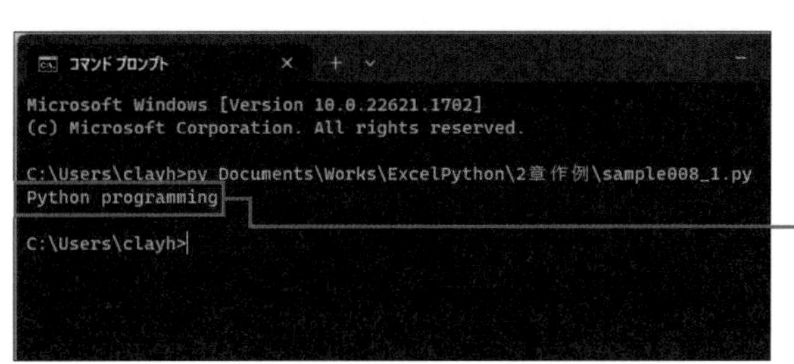

❺ print関数で指定された内容がコマンドプロンプト内に出力されます。

なお、コマンドプロンプトに「Python」と入力して Enter キーを押すと、Pythonのプログラムが起動し、このウィンドウをShell画面として、Pythonのコードを実行できるようになります。これはPowerShellなどでも同様です。

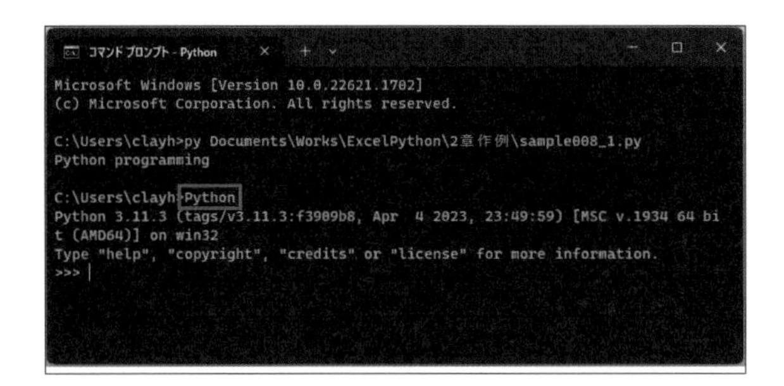

かんたんな計算をしてみよう

前述したように、IDLEのShell画面では、式を入力して、その計算結果を求めることができます。ここではShell画面上でさまざまな計算をする過程を通して、Pythonでどのような計算処理が可能なのかを見ていきましょう。

□数値データを演算する

まず、数値同士の基本的な四則計算を実行します。IDLEのShellで、「>>>」の後に「3 * 7」と入力して、Enterキーを押します。これで、3と7の積が求められます。

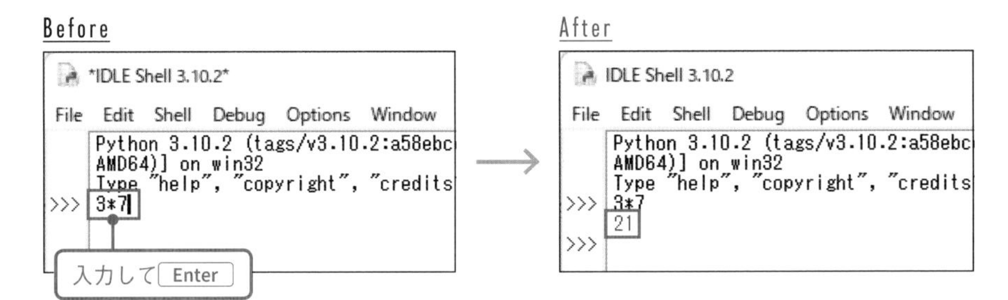

次に、「>>>」の後に「15 / 3」と入力してEnterキーを押してみましょう。15を3で割った商が求められます。

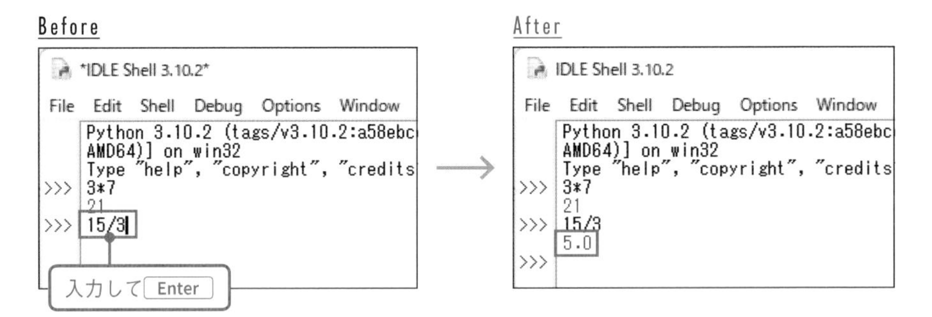

割り切れる計算なのに「5」ではなく「5.0」となっているのは、除算の結果は自動的にfloat型（浮動小数点数型）の数値になるためです。

乗算の「*」や除算の「/」などを「算術演算子」と呼びます。Pythonで使用できる主な算術演算子には次のような種類があります。

演算子	使用法	演算の内容
+	数値a + 数値b	数値aに数値bを加えた和を求める
-	数値a – 数値b	数値aから数値bを引いた差を求める
*	数値a * 数値b	数値aに数値bを掛けた積を求める
/	数値a / 数値b	数値aを数値bで割った商を求める
%	数値a % 数値b	数値aを数値bで割った余りを求める
//	数値a // 数値b	数値aを数値bで割った整数部分を求める
**	数値a ** 数値b	数値aの数値b乗を求める

□文字列データを処理する

Pythonでは文字列データを処理することもできます。P.38でも説明した通り、文字列は「'」または「"」で囲んで指定し、並べて指定することで結合できます。ただし、この方法が使えるのは、文字列そのもののデータの場合です。変数（P.46参照）に収めた文字列を、この方法で結合することはできません。

「+」は、数値データではなく文字列データを対象とした場合には、結合の文字列演算子になります。この方法では、文字列そのものでも変数に収めた文字列でも、問題なく結合できます。たとえば、「>>>」の後に「'Excel' + '2021'」と入力して Enter キーを押すと、「'Excel2021'」と表示されます。

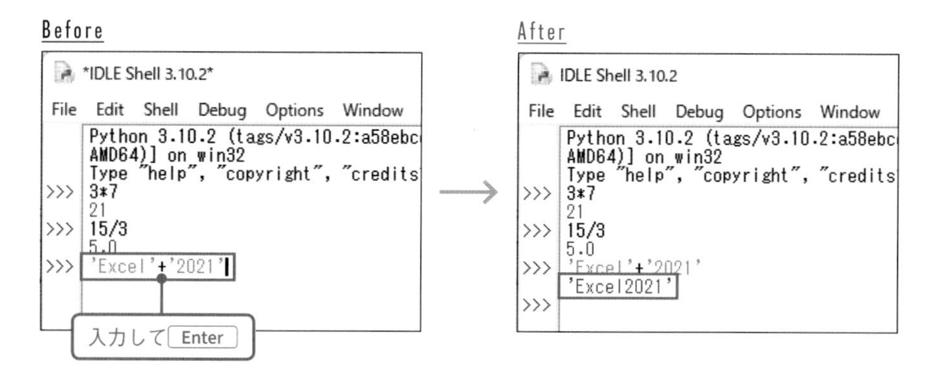

なお、この例では「2021」も「'」で囲んで文字列として指定しています。「'」で囲まない場合は数値として扱われ、この処理ではエラーになるので注意が必要です。

変数を使って計算しよう

プログラミング言語の重要な要素の1つに「変数」があります。変数を利用することで、プログラムの記述を効率化し、さまざまな状況に対応可能なプログラムを作成できるようになります。ここでは、Pythonにおける変数の使い方の基本について説明します。

▫変数を利用する

変数とは、プログラムの中で繰り返し利用できる、いわばデータの一時的な入れ物です。メモリーの特定の領域に名前を付け、その名前で指定してデータを保管したり、取り出したりします。

プログラミング言語の中には、使用する前に変数を「宣言」してから使用するものもあります。宣言とはいわば変数の定義であり、変数名とデータ型などを指定し、プログラムの中でその変数をどのように使うかを最初に明示するための操作です。

たとえばVBAの場合、変数の宣言は必須ではありませんが、ある程度長いプログラムではコードのミスの発見や防止に役立つため、変数の宣言が推奨されています。宣言を必須にするため、宣言されていない変数をプログラムで使用した場合は警告が表示されるように設定することも可能です。

一方、Pythonの場合は、そもそも「変数の宣言」という仕組みが存在しません。任意の名前に値を代入する操作を行うと、その名前が変数と見なされます。変数に値を代入するには、代入演算子「=」を使用します。Pythonで他の言語のように変数を宣言してから使用したい場合は、最初にその変数に初期値を代入します。初期値とは、たとえば数値型の変数であれば「0」を代入するといった操作です。

Pythonの変数名には、英字、数字、および「_」(アンダースコア)が使用できます。「_」以外の記号などは使用できません。また、変数名の先頭の文字に数字を使用することもできません。日本語の文字は使用可能ですが、一般的にはあまり使用されません。

次のコードは、「a」という変数に「1」という数値を代入します。

コード

```
a=1
```

これで、以降のプログラムでは、「1」という数値の代わりに「a」という変数を使用できます。また、次の例は、変数aと変数bにそれぞれ数値を代入し、加算した結果を変数cに入れて、print関数で出力します。

PROGRAM ▸ sample010_1.py

```
a = 18
b = 21
c = a + b
print(c)
```

実行例

```
IDLE Shell 3.10.2
File Edit Shell Debug Options Window Help
Python 3.10.2 (tags/v3.10.2:a58ebcc, Jan 17 2022, 14:12:15) [MSC
AMD64)] on win32
Type "help", "copyright", "credits" or "license()" for more infor
>>>
==== RESTART: C:/Users/clayh/Documents/Works/ExcelPython/2章作例/
===
39
>>>
```

また、Pythonでは、複数の変数にそれぞれ異なる値を代入する操作を、「,」(カンマ)で区切って指定することで、1行でまとめて記述できます。次の例は、上と同じ処理で、変数aと変数bにそれぞれ値を代入する操作を1行で記述したものです。

PROGRAM ▸ sample010_2.py

```
a, b = 18, 21
c = a + b
print(c)
```

一方、次の例は、変数aに代入した値に別の数値を加えた結果を再び変数aに代入し直して、print関数で出力するものです。「=」が数学の等号に見えてしまうとやや違和感があるかもしれませんが、プログラミングではよく目にする書き方です。

PROGRAM ▸ sample010_3.py

```
a = 18
a = a + 25
print(a)
```

実行例

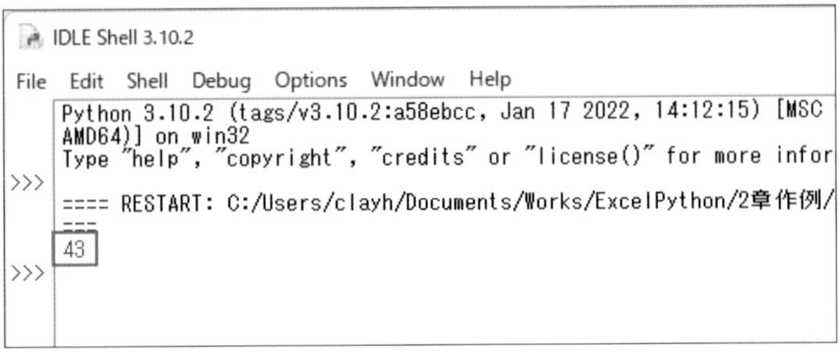

```
IDLE Shell 3.10.2
File Edit Shell Debug Options Window Help
    Python 3.10.2 (tags/v3.10.2:a58ebcc, Jan 17 2022, 14:12:15) [MSC
    AMD64)] on win32
    Type "help", "copyright", "credits" or "license()" for more infor
>>>
    ==== RESTART: C:/Users/clayh/Documents/Works/ExcelPython/2章作例/
    ===
    43
>>>
```

変数の値に別の値を加算して、元の変数に代入し直すという操作は、次のように書くこともできます。

PROGRAM | sample010_4.py

```
a = 18
a += 25
print(a)
```

この「+=」は「複合代入演算子」と呼ばれます。変数の値に指定した値を加算し、改めて元の変数に代入するという操作です。同様に、変数の値を別の値と演算し、その結果を元の変数に再代入する複合代入演算子には、次のような種類があります。

演算子	使用法	演算の内容
+=	a += 数値	変数aに数値を加えた和をaに代入する
-=	a -= 数値	変数aから数値を引いた差をaに代入する
*=	a *= 数値	変数aに数値を掛けた積をaに代入する
/=	a /= 数値	変数aを数値で割った商をaに代入する
%=	a %= 数値	変数aを数値で割った余りをaに代入する
//=	a //= 数値	変数aを数値で割った整数部分をaに代入する
**=	a **= 数値	変数aの数値乗をaに代入する

Pythonのデータ型を理解しよう

プログラミングの重要な要素の1つに、処理対象となるデータの「型」があります。処理対象のデータの型を正しく理解していないと、プログラムの実行中、思わぬエラーの発生原因となります。ここでは、Pythonのデータ型についてかんたんに説明します。

Pythonで扱えるデータの種類

プログラミング言語によっては、変数を宣言する際、そのデータ型を指定します。VBAの場合、数値だけでも「整数型」や「長整数型」、「単精度浮動小数点数型」、「倍精度浮動小数点数型」といったさまざまなデータ型があります。これらのデータ型は、いわばその変数に収められる可能性のあるデータの範囲を表しています。変数の宣言では、データ型を指定することで、そのデータの範囲に相当するメモリーの領域を確保します。その型に当てはまらないデータが変数に代入された場合、エラーを発生させてコードの問題点を知らせます。

一方、Pythonでは、前述した通り、変数の宣言という仕組みは存在しません。代入されたデータに応じて、自動的にその変数のデータ型が決まります。そのデータ型の分類も比較的シンプルで、次のような種類があります。

データ型	説明
整数型（int）	整数（小数点以下を含まない数値）
浮動小数点数型（float）	実数（小数点以下を含む数値）
文字列型（str）	文字の並び
ブール型（bool）	True（真）またはFalse（偽）

以下、PythonのShell画面で、変数のデータ型を調べてみましょう。ここではIDLEを開き、その「>>>」の後に、次の2行を続けて打ち込みます。

コード

```
a = '123'
type(a)
```

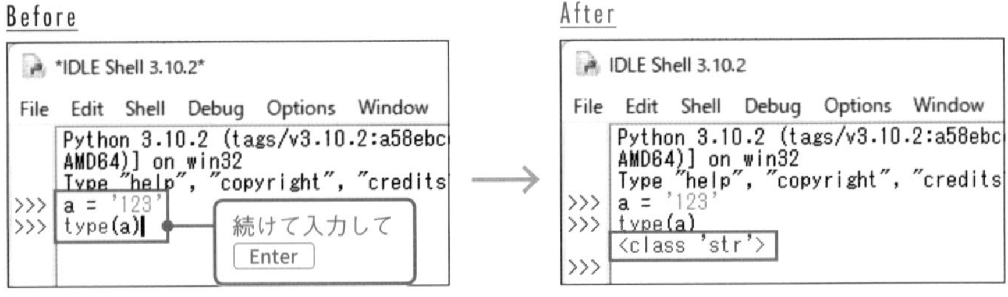

「123」は数字ですが、「'」で囲んで指定したため、文字列型のデータになります。type関数では、引数に指定した変数のデータ型が「<class 'str'>」のように表示されます。この変数のデータ型は「str」、つまり文字列型であるという意味です。

文字列型の変数を、数値演算子を使って計算しようとするとエラーが発生します。次のプログラムは、スクリプトファイルとして作成したものです。ここではIDLEで実行した例を示しますが、それ以外のShell画面に出力した場合も同様です。

PROGRAM | sample011_1.py

```
a = '123'
print(a + 50)
```

実行例

```
IDLE Shell 3.10.2
File Edit Shell Debug Options Window Help
Python 3.10.2 (tags/v3.10.2:a58ebcc, Jan 17 2022, 14:12:15) [MSC v.1929 64 bit (
AMD64)] on win32
Type "help", "copyright", "credits" or "license()" for more information.
>>>
==== RESTART: C:¥Users¥clayh¥Documents¥Works¥ExcelPython¥2章作例¥sample011_1.py
===
Traceback (most recent call last):
  File "C:¥Users¥clayh¥Documents¥Works¥ExcelPython¥2章作例¥sample011_1.py", line
 2, in <module>
    print(a + 50)
TypeError: can only concatenate str (not "int") to str
>>>
```

しかし、この例のように数字が収められた文字列型の変数は、整数型または浮動小数点数型に変換することも可能です。データ型の変換には、「int」や「str」といった関数を使用します。次のプログラムは、int関数で整数型に変換し、計算に使用する例です。

PROGRAM | sample011_2.py

```
a = '123'
print(int(a) + 50)
```

実行例

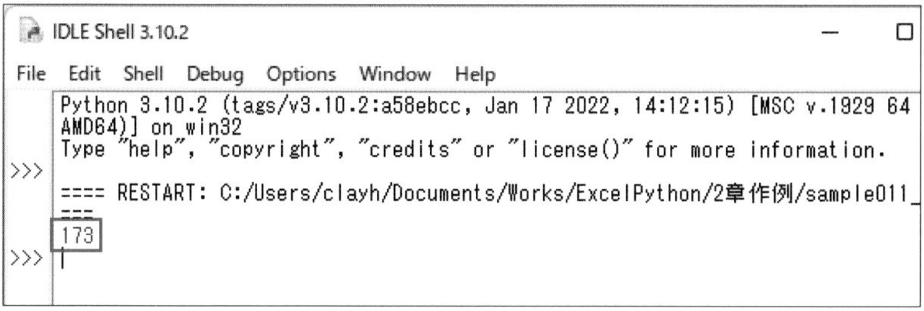

```
IDLE Shell 3.10.2
File  Edit  Shell  Debug  Options  Window  Help
Python 3.10.2 (tags/v3.10.2:a58ebcc, Jan 17 2022, 14:12:15) [MSC v.1929 64
AMD64)] on win32
Type "help", "copyright", "credits" or "license()" for more information.
>>>
==== RESTART: C:/Users/clayh/Documents/Works/ExcelPython/2章作例/sample011_
===
173
>>>
```

逆に、数値データを文字列として他の文字列と結合する場合は、次のようにします。

PROGRAM | sample011_3.py

```
a = 123
print(str(a) + '円')
```

実行例

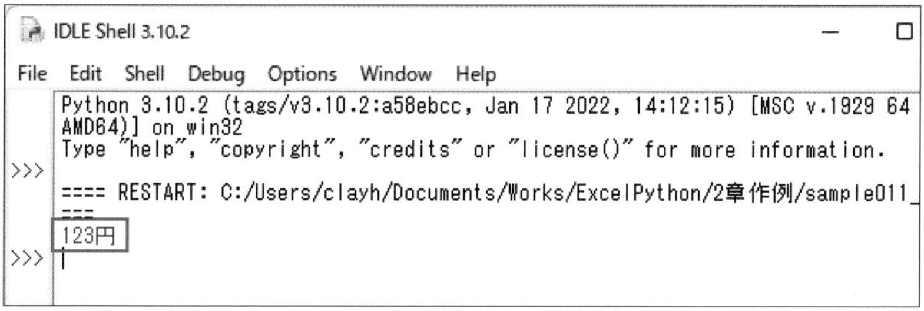

```
IDLE Shell 3.10.2
File  Edit  Shell  Debug  Options  Window  Help
Python 3.10.2 (tags/v3.10.2:a58ebcc, Jan 17 2022, 14:12:15) [MSC v.1929 64
AMD64)] on win32
Type "help", "copyright", "credits" or "license()" for more information.
>>>
==== RESTART: C:/Users/clayh/Documents/Works/ExcelPython/2章作例/sample011_
===
123円
>>>
```

数値の変数を文字列と組み合わせて表示するには、「f文字列」を使用する方法もあります。これは、「f」の後に「'」または「"」で囲んだ文字列を指定し、その中で「{}」で変数名を囲んで指定することで、その変数の値を埋め込んだ文字列を生成できるものです。この方法であれば、数値型の変数をstr関数で文字列型に変換する必要もありません。上の例は、f文字列を使用して、次のように記述することも可能です。

PROGRAM | sample011_4.py

```
a = 123
print(f'{a}円')
```

リストとタプルを使ってみよう

Pythonには、複数の要素をまとめて扱える仕組みが、いくつか用意されています。ここでは、そのようなデータの型である「リスト」と「タプル」の基本的な考え方について紹介し、さらに両者の違いと使い分けについて説明しましょう。

▫ リストとタプルを利用する

多くのプログラミング言語では、「配列」という構造によって、複数の要素をまとめて扱うことができます。変数に配列を代入し、繰り返し処理でその各データを処理したり、番号（インデックス）で指定してその中の特定のデータを取り出したりすることが可能です。

［配列の構造］

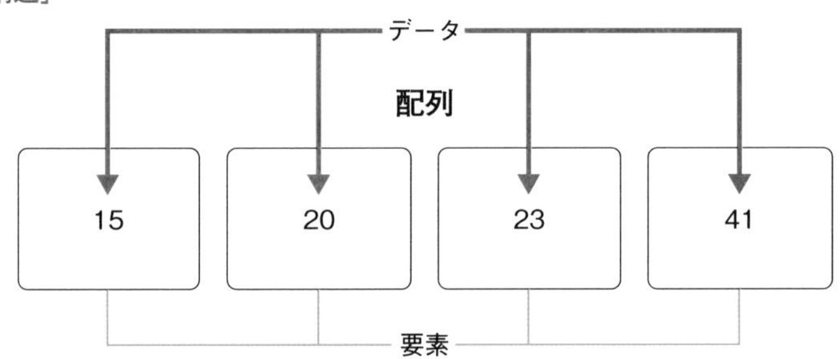

Pythonには、このような配列タイプのデータの型がいくつか用意されていますが、ここではその中の「リスト」と「タプル」について紹介します。

▫ リストを使用する

「リスト」は、各要素を「,」（カンマ）で区切り、全体を「[ ]」（角カッコ）で囲んで指定します。また、リストの中の特定の要素は、その後に「[ ]」を付け、その中にインデックスを指定して取り出すことができます。インデックスの最小値は0で、つまり「[0]」と指定することで1番目の要素が取り出せます。

次の例は、3つの整数を要素とするリストを変数hに代入し、その2番目の要素を出力するプログラムです。2番目の要素を取り出すには、インデックスに「1」を指定します。

PROGRAM | sample012_1.py

```
h = [1, 2, 3]
print(h[1])
```

実行例

```
>>>
==== RESTART: C:¥Users¥clayh¥Documents¥Works¥ExcelPython¥2章作例¥sample012_
===
2
>>>
```

タプルを利用する

「タプル」も同様の構造ですが、全体を「( )」(カッコ)で囲んで指定するのがリストとの違いです。次の例は、上と同様の処理を、タプルを使って実行したものです。タプルの作成時には「( )」を使用しますが、インデックスの指定にはやはり「[ ]」を使用します。

PROGRAM | sample012_2.py

```
h = (10, 20, 30)
print(h[1])
```

実行例

```
>>>
==== RESTART: C:¥Users¥clayh¥Documents¥Works¥ExcelPython¥2章作例¥sample012_
===
20
>>>
```

リストとタプルは、構造的にはいずれも配列であり、同じような用途で利用できます。この2つの違いは、リストは後から要素の追加・変更が可能であるのに対し、タプルは一度生成すると変更ができないという点です。タプルを代入した変数に別の内容のタプルを代入し直すことは可能ですが、リストの要素を追加・削除するための機能を使って、タプルのデータを変更することはできません。実際には、そこまで厳密に両者を使い分けなければならないケースはさほど多くなく、プログラム中で一度も変更しない配列であっても、タプルではなくリストを使ったことで問題になるケースはあまりありません。

辞書の使い方を学ぼう

Pythonで複数の要素を含むデータをまとめて扱う仕組みとして、リストとタプルに加えて「辞書」と呼ばれる型についても説明しておきましょう。辞書の特徴は、値だけではなく、「キー」と「値」を組み合わせたものを要素として保管するという点です。

辞書を利用する

「辞書」(dictionary)とは、やはり複数の要素をまとめて扱えるPythonのデータの型で、キー(key)と値(value)を組み合わせて指定します。キーはいわば値に付けるラベルで、リストなどにおけるインデックスと同様、値を取り出すための目印として利用できます。キーの重複は不可ですが、それ自体を1つのデータと考えることもでき、いわば2種類のデータのペアを複数登録できる仕組みとしても使えます。キーもデータなので、数値や文字列として指定し、文字列の場合は前後を「'」または「"」で囲みます。

[辞書の構造]

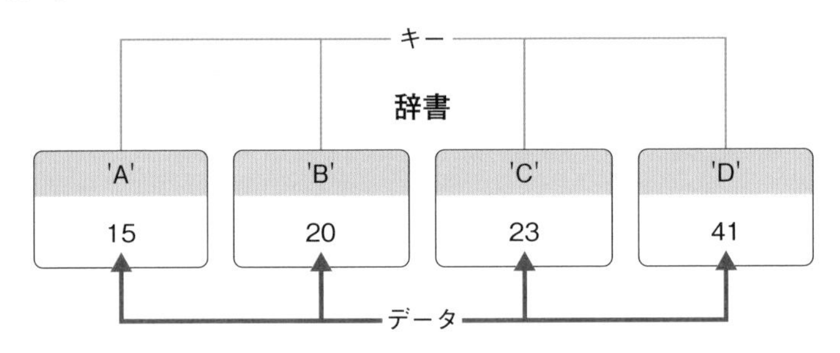

辞書は、キーと値のペアを「:」(コロン)で区切り、各ペアは「,」(カンマ)で区切って、全体を「{}」(波カッコ)で囲んで指定します。また、作成された辞書データの後に「[ ]」で囲んでキーを指定することで、そのキーに対応する値を取り出せます。次の例は、3要素の辞書を作成し、「b」というキーに対応する値をShell画面に出力するプログラムです。

PROGRAM ▶sample013_1.py

```
d = {'a':1, 'b':2, 'c':3}
print(d['b'])
```

実行例

```
>>>
    ==== RESTART: C:¥Users¥clayh¥Documents¥Works¥ExcelPython¥2章作例¥sample013_
    ===
    2
>>>
```

辞書に含まれる要素のキーだけの集合、値だけの集合は、それぞれkeys、valuesというメソッドで取り出すことができます。メソッドとはオブジェクト（操作対象）に対する操作のことで、対象のオブジェクトを表す変数などの後に「.」（ピリオド）に続けて指定します。次の例では、上と同じ辞書を代入した変数dからキーと値を取り出して、それぞれShell画面に出力します。

PROGRAM | sample013_2.py

```
d = {'a':1, 'b':2, 'c':3}
print(d.keys())
print(d.values())
```

実行例

```
>>>
    ==== RESTART: C:¥Users¥clayh¥Documents¥Works¥ExcelPython¥2章作例¥sample013_
    ===
    dict_keys(['a', 'b', 'c'])
    dict_values([1, 2, 3])
>>>
```

「dict_keys」は辞書のキーの集合、「dict_values」は辞書の値の集合であることを表しますが、これらをさらにリストに変換することも可能です。それにはlist関数を使用し、その引数にキーと値の集合をそれぞれ指定すればOKです。

PROGRAM | sample013_3.py

```
d = {'a':1, 'b':2, 'c':3}
print(list(d.keys()))
print(list(d.values()))
```

実行例

```
>>>
    ==== RESTART: C:¥Users¥clayh¥Documents¥Works¥ExcelPython¥2章作例¥sample013_
    ===
    ['a', 'b', 'c']
    [1, 2, 3]
>>>
```

まとまった要素を取り出そう

リストや文字列のように、複数（0個以上）の要素が含まれているデータは、インデックスを使って特定の1つの要素を取り出せます。さらに、「スライス」という仕組みを使うことで、その中の任意の範囲の要素のまとまりを取り出すことが可能です。

□ 文字列の一部を取り出す

これまでも解説してきたように、文字列やリスト、タプルなどは、インデックスを指定することで、その中の特定の要素を取り出せます。たとえば、「abcde」という文字列を代入した変数sに対してインデックスを「3」、つまり「s[3]」のように指定することで、4番目に当たる「d」の文字を取り出すことができます。同様に、「[12, 15, 20]」という3つの数値の要素を含むリストを変数xに代入し、「x[2]」と指定すると、3番目に当たる「20」という数値が取り出されます。

また、インデックスを負の数で指定することで、末尾から数えた位置を指定することもできます。「-1」とした場合は末尾の要素の指定となり、以下、「-2」なら末尾から2番目、「-3」なら末尾から3番目の要素の指定になります。たとえば、上の例で「s[-3]」とすると「c」が、「x[-2]」とすると「15」が取り出されます。

さらに、対象の文字列の中の特定の1文字だけではなく、開始位置と終了位置を指定して、その範囲の文字列を取り出すことも可能です。同様に、開始位置と終了位置を指定して、リストからまとまった要素のグループを取り出して、新たなリストを作成することもできます。このような仕組みを「スライス」と呼びます。

スライスは、インデックスと同様、「[ ]」で囲んで指定します。そして、「:」の前に開始位置を、その後に終了位置を指定します。開始位置と終了位置は一方を省略することも可能で、開始位置を省略した場合は先頭から、終了位置を省略した場合は末尾までの文字列や要素が指定されます。開始位置の最小値はやはり「0」で、終了位置は0から数えたその数値の前まで、つまりその数値そのものの位置までを表します。また、開始位置や終了位置には、インデックスと同様に負の数を指定することもできます。

次のプログラムは、「Python & Excel」という文字列を変数tstrに代入し、その一部を各種の方法で取り出す例です。「[3:6]」では4文字目から6文字目までを、「[5:]」は6文字目から末尾までを、「[:8]」は先頭から8文字目までの文字列を取り出すことができます。

PROGRAM | sample014_1.py

```
tstr = 'Python & Excel'
print(tstr[3:6])
print(tstr[5:])
print(tstr[:8])
```

実行例

```
>>>
    ==== RESTART: C:¥Users¥clayh¥Documents¥Works¥ExcelPython¥2章作例¥sample014_
    ---
    hon
    n & Excel
    Python &
>>>
```

リストの一部を取り出す

リストから指定した範囲の要素を取り出し、新しいリストを作成する場合も、文字列と同様に「[ ]」を使ったスライスが利用できます。

次のプログラムは、曜日の略語をまとめたリストを変数tlistに代入し、指定した要素のまとまりを取り出すものです。今回負の数も使用し、リストの末尾から数えた位置にある要素を開始位置または終了位置として、指定した範囲の要素を取り出しています。

PROGRAM | sample014_2.py

```
tlist = ['Mon', 'Tue', 'Wed', 'Thu', 'Fri', 'Sat', 'Sun']
print(tlist[2:5])
print(tlist[-4:])
print(tlist[:-4])
```

実行例

```
>>>
    ==== RESTART: C:¥Users¥clayh¥Documents¥Works¥ExcelPython¥2章作例¥sample014_
    ---
    ['Wed', 'Thu', 'Fri']
    ['Thu', 'Fri', 'Sat', 'Sun']
    ['Mon', 'Tue', 'Wed']
>>>
```

条件に合わせて処理を分ける方法を学ぼう

ここでは、Pythonにおける「条件分岐」の基本について解説します。条件を設定し、それが真だった場合だけ処理を実行したい場合は、「if」を使用して処理を分けます。真の場合だけでなく、条件の真偽に応じてそれぞれ異なる処理を実行することも可能です。

□ 条件分岐とは

真偽が明確に判定可能な条件を設定し、その判定結果がTrue（真）かFalse（偽）かに応じて処理内容を変える「条件分岐」は、プログラミングの基本的な要素の1つです。

[条件分岐]

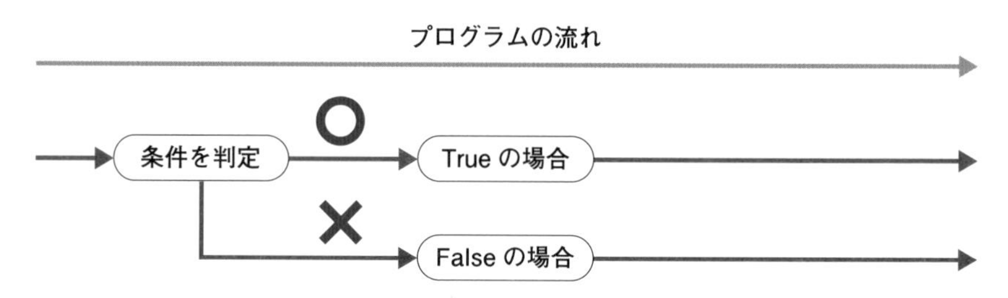

条件の判定方法としてよく使われるのは、比較演算子を使った論理式（TrueまたはFalseを返す式）です。Pythonで使用可能な比較演算子には、次のような種類があります。

演算子	使用法	Trueになる場合
==	値a == 値b	値aと値bが等しい
!=	値a != 値b	値aと値bが等しくない
>	値a> 値b	値aが値bより大きい
>=	値a >= 値b	値aが値b以上
<	値a < 値b	値aが値bより小さい
<=	値a <= 値b	値aが値b以下

□ ifを使った条件分岐

Pythonでは、「if」というキーワードを使って、条件分岐を設定できます。「if」の後にスペースを空けて条件を判定する論理式を指定し、さらに「:」(コロン)を付けて改行します。そして、その次の行から一定の幅(通常は半角4文字分)だけインデント(字下げ)して、判定結果がTrueだった場合の処理を記述します。IDLEやVisual Studio Codeなどでは、「if ○○:」と入力して改行すると、自動的にその次の行がインデントされます。

コードの中で直接値を指定した場合、その条件判定の結果も常に一定となるので、次の例ではinput関数を使用して、実行時にユーザーにShell画面で値を入力させます。その戻り値は変数ansに代入し、その値が8以上なら「合格です」と出力します。ただし、input関数の戻り値の型はstr(文字列)なので、int関数を使ってint型に変換します。なお、整数に変換できない文字列が入力された場合は、エラーになります。

PROGRAM | ▶sample015_1.py

```
ans = int(input('何点でしたか？'))
if ans >= 8:
    print('合格です')
```

実行例

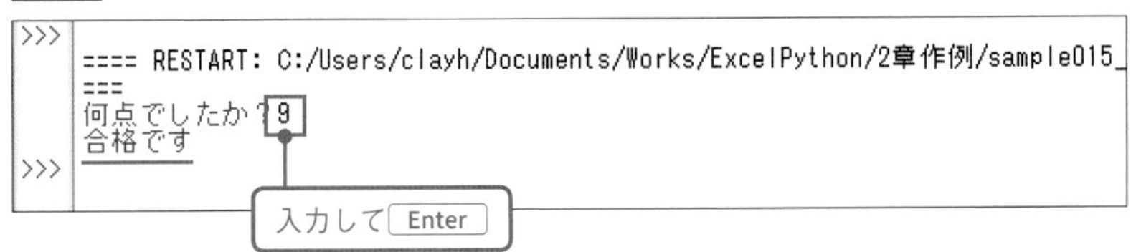

条件の判定結果がTrueだった場合の処理は、ここでは1行だけですが、インデント位置を揃えて次行以降を記述することで、複数の処理を実行できます。一方、Trueだった場合の処理のブロックを終了して次の処理に移りたい場合は、インデントを「if」の行の先頭位置まで戻します。

条件の判定結果がFalseだった場合の処理は、行の開始位置を「if」の行と揃えて「else:」と入力し、改行してその次の行以降に、やはり1段階インデントして記述します。次の例は、入力された値が8以上だった場合は前の例と同じですが、そうでなかった場合は「不合格です」と出力します。

PROGRAM | sample015_2.py

```
ans = int(input('何点でしたか？'))
if ans >= 8:
    print('合格です')
else:
    print('不合格です')
```

実行例

```
>>>
==== RESTART: C:/Users/clayh/Documents/Works/ExcelPython/2章作例/sample015_
===
何点でしたか？7
不合格です
>>>
```

入力して Enter

「else」のブロックの処理も、「if」のブロックと同様、インデント位置を揃えて複数行に渡って記述することができます。

最初の条件の判定結果がFalseだった場合に、「elif」を使ってさらに別の条件を判定することも可能です。次の例は、入力された数値が8以上であれば「合格です」と表示し、そうでなければさらに5以上かどうかを判定して、Trueの場合は「再挑戦が可能です」、Falseの場合は「不合格です」と表示します。

PROGRAM | sample015_3.py

```
ans = int(input('何点でしたか？'))
if ans >= 8:
    print('合格です')
elif ans >= 5:
    print('再挑戦が可能です')
else:
    print('不合格です')
```

実行例

```
>>>
==== RESTART: C:/Users/clayh/Documents/Works/ExcelPython/2章作例/sample015_
===
何点でしたか？6
再挑戦が可能です
>>>
```

入力して Enter

エラーの発生に対処しよう

プログラムで、処理対象のデータ型が間違っていたときなどに「エラー」が発生し、処理を正常に実行できない場合があります。条件分岐などでエラーを回避しきれない場合は、エラー発生時の対応処理までを、プログラムに組み込んでおくとよいでしょう。

□ エラー発生時に別の処理をする

次の例は、input関数でユーザーに金額（本体価格）を入力させ、その税込価格を出力するプログラムです。input関数の戻り値はstr（文字列）型なのでint関数でint（整数）型に変換し、さらに1.1倍した結果はfloat（浮動小数点数）型になるため、改めてint関数でint型に変換しています。ここで、ユーザーが数値ではなく文字列のデータを入力した場合は、エラーが発生してしまいます。

PROGRAM ▶sample016_1.py

```
ans = int(input('本体価格を入力してください。'))
price = int(ans * 1.1)
print(f'税込価格　{price}円')
```

実行例

```
>>>
==== RESTART: C:¥Users¥clayh¥Documents¥Works¥ExcelPython¥2章作例¥sample016_
===
本体価格を入力してください。1500   ← 入力して Enter
税込価格　1650円
>>>
==== RESTART: C:¥Users¥clayh¥Documents¥Works¥ExcelPython¥2章作例¥sample016_
===
本体価格を入力してください。不明   ← 入力して Enter
Traceback (most recent call last):
  File "C:¥Users¥clayh¥Documents¥Works¥ExcelPython¥2章作例¥sample016_1.py",
 1, in <module>
    ans = int(input('本体価格を入力してください。'))
ValueError: invalid literal for int() with base 10: '不明'   ← エラー発生
>>>
```

このような場合には、if文を使って入力されたデータの型を調べる方法もありますが、エラーの発生自体は許容し、そのエラーに対応する処理（例外処理）のほうがかんたんなケースも少なくありません。

次の例は、input関数で入力された値が数値として計算できなかった場合は、「入力値が不適切です。」と表示するプログラムです。適切な数値が入力された場合は、そのまま税込価格が計算され、出力されます。

PROGRAM ▶ sample016_2.py

```
try:
    ans = int(input('本体価格を入力してください。'))
    price = int(ans * 1.1)
    print(f'税込価格　{price}円')
except:
    print('入力値が不適切です。')
```

実行例

```
>>>
==== RESTART: C:¥Users¥clayh¥Documents¥Works¥ExcelPython¥2章作例¥sample016_
===
本体価格を入力してください。不明        入力して Enter
入力値が不適切です。
>>>
==== RESTART: C:¥Users¥clayh¥Documents¥Works¥ExcelPython¥2章作例¥sample016_
===
本体価格を入力してください。2000        入力して Enter
税込価格　2200円
>>>
```

エラーが発生するかもしれない処理の場合、そのコードを「try:」のブロックの中に入れておきます。すると、そのブロックの中でエラーが発生するような処理が実行された場合、エラーによって処理を中断せず、「except:」のブロックの処理を実行します。

▫ エラーの種類によって処理を分ける

単に「except:」とした場合、発生したすべてのエラーに対応する例外処理のブロックになります。エラーの種類を特定し、それに応じた例外処理を実行することも可能です。

次の例は、人数を入力すると、10万円をその人数で割り、1人当たりの支給額を出力するプログラムです。数値に変換できない文字列を指定した場合は、「入力値が不適切です。」と出力します。また、数値であっても、「0」を指定した場合は「0は指定できません。」と出力します。

PROGRAM | sample016_3.py

```
try:
    ans = int(input('人数を入力してください。'))
    share = int(100000 / ans)
    print(f'1人当たり　{share}円')
except ValueError:
    print('入力値が不適切です。')
except ZeroDivisionError:
    print('0は指定できません。')
```

実行例

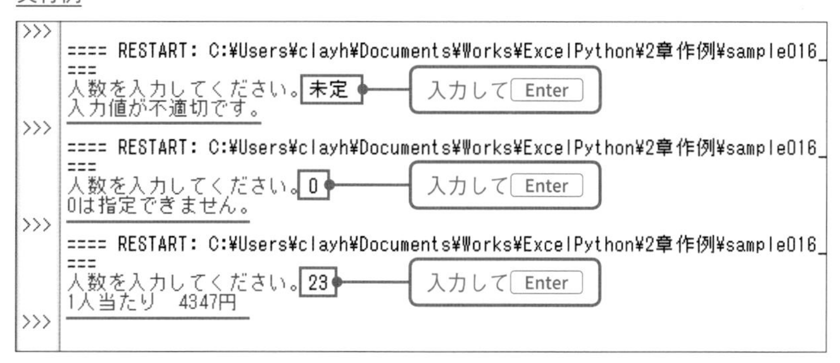

「except valueError:」とすると、データの型に合っていない不適切な処理が実行されたときに発生するエラーを捉えることができます。データの型に合っていない処理とは、たとえば、数値に変換できない文字列が入力された変数を数値と演算しようとしたり、int関数でint(整数)型に変換したりするような処理です。この例の場合、int関数の引数にinput関数を直接指定し、入力値をそのままint型に変換していますが、「未定」などと入力した場合はその時点でValueErrorに該当するエラーとなります。

また、このプログラムでは、入力されたデータをint型に変換し、100000をその値で割っています。input関数の入力値に0が指定された場合、0で除算されたということを意味する「ZeroDivisionError」に該当するエラーとなります。割り算が問題なく終わったら、その値をさらにint関数でint型に変換していますが、小数点以下の桁の値が存在する浮動小数点数のデータをint関数の引数に指定した場合、小数点以下の値が切り捨てられた整数に変換されます。

同じ処理を繰り返す方法を学ぼう

一連の処理を設定した回数だけ、または設定した条件に応じて繰り返し実行する仕組みも、プログラミングの重要な要素の1つです。ここでは、Pythonにおける「繰り返し処理」の基本について解説します。

□繰り返し処理とは

一般的なプログラミング言語には、一連の操作をブロックとして指定し、その末尾の行まで進んだらまた先頭の行まで戻って同じ操作を実行する「繰り返し処理」の仕組みが用意されています。通常、全く同じ処理の繰り返しではなく、1回の繰り返しごとにその中の変数の値などが変化して、複数の対象に同じ処理を適用するなどの目的で使用されます。プログラムでは、指定した条件が真または偽になるまで繰り返したり、回数を数値で指定して繰り返したりといった指定が可能です。下の図は、3回繰り返す処理の例です。

[繰り返し処理]

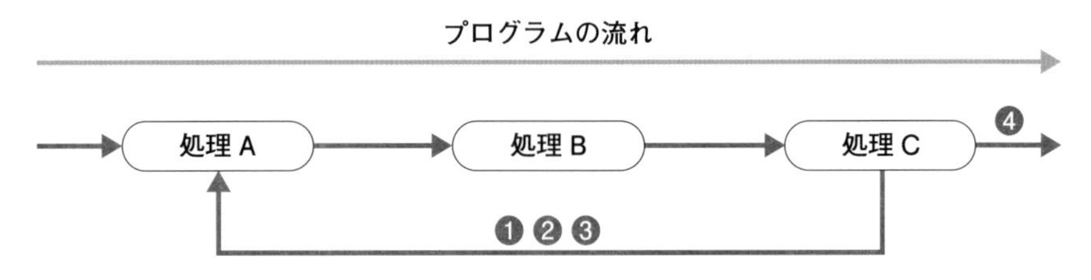

□条件がTrueの間だけ繰り返す

「while」の後にスペースを空けて、if文と同様に条件を判定する論理式を指定し、「:」(コロン)を付けて改行します。その次の行から1段階インデントして記述すると、以下の同じインデント位置の行が、繰り返す対象のブロックとなります。whileの後に指定した論理式の判定結果がTrueである間、このブロックの処理が繰り返されます。

次の例は、変数num1の値が30未満の間、処理を繰り返すプログラムです。

PROGRAM | sample017_1.py

```
num1, num2 = 1, 0
while num1 < 30:
    num1 *= 2
    num2 += 1
    print(num1)
print(f'繰り返し回数:{num2}')
```

実行例

```
>>>
==== RESTART: C:¥Users¥clayh¥Documents¥Works¥ExcelPython¥2章作例¥sample017_
---
2
4
8
16
32
繰り返し回数：5
>>>
```

変数num1に1を、変数num2に0を代入した後、繰り返し処理に入ります。各繰り返しでは、変数num1の値を2倍し、その結果を改めて変数num1に代入します。次に、変数num2に1を加算して、改めて変数num2に代入します。そして、print関数で変数num1の値を出力します。この変数num1の値が30より小さい間、この処理を繰り返します。つまり、変数num1の値が30以上になったら、繰り返しを終了します。

繰り返し終了後に、f文字列に変数num2を指定して、繰り返された回数を「繰り返し回数：5」のように出力します。

□ 変数に各要素を代入して繰り返す

「for」の後にスペースを空けて変数を指定し、さらに「in」に続けて複数の要素を含むオブジェクト（イテラブルオブジェクト）を指定して、「:」を付けて改行します。すると、その各要素が変数に順番に代入され、以下の1段階インデントされたブロックの処理が、要素の数だけ繰り返されます。イテラブルオブジェクトのわかりやすい例は、リストやタプルでしょう。次のプログラムは、4つの要素のリストを対象とした繰り返しの例です。

PROGRAM | sample017_2.py

```
num1, num2 = 0, 0
for num3 in [1, 5, 8, 12]:
    num1 += num3
    num2 += 1
    print(num1)
print(f'要素数:{num2}')
```

実行例

```
>>>
==== RESTART: C:¥Users¥clayh¥Documents¥Works¥ExcelPython¥2章作例¥sample017_
---
1
6
14
26
要素数：4
>>>
```

変数num1と変数num2にそれぞれ0を代入し、forの繰り返しで使用する変数num3に、4つの数値を要素とするリストを指定します。各繰り返しでは、変数num1にその要素の各数値を加算し、そのつど出力していきます。また、変数num2には、繰り返しのつど1ずつ加算していきます。すべての繰り返しの終了後、f文字列で変数num2の値を使用し、「要素数：4」のように出力します。

▫ 各要素とインデックスを取り出して繰り返す

イテラブルオブジェクトから各要素と同時に、その順番(インデックス)を表す番号を取得して、繰り返しの中で使用することも可能です。forの後に、「,」(カンマ)で区切って変数を2つ指定し、「in」の後にenumerate関数の引数としてイテラブルオブジェクトを指定すると、1番目の変数にイテラブルオブジェクトから取り出した要素のインデックスが、2番目の変数に取り出された要素が代入されて、以降の処理が繰り返されます。

次の例では、3人分の選手名を含むリストを変数tlistに代入し、これを対象としてenumerate関数を使った繰り返し処理を実行します。

PROGRAM | sample017_3.py

```
tlist = ['鈴木', '佐藤', '田中']
for num, name in enumerate(tlist):
    rank = num + 1
    print(f'第{rank}位␣{name}選手')
```

実行例

```
>>>
==== RESTART: C:¥Users¥clayh¥Documents¥Works¥ExcelPython¥2章作例¥sample017_
---
第1位　鈴木選手
第2位　佐藤選手
第3位　田中選手
>>>
```

変数numに代入されるインデックスの最小値は0なので、各繰り返しではこれに1を加えて変数rankに代入します。そして、f文字列で、この変数rankと各選手名が代入された変数nameを「第1位　鈴木選手」のような形で出力しています。

▫数値の範囲を指定して繰り返す

変数に連続した数値を代入して処理を繰り返したい場合は、for文でrange関数を使用すると便利です。この関数では、第1引数を開始値、第2引数の1つ前までの整数を終了値とする整数の集まりが、rangeオブジェクトとして求められます。たとえば、「range(2, 5)」という指定では、2、3、4という3つの整数を含むrangeオブジェクトが返されます。

次の例は、1個120円の商品を1～5個購入した場合の金額を、それぞれ「1個：120円」のように表示するプログラムです。

PROGRAM | ▸sample017_4.py

```
for q in range(1, 6):
    p = q * 120
    print(f'{q}個:{p}円')
```

実行例

```
>>>
==== RESTART: C:¥Users¥clayh¥Documents¥Works¥ExcelPython¥2章作例¥sample017_
---
1個：120円
2個：240円
3個：360円
4個：480円
5個：600円
>>>
```

range関数の引数に1と6を指定することで1～5の整数を含むイテラブルオブジェクトを求め、これを変数qに代入して、for文による繰り返し処理を実行します。この変数qの値に120を掛けた値を変数pに収め、f文字列を使って変数qと変数pの値を組み込んだ文字列を出力しています。

独自の関数を作成しよう

Pythonでは、あらかじめ用意されている各種の関数に加えて、ユーザーが独自の関数を定義して、プログラムの中で利用することができます。ここでは、Pythonで独自の関数を作成する方法について解説しましょう。

□ 独自の関数とは

プログラミングにおける「関数」とは、一連の処理のまとまりに名前を付け、他のプログラムから呼び出して利用できるようにしたもののことです。そのつど違うデータを処理の対象としたい場合は、「引数」として呼び出す際に指定することができます。また、単に一連の処理を実行するだけでなく、何らかの「戻り値」を返すことも可能です。

Pythonで関数を定義するには、「def」の後にスペースを空けて、任意の関数名を指定し、「( )」(カッコ)と「:」(コロン)を付けて改行します。引数を使用する場合は、この「( )」の中に任意の引数名を指定します。以下、1段階インデントしたブロックに、関数の処理を記述していきます。処理だけを記述することもできますが、何らかの戻り値を返したい場合は、「return」の後にスペースを空けてその値を指定します。

構文

```
def 関数名(引数1, 引数2, …):
    処理
    return 戻り値
```

□ BMIを求める関数

ここではサンプルとして、BMIを求める関数を作成してみましょう。BMIは肥満度を表す指標で、体重(kg) ÷ 身長(m)の2乗という計算式で求められます。

PROGRAM | ▶sample018_1.py

```
def bmi(weight, height):
    return weight / height ** 2
```

同じスクリプトファイルの中に、この関数を使用するプログラムを記述します。体重と身長は、input関数でそれぞれユーザーに入力してもらいます。BMIは25以上が肥満と見なされるので、if文で判定し、25以上であれば「肥満です」、そうでなければ「肥満ではありません」と出力します。

PROGRAM | sample018_1.py

```
w = float(input('体重を入力してください(kg単位)'))
h = float(input('身長を入力してください(m単位)'))
if bmi(w, h) >= 25:
    print('肥満です')
else:
    print('肥満ではありません')
```

実行例

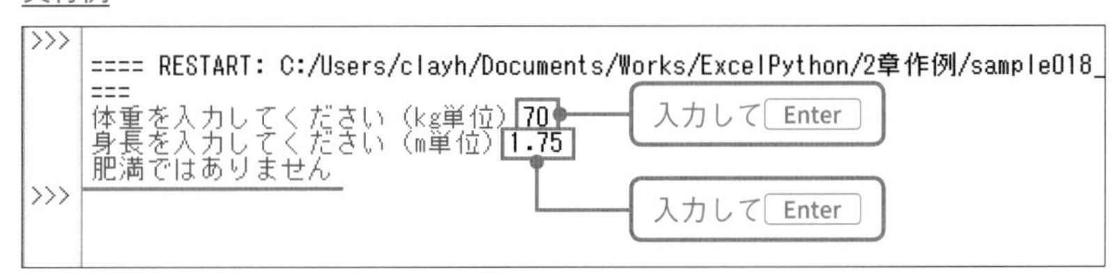

なお、input関数の戻り値は文字列型のため、そのまま数値の演算で使用するとエラーになります。ここではその文字列をそのままfloat関数の引数に指定して、浮動小数点数型に変換しています。数値に変換できない文字列が入力された場合はエラーになりますが、ここでは必ず数値が入力されるという前提で、そのエラーへの対応は行っていません。

□ 3辺から三角形の面積を求める関数

三角形の面積を求める公式は「底辺×高さ÷2」ですが、3辺の長さがわかっていれば、それらに基づいて面積を計算することも可能です。これには、「ヘロンの公式」と呼ばれる式を使用します。まず3辺の和を2で割って変数sに収め、そのsの値に、さらにsの値と各辺の長さの差を掛けた積を求めます。その正の平方根がこの三角形の面積となります。平方根は、ここではべき乗の演算子「**」を使用し、0.5乗することによって求めています。

PROGRAM | ▸ sample018_2.py

```
def tri_area(a, b, c):
    s = (a + b + c) / 2
    return (s * (s - a) * (s - b) * (s - c)) ** 0.5
```

同じスクリプトファイルの中に、この関数を使用するプログラムを記述します。ここでは、やはりinput関数を使用して3辺の長さをそれぞれ入力してもらい、float関数で浮動小数点数型に変換し、tri_area関数でこの3辺から面積を求めて、print関数でShell画面に出力しています。

PROGRAM | ▸ sample018_2.py

```
hen1 = float(input('辺Aの長さを入力'))
hen2 = float(input('辺Bの長さを入力'))
hen3 = float(input('辺Cの長さを入力'))
print(tri_area(hen1, hen2, hen3))
```

実行例

□ データ判定用の関数を作成する

ここまで、input関数の戻り値をそのままfloat関数で浮動小数点数型に変換する例を紹介してきましたが、数値に変換できない文字列が入力された場合はエラーが発生してしまいます。エラーに対処する方法はP.61で解説していますが、ここでは入力された文字列が数値に変換可能かどうかを判定する関数を作成してみましょう。

受け取った文字列データが数値に変換可能かどうかを判定する関数は、もともといくつか用意されていますが、マイナス符号や小数点なども含めて判定するのは意外と面倒です。判定用の関数を自作する場合も、エラー処理の機能を利用するのが簡単な方法です。

次のis_number関数では、引数として受け取ったデータを、まずfloat関数で、実際に浮動小数点数型に変換してみます。「try」を利用し、文字列を数値として演算処理されたことを意味する「ValueError」に対応するエラー処理で、エラーが発生した場合はFalseを、発生しなかった場合はTrueを、それぞれ戻り値として返します。

PROGRAM | sample018_3.py

```
def is_number(moji):
    try:
        float(moji)
    except ValueError:
        return False
    else:
        return True
```

先に紹介した、BMIを求める関数を利用するプログラムの例で、入力された2つの値が数値かどうかを、この関数で判定してみましょう。1つでも数値以外のデータが入力された場合は、「BMIが計算できません」という文字列を出力します。「and」は、その前後に指定した2つの条件がともにTrueである場合のみTrueを返します。

PROGRAM | sample018_3.py

```
w = input('体重を入力してください(kg単位)')
h = input('身長を入力してください(m単位)')
if is_number(w) and is_number(h):
    if bmi(float(w), float(h)) >= 25:
        print('肥満です')
    else:
        print('肥満ではありません')
else:
    print('BMIが計算できません')
```

実行例

```
>>>
==== RESTART: C:/Users/clayh/Documents/Works/ExcelPython/2章作例/sample018_
===
体重を入力してください(kg単位)75
身長を入力してください(m単位)175cm
BMIが計算できません
>>>
```

入力して Enter

入力して Enter

独自のクラスを作成しよう

「クラス」とは、プログラミングにおける操作の対象を表す「オブジェクト」の設計図のようなものです。Pythonでは、ユーザーが独自のクラスを定義することも可能です。ここでは、独自のクラスの作成方法と、その具体的な利用例を紹介します。

▫ 独自のクラスとは

プログラミング言語によっては、操作の対象となる「オブジェクト」を指定し、それに対する操作(メソッド)という形で、各種の処理を記述します。Pythonもまた、オブジェクトの考え方が取り入れられたプログラミング言語の1つです。「クラス」とは、いわばオブジェクトの設計図であり、クラスに基づいてプログラムの中で作成(実体化)されたオブジェクトを「インスタンス」と呼びます。Pythonの場合、整数や文字列といった基本的なデータの型もクラスであり、すべてのデータをオブジェクトとして処理できます。

これらのような組み込みのクラスだけでなく、プログラムの中で、ユーザー(プログラマー)が独自のクラスを定義することも可能です。つまり、プログラムの中で使用するオブジェクトの仕様を、ユーザー自身が設計できます。

Pythonでクラスを定義するには、「class」の後にスペースを空けてクラス名を指定し、「:」(コロン)を付けて改行します。以下、1段階インデントしたブロックに、そのオブジェクトに所属する変数や関数などを記述していきます。

構文

```
class クラス名:
    処理
```

▫ シンプルなクラスを使用する

クラス名は自由に付けられますが、慣例的に先頭の文字は大文字にします。まず、シンプルなクラスの例として、変数scoreを1つだけ含む「Player」クラスを作成してみましょう。この変数scoreは得点を収めるためのもので、データ型を整数にするため、初期値として「0」を代入しています。

PROGRAM | sample019_1.py

```
class Player:
    score = 0
```

この「Player」クラスから2つのインスタンスを作成し、それぞれを変数p1とp2に収めます。インスタンスを作成するには、クラス名の後に「( )」を付けて指定します。そして、各オブジェクトの変数scoreにそれぞれ「15」と「20」を代入し、その値を文字列と組み合わせて出力します。

PROGRAM | sample019_1.py

```
p1 = Player()
p2 = Player()
p1.score = 15
p2.score = 20
print(f'プレイヤー1:{p1.score}点¥n'
      f'プレイヤー2:{p2.score}点')
```

実行例

```
>>>
==== RESTART: C:¥Users¥clayh¥Documents¥Works¥ExcelPython¥2章作例¥sample019_
---
プレイヤー1:15点
プレイヤー2:20点
>>>
```

ここではprint関数の引数として2つのf文字列を改行して続けていますが、Pythonでは「( )」の途中で改行しても、つながった1行のコードとして処理されます。また、2つの文字列を並べて指定すると、結合して出力されます。「¥n」は改行コードを表しています。

□ クラスのメソッドを使用する

クラスの中で関数を定義することも可能です。クラスの中に作成された関数は、「メソッド」と呼ばれます。この関数の第1引数はそのオブジェクト自体を表すものとなり、その引数名は慣例的に「self」とします。それ以外に引数を使用したい場合は、「,」(カンマ)で区切って第2引数以降に指定します。

次の「Players」クラスでは、1つのオブジェクトの中に、プレイヤー2人分の得点を収めるための変数としてscore1とscore2を用意します。そして、「judge」関数では、この

2つの変数の値を比較し、変数score1のほうが大きければ「プレイヤー1の勝ち」、変数score2のほうが大きければ「プレイヤー2の勝ち」と出力します。なお、どちらも同じ得点の場合は何もしません。

PROGRAM | sample019_2.py

```
class Players:
    score1 = 0
    score2 = 0

    def judge(self):
        if self.score1 > self.score2:
            print('プレイヤー1の勝ち')
        elif self.score1 < self.score2:
            print('プレイヤー2の勝ち')
```

このクラスを利用したプログラムでは、まずインスタンスを作成して変数pに代入します。そして、input関数でユーザーに2人分のプレイヤーの得点をそれぞれ入力させ、int関数で整数型に変換して、このオブジェクトの変数score1とscore2に代入します。このオブジェクトのjudgeメソッドを実行することで、入力した2つの得点に基づく勝敗の判定結果が出力されます。

PROGRAM | sample019_2.py

```
p = Players()
p.score1 = int(input('プレイヤー1の得点：'))
p.score2 = int(input('プレイヤー2の得点：'))
p.judge()
```

実行例

```
>>>
==== RESTART: C:/Users/clayh/Documents/Works/ExcelPython/2章作例/sample019_
===
プレイヤー1の得点：150
プレイヤー2の得点：160
プレイヤー2の勝ち
>>>
```

入力して Enter

入力して Enter

□自動的に実行するメソッドの作成

クラスの中に作成する関数の名前を「__init__」にすると、このクラスからインスタンスが作成されたときに、このメソッドが自動的に実行されます。このようなメソッドを「コンストラクタ」と呼びます。次の例は、前のプログラムにコンストラクタを追加し、インスタンス作成時に「勝敗を判定します」と出力するようにしたものです。

PROGRAM | sample019_3.py

```
class Players:
    score1 = 0
    score2 = 0

    def __init__(self):
        print('勝敗を判定します')

    def judge(self):
        if self.score1 > self.score2:
            print('プレイヤー1の勝ち')
        elif self.score1 < self.score2:
            print('プレイヤー2の勝ち')

p = Players()
p.score1 = int(input('プレイヤー1の得点:'))
p.score2 = int(input('プレイヤー2の得点:'))
p.judge()
```

実行例

```
>>>
    ==== RESTART: C:/Users/clayh/Documents/Works/ExcelPython/2章作例/sample019_
    ===
    勝敗を判定します
    プレイヤー1の得点:170    入力して Enter
    プレイヤー2の得点:160    入力して Enter
    プレイヤー1の勝ち
>>>
```

モジュールとライブラリの使い方を学ぼう

Pythonのプログラムを記述したファイルは、他のプログラムのコードから引用する形で、そのプログラムを利用することができます。ここでは、他のプログラムで利用するPythonのプログラムに関する用語と、その使い方の基本について解説します。

□ モジュールとは

Pythonのプログラムが記述されたスクリプトファイルのことを、「モジュール」ともいいます。単体で実行するファイルをこう呼ぶこともありますが、通常、他のプログラムからその機能を利用するファイルという意味で使われます。本書でも、以後、単にモジュールといった場合は後者の意味で使用しています。モジュールとして利用するファイルも、単体で実行するスクリプトファイルと同様、「.py」という拡張子を付けて保存します。

モジュールとして使用するファイルでは、他のプログラムから呼び出して利用したい機能を、関数やクラスの形でまとめておきます。呼び出す側のプログラムでは、「import」というキーワードの後にモジュールのファイル名を指定することで、その関数やクラスを利用できるようになります。指定時には、拡張子「.py」は省略します。たとえば、「judgement.py」というモジュールを別のプログラムで利用したい場合は、次のコードを記述します。

コード

```
import judgement
```

これでjudgement.pyの機能がインポートされ、このコードの中で使用可能になります。以下のプログラムでは、「judgement」の後に「.」を付け、そのモジュールに含まれる関数名などを指定します。

この「judgement」という名前が長くて入力が面倒だと感じた場合は、「as」を使用して別名を設定することも可能です。次のようにすることで、このモジュールを「jd」という名前で指定できるようになります。

コード

```
import judgement as jd
```

□ パッケージとは

同じ系統のプログラムを記述したモジュールがいくつかある場合、それらをフォルダーにまとめたものを「パッケージ」といいます。実際には同じフォルダーに入れるだけでパッケージと見なされるわけではありませんが、ここでは詳しい説明は省略します。パッケージに含まれる機能も、モジュールと同じく「import」で、プログラムの中で使用可能にできます。

パッケージの中の特定のモジュール、あるいはその属性だけを使用可能にしたい場合は、「from」キーワードを使用してパッケージまたはモジュールを指定し、さらに「import」でその中のモジュールや属性をインポートします。次の例は、「playgame」というパッケージに含まれている「scorecount.py」をインポートするものです。

コード

```
from playgame import scorecount
```

□ ライブラリとは

モジュールやパッケージ、あるいはそれらをまとめてインストールできるようにしたものを「ライブラリ」と呼びます。特に、Python自体をインストールするだけで使用可能になるライブラリを、「標準ライブラリ」といいます。標準ライブラリには、文字列処理のための「string」、高度な検索を可能にする「re」、数学的な計算をするための「math」など、さまざまなライブラリが含まれています。これらは最初からインストールされているため、「import」で指定するだけで使用可能になります。

一方、初期状態では使用できず、事前にインストールの作業が必要なライブラリを「外部ライブラリ」といいます。以降で紹介する、Excelを操作するためのライブラリも外部ライブラリです。外部ライブラリを使用可能にする方法については、P.83で解説します。

結果を表示するメッセージ画面を使おう

プログラムの実行結果をprint関数で出力するのではなく、ダイアログボックスで表示したい場合もあるでしょう。「tkinter」を利用することで、あらかじめ用意された各種のメッセージボックスに、指定したメッセージを表示することが可能になります。

□ メッセージボックスを表示する

標準ライブラリの「tkinter」は、Pythonで各種のGUI画面を使用するための機能です。独自の画面を設計することも可能(P.325参照)ですが、あらかじめ用意されているメッセージボックスを利用することもできます。ここでは、「情報」のアイコンの付いた「OK」ボタン1つだけのメッセージボックスを表示させてみましょう。

PROGRAM | ▶sample021_1.py

```
import tkinter
from tkinter import messagebox
root = tkinter.Tk()
root.withdraw()
messagebox.showinfo('お知らせ', '作業を開始してください')
```

実行例

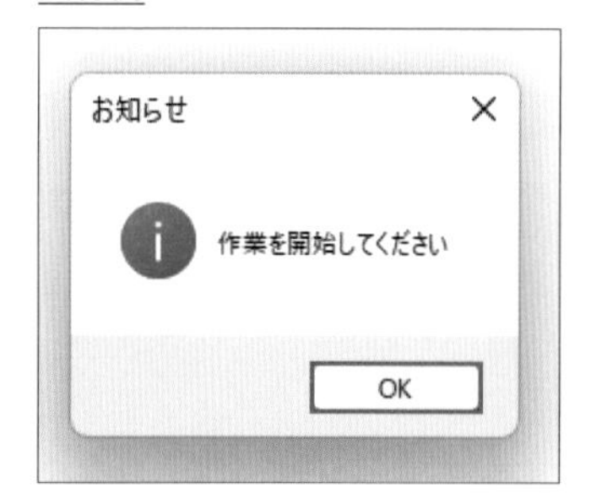

tkinterは標準ライブラリのパッケージで、メッセージボックスの表示に使用するのはその中の「messagebox」というモジュールです。ここではtkinter自体と、その中のmessageboxをそれぞれインポートします。tkinterでは、自動的にGUI画面が作成されます。メッセージボックスを使用する場合、この画面は必要ないので、「root = tkinter.Tk()」と「root.withdraw()」の2行で表示されないようにしています。messageboxの

「showinfo」関数で、第1引数にタイトル、第2引数にメッセージを表す文字列を、それぞれ指定します。showinfoの他にも次のようなメソッドが指定でき、それぞれに異なる種類のメッセージボックスが表示されます。

メソッド名	アイコン	表示ボタン	各ボタンの戻り値
showinfo	情報	OK	ok
showwarning	警告	OK	ok
showerror	エラー	OK	ok
askquestion	質問	はい／いいえ	yes／no
askokcancel	質問	OK／キャンセル	True／False
askretrycancel	質問	再試行／キャンセル	True／False
askyesno	質問	はい／いいえ	True／False
askyesnocancel	質問	はい／いいえ／キャンセル	True／False／None

表示した質問に対して、クリックされたボタンに応じて異なる処理をしたい場合は、各ボタンを表す戻り値で判定します。次の例は、「はい」がクリックされた場合の「True」をif文で判定し、改めて「合格」というメッセージを表示するプログラムです。

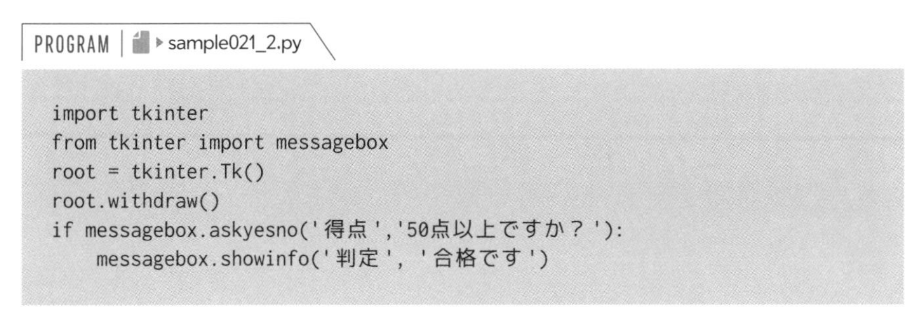

PROGRAM | sample021_2.py

```
import tkinter
from tkinter import messagebox
root = tkinter.Tk()
root.withdraw()
if messagebox.askyesno('得点','50点以上ですか？'):
    messagebox.showinfo('判定', '合格です')
```

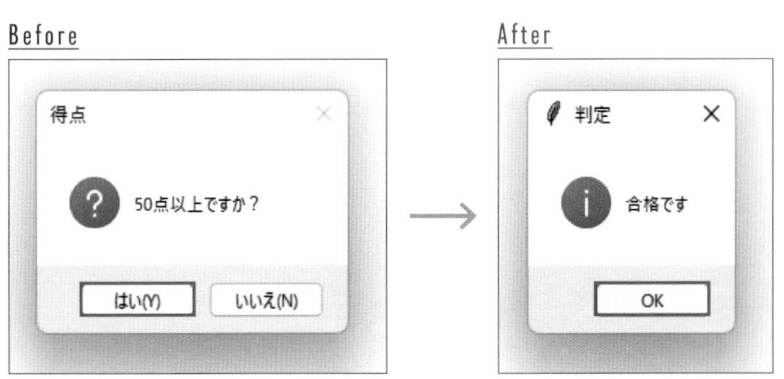

データを入力する画面を使おう

プログラム実行時にユーザーから値を受け取りたい場合、input関数では、Shell画面などで値を入力する形になります。tkinterを利用すれば、あらかじめ用意されている入力用のダイアログボックスを利用することができます。

□ 入力ボックスを表示する

tkinterを利用して、入力ボックスを表示することも可能です。入力された内容が戻り値として返され、以降のプログラムでその値を使用できます。次の例では、購入したい個数を入力すると、その数と単価の120円の積が、メッセージボックスに表示されます。

PROGRAM ▶sample022_1.py

```
import tkinter
from tkinter import simpledialog, messagebox
root = tkinter.Tk()
root.withdraw()
kosu = simpledialog.askinteger('購入数', ⏎
                                '購入したい個数を入力してください')
if kosu:
    kingaku = kosu * 120
    messagebox.showinfo('金額', f'購入金額:{kingaku}円')
```

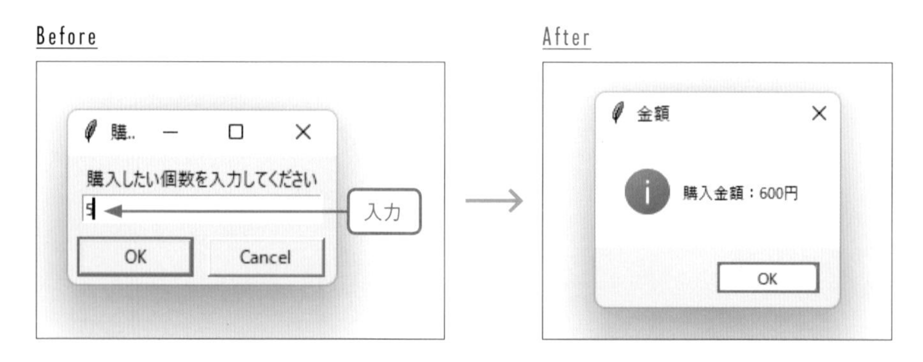

入力ボックスを表示するために、まずtkinterの「simpledialog」というモジュールをインポートします。同じtkinterに含まれるmessageboxとは、「,」で区切ってまとめて指定できます。入力値が整数の場合は、simpledialogの「askinteger」関数を使用し、その第1引数にタイトル、第2引数に説明文を表す文字列を指定します。入力されたデータを戻り値として受け取り、120を掛けて、文字列と組み合わせてmessageboxで表示します。

なお、1行のコードが長くなった場合、( )や[ ]などのカッコの中なら、区切りのいい位置(スペースの箇所や「,」の後など)で改行しても、コード的にはつながっていると見なされます。本書では、このような改行をした位置を、⮐という記号で示します。

また、「if kosu:」という条件を設定しておくことで、「キャンセル」ボタンがクリックされた場合は、以降の処理が実行されません。

□ 異なるデータ型に対応する

この入力ボックスに入力できるのは整数だけで、小数部分を含む数値や文字列のデータを入力して「OK」をクリックすると、エラーメッセージが表示されてしまいます。

simpledialogから入力ボックスを表示できる関数には、askinteger関数以外にも、浮動小数点数を入力するための「askfloat」関数、文字列を入力するための「askstring」関数があります。型を問わずあらゆる入力データを受け取り、一度変数に収めてからそのデータ型に応じて処理を分けたいといった場合は、とりあえずaskstring関数で、文字列として入力させればよいでしょう。

次の例では、入力ボックスに予約人数が入力されたら、それに単価1000円を掛けた利用料金を表示します。ただし、人数が決まっていない場合に、「未定」と入力することも許容し、その場合は「人数が決まったらお知らせください」というメッセージを表示します。整数または「未定」という文字列以外が入力された場合は、「入力値が不適切です」というメッセージを表示します。

PROGRAM | ▸sample022_2.py

```
import tkinter
from tkinter import simpledialog, messagebox
root = tkinter.Tk()
root.withdraw()
ninzu = simpledialog.askstring('人数',⮐
                                '予約人数を入力してください¥n'⮐
                                '(未定の場合は「未定」と入力)')
if ninzu:
    if ninzu == '未定':
```

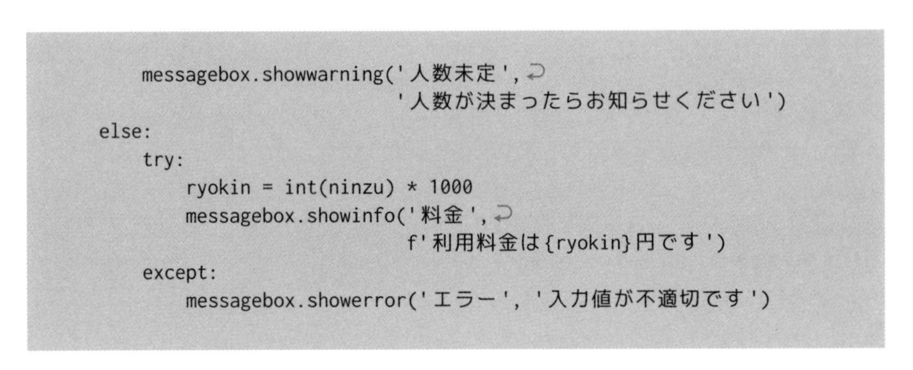

```
        messagebox.showwarning('人数未定',⮐
                               '人数が決まったらお知らせください')
    else:
        try:
            ryokin = int(ninzu) * 1000
            messagebox.showinfo('料金',⮐
                                f'利用料金は{ryokin}円です')
        except:
            messagebox.showerror('エラー', '入力値が不適切です')
```

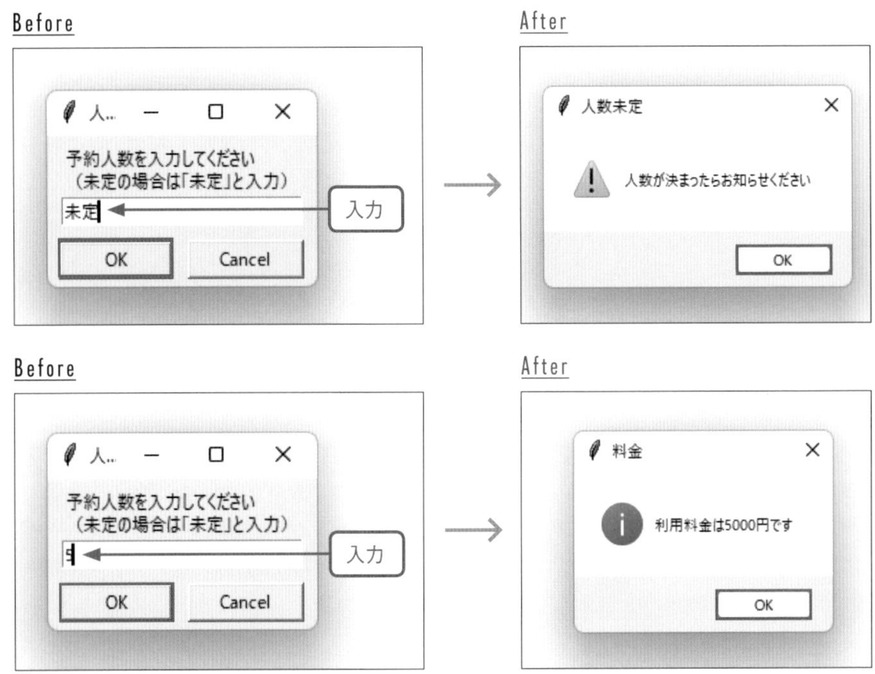

数値の他に文字列の入力も許容するため、入力ボックスの表示には、askinteger関数ではなく、askstring関数を使用します。メッセージ中の「¥n」は、改行の指定です。入力されたデータが「未定」という文字列であれば、「警告」のメッセージボックスで「人数が決まったらお知らせください」と表示します。そうでなければ人数が入力されているはずなので、int関数で整数に変換し、利用料金の1000円を掛けて、その結果を「利用料金は5000円です」のように表示します。

「未定」以外の文字列が入力された場合は、整数への変換時にエラーが発生してしまいますが、ここでは「try」を使用してエラーを判定し、「except」で「入力値が不適切です」というエラーのメッセージボックスを表示させます。

外部ライブラリを使用可能にしよう

Pythonで使用可能なライブラリには､｢外部ライブラリ｣もあります。外部ライブラリは、初期状態ではインストールされていないため、単にimport文で指定しても使用できません。ここでは、外部ライブラリを使用可能にする手順を解説しましょう。

□ 外部ライブラリをインストールする

Pythonでは、標準ライブラリとは別に、各種の外部ライブラリが提供されています。外部ライブラリは、さまざまな目的のために多くの人によって開発されたプログラム群であり、自分のプログラムに組み込むことで、それらの機能を簡単に実現できるようになります。たとえば、各種の数学的処理を実現するnumpy、データからグラフを描画するmatplotlib、データ分析に役立つpandasなどは、Excelユーザーにも有用な外部ライブラリといえるでしょう。

Pythonをインストールしただけで使用可能になる標準ライブラリとは異なり、外部ライブラリは、最初にインストールの操作をする必要があります。インストールは、Windowsの場合、｢コマンドプロンプト｣または｢Windows PowerShell｣などを使用します。ここではP.42で解説した手順で、｢Windowsツール｣から｢コマンドプロンプト｣を開きます。

コマンドプロンプトを実行

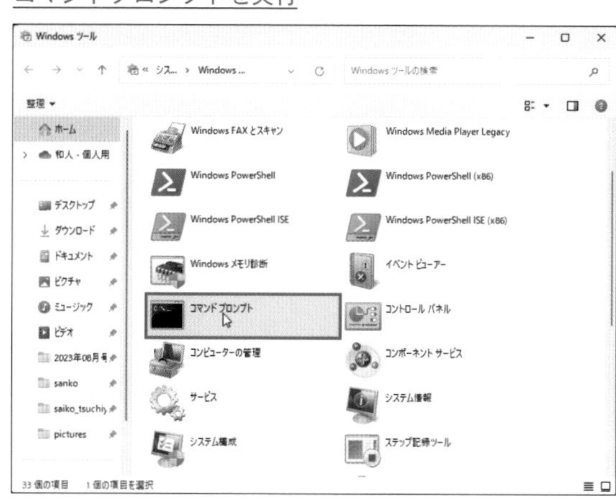

プロンプトに｢py -m pip install numpy｣と入力して、Enterキーを押します。

コマンド

```
py -m pip install numpy
```

numpyをインストール

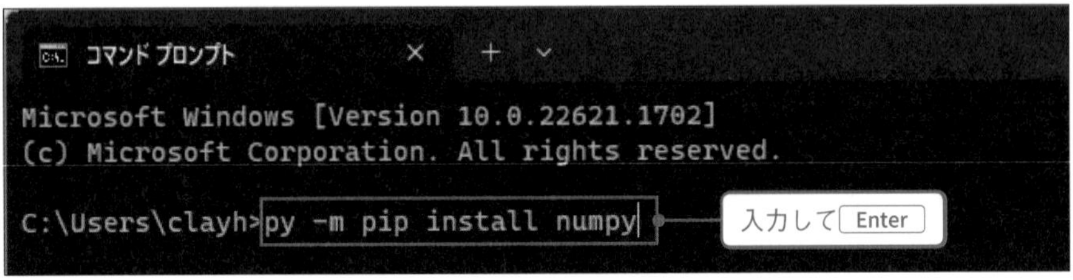

```
コマンド プロンプト

Microsoft Windows [Version 10.0.22621.1702]
(c) Microsoft Corporation. All rights reserved.

C:\Users\clayh>py -m pip install numpy
```

入力して Enter

これで、外部ライブラリのnumpyがインストールされ、Pythonのプログラムの中で使用できるようになります。ここでは例として、このnumpyを使用して、指定した数値の配列を作成し、それらの計算結果を出力してみましょう。

PROGRAM ▶sample023_1.py

```
import numpy
n = numpy.array([7, 5, 10, 3, 12])
print('平均:' + str(n.mean()))
print('最大値:' + str(n.max()))
print('最小値:' + str(n.min()))
```

実行例

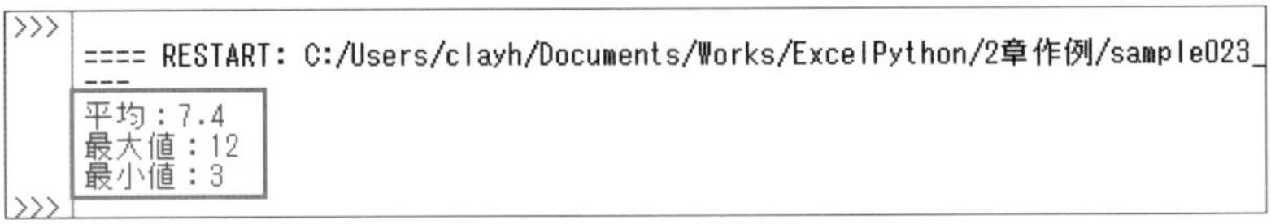

```
>>>
==== RESTART: C:/Users/clayh/Documents/Works/ExcelPython/2章作例/sample023_
---
平均：7.4
最大値：12
最小値：3
>>>
```

まず、numpyをインポートし、そのarray関数にリストを指定して、numpyの配列を作成します。そして、そのmean関数で平均を、max関数で最大値を、min関数で最小値をそれぞれ取り出し、str関数で文字列型に変換して別の文字列と結合し、print関数で出力しています。

Excelデータを処理するライブラリとは

PythonでExcelのデータを処理したい場合も、やはり外部ライブラリを利用します。この目的で使える外部ライブラリはいくつかありますが、ここではその中でも代表的な「openpyxl」と「pywin32」について紹介しましょう。

□ openpyxlをインストールする

Pythonの外部ライブラリには、Excelのデータを処理することを目的としたものもいくつか存在します。本書では、その中でも主としてopenpyxlとpywin32を使ってExcelデータを操作する方法を説明していきます。この両者は、Excelデータを処理できるという点は同じでも、それを実現するための手法は異なっています。

openpyxlには、Excelデータを扱うための独自のクラスが定義されており、いわば"Pythonらしい"コードでExcelデータを処理できます。比較的シンプルな記述で、大量のデータを効率的に処理することが可能です。

ただし、その機能はあくまでもExcelデータの処理であり、Excelそのものの操作ではありません。Excel自体の機能を使わずにデータを処理しているため、Excelがインストールされていない環境でもそのデータを処理できます。半面、Excel自体を使用しないため、完全には対応していない処理などもあります。

外部ライブラリなので、使用可能にするには、やはり最初にインストールする必要があります。「コマンドプロンプト」または「Windows PowerShell」を開き、「py -m pip install openpyxl」と入力して、Enterキーを押します。

コマンド

```
py -m pip install openpyxl
```

openpyxlをインストール

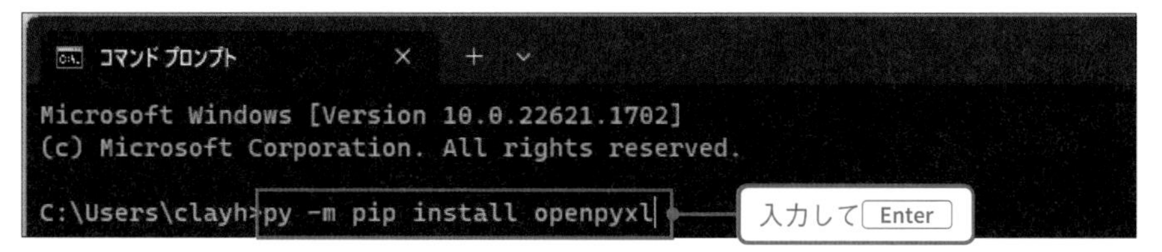

これでopenpyxlがインストールされ、Pythonからその機能を使用できるようになり

ます。openpyxlの機能をPythonのプログラムの中で使用する際には、まずimport文でインポートします。

コード

```
import openpyxl
```

□pywin32を使用する

pywin32は、Excelだけでなく、Windowsでの処理をPythonから自動化できるようにする外部ライブラリです。そのため、Excelだけでなく、WordやPowerPointといったその他のアプリケーションも操作が可能です。

Excelそのものを操作するので、Excel VBAで実現できることはほとんどそのまま操作できます。ただし、そのコードはVBAに近いものになります。つまり、Pythonに加えてVBAに関する知識も必要となるわけです。また、Python自体はWindowsだけでなく、macOSやUbuntuなどその他の環境でも利用できますが、pywin32はWindows専用であり、その他の環境では利用できません。

Pythonでpywin32を使用する場合も、やはり最初にインストールする必要があります。Windowsの場合、「コマンドプロンプト」または「Windows PowerShell」を開きます。そして、「py -m pip install pywin32」と入力して、Enterキーを押します。

コマンド

```
py -m pip install pywin32
```

pywin32をインストール

これでpywin32がインストールされ、Pythonからその機能を使用できるようになります。pywin32の機能を使ってExcelを操作するには、import文で「win32com.client」をインポートします。

コード

```
import win32com.client
```

Excel自動化の第一歩! さまざまなExcelデータを処理しよう

セルの番号を指定してデータを取り出そう

PythonでExcelデータを処理する最も基本的な例として、特定のブックとその中のワークシート、さらにその中の特定のセルのデータを取り出してみましょう。「B4」のようなセル番地、または行番号と列番号で特定のセルを指定する方法の両方を紹介します。

□ セル番地で指定して値を取り出す

ここでは、スクリプトファイルと同じフォルダーにあるブック「販売記録01.xlsx」というブックからデータを取り出します。

作業中のワークシート（アクティブシート）で、セル番地で指定したセルのデータを取り出し、print関数で出力します。ここでは、セルB4の値を取り出してみましょう。

ブック「販売記録01.xlsx」

	A	B	C	D	E	F	G	H
1	販売記録1月分							
2								
3	店名	商品A	商品B	商品C	合計		支店計	
4	東京本店	224	272	106	602		1635	
5	渋谷支店	191	183	57	431			
6	新宿支店	307	294	115	716			
7	横浜支店	241	163	84	488			
8	名古屋本店	145	184	63	392			
9	合計	1108	1096	425	2629			
10								

PROGRAM | ▶sample025_1.py

```
import openpyxl
wb = openpyxl.load_workbook('販売記録01.xlsx')
ws = wb.active
print(ws['B4'].value)
```

実行例

```
==== RESTART: C:¥Users¥clayh¥Documents¥Works¥ExcelPython¥3章作例¥sample025_1.py
===
224
>>>
```

openpyxlの「load_workbook」で「販売記録01.xlsx」を読み込み、オブジェクトとして変数wbに収めます。そして、その「activate」でアクティブシートを表すオブジェクトを取得し、変数wsに収めます。その変数の後に「[ ]」を付け、セル番地を表す文字列を指定することで、そのセルを表すオブジェクトが取得できます。その「value」でセルのデータを取り出し、print関数で出力しています。

なお、openpyxlでブックなどのファイル名を、パス（フォルダーの階層）を省略して指定した場合、IDLEなどからの実行であれば、通常はスクリプトファイルと同じフォルダーにあるファイルと見なされます。常に特定のフォルダーのファイルを対象としたい場合は、「C:」などから始まる絶対パスで指定するのが確実です。階層の区切りを表す「¥」は、Pythonでは特別な役割を持つ文字なので、「'」または「"」で囲んだ文字列の前に「r」を付けて指定するとよいでしょう。

▫行番号と列番号で指定して値を取り出す

次に、ワークシートの行番号と列番号を指定して、該当する位置に当たるセルの値を取り出す方法を紹介しましょう。Excelでは、通常、列番号は「A、B、C、…」のようなアルファベットで表されますが、ここでは先頭行および左端列からの順番を、いずれも「1、2、3、…」という数字で表します。次の例は、5行目で3列目、つまりセルC5の値を出力するプログラムです。

PROGRAM | ▸sample025_2.py

```
import openpyxl
wb = openpyxl.load_workbook('販売記録01.xlsx')
ws = wb.active
print(ws.cell(row=5, column=3).value)
```

実行例

```
==== RESTART: C:¥Users¥clayh¥Documents¥Works¥ExcelPython¥3章作例¥sample025_2.py
===
183
>>>
```

前のプログラムと同様にアクティブシートを表すオブジェクトを変数wsに収めたら、その「cell」に、引数rowに行番号、引数columnに列番号を指定して、そのセルを表すオブジェクトを取得できます。valueでその値を取り出し、print関数で出力します。

セルから数式と計算結果の値を取り出そう

前項では、指定したセルのデータを取り出す方法を解説しましたが、対象のセルの内容が数式だった場合は、その数式がそのまま取り出されます。ここでは、セルの数式ではなく、その計算結果の値を取り出す方法を紹介します。

▫ セルの数式を取り出す

前項で説明した通り、特定のセルを表すオブジェクトを取得したら、そのvalueで、そのセルの内容を取り出すことができます。ただし、対象のセルの内容が値ではなく数式だった場合、value(値)とはいっても、その数式が取り出されます。

今回も、実行中のスクリプトファイルと同じフォルダーにあるブック「販売記録01.xlsx」からデータを取り出します。

ブック「販売記録01.xlsx」

	A	B	C	D	E	F	G	H
1	販売記録1月分							
2								
3	店名	商品A	商品B	商品C	合計		支店計	
4	東京本店	224	272	106	602		1635	
5	渋谷支店	191	183	57	431			
6	新宿支店	307	294	115	716			
7	横浜支店	241	163	84	488			
8	名古屋本店	145	184	63	392			
9	合計	1108	1096	425	2629			
10								

このアクティブシートのセル範囲B9:D9には同じ列の上側5行分、セル範囲E4:E9には同じ行の左側3列分のセルの合計を求める数式が、それぞれ入力されています。

前項と同様のプログラムでこのセルE4のデータを取り出した場合、その数式がそのまま取り出されます。

PROGRAM | ▸sample026_1.py

```
import openpyxl
wb = openpyxl.load_workbook('販売記録01.xlsx')
ws = wb.active
print(ws['E4'].value)
```

実行例

```
==== RESTART: C:¥Users¥clayh¥Documents¥Works¥ExcelPython¥3章作例¥sample026_1.py
===
=SUM(B4:D4)
>>>
```

□ セルの計算結果の値を取り出す

指定したセルの数式ではなく、その計算結果の値を取り出すことも可能です。次の例は、アクティブシートのセルE4の数式の計算結果の値を出力するプログラムです。

PROGRAM | sample026_2.py

```
import openpyxl
wb = openpyxl.load_workbook('販売記録01.xlsx', data_only=True)
ws = wb.active
print(ws['E4'].value)
```

実行例

```
==== RESTART: C:¥Users¥clayh¥Documents¥Works¥ExcelPython¥3章作例¥sample026_2.py
===
602
>>>
```

実は、openpyxlでは、1回読み込んだブックから、セルの数式とその計算結果の値の両方を取り出す、簡単な方法はありません。

計算結果の値を取り出したい場合は、load_workbookでブックを読み込むときに、引数として「data_only=True」を指定します。この方法で読み込んだ場合は、逆にセルのデータを数式として取り出すことはできなくなるので、数式と値の両方が必要な場合は、それぞれの目的のために、ブックを読み込み直す必要があります。

数値セルのデータを取り出そう

ここからは、特定のセルを指定してその値を取り出すのではなく、指定した条件に合致するセルの値を取り出す方法を紹介していきましょう。ここでは、データが数値（整数または実数）であるセルの番地と値を出力するプログラムを紹介します。

□ すべての数値を出力する

ブック「販売記録01.xlsx」のアクティブシートの中で、数値が入力されているすべてのセルの値を出力します。数式は含まず、数値が直接入力されているセルだけが対象となります。

ブック「販売記録01.xlsx」

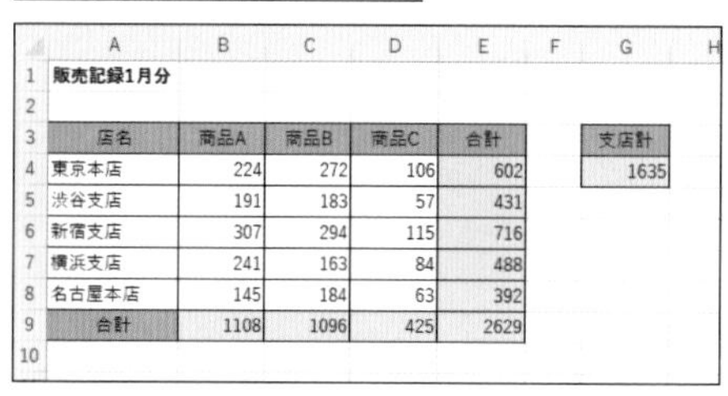

	A	B	C	D	E	F	G
1	販売記録1月分						
2							
3	店名	商品A	商品B	商品C	合計		支店計
4	東京本店	224	272	106	602		1635
5	渋谷支店	191	183	57	431		
6	新宿支店	307	294	115	716		
7	横浜支店	241	163	84	488		
8	名古屋本店	145	184	63	392		
9	合計	1108	1096	425	2629		
10							

PROGRAM | sample027_1.py

```
import openpyxl
wb = openpyxl.load_workbook('販売記録01.xlsx')
ws = wb.active
for row in ws.iter_rows():
    for cel in row:
        if isinstance(cel.value, (int, float)):
            print(cel.coordinate, cel.value, sep=':')
```

実行例

```
==== RESTART: C:¥Users¥clayh¥Documents¥Works¥ExcelPython¥3章作例¥sample027_1.py
===
B4 : 224
C4 : 272
D4 : 106
B5 : 191
C5 : 183
D5 : 57
B6 : 307
C6 : 294
D6 : 115
B7 : 241
C7 : 163
D7 : 84
B8 : 145
C8 : 184
D8 : 63
>>>
```

for文を2重に使用し、1番目のforでは、対象のワークシートの「iter_rows」で入力済みのセル範囲を行単位で表すオブジェクトを取得し、その各行を変数rowに収めて、以降の処理を繰り返します。2番目のforでは、それぞれの行を表す変数rowを対象とし、その各セルを表すオブジェクトを変数celに収めて、以降の処理を繰り返します。

「isinstance」関数で、セルの値のデータ型が「int」（整数）または「float」（実数）かどうかを判定します。Trueの場合はそのセルの番地を「coordinate」で、セルの値を「value」で取得し、print関数の引数sepに区切り文字を指定して、これらを「：」で区切って出力します。

□ 最初の数値セルのみ出力する

次のプログラムでは、全ての数値ではなく、最初に見つかった数値セルのみ出力します。

PROGRAM | sample027_2.py

```
import openpyxl
import sys
wb = openpyxl.load_workbook('販売記録01.xlsx')
ws = wb.active
for row in ws.iter_rows(min_row=4):
    for cel in row:
        val = cel.value
        if isinstance(val, (int, float)):
            print(cel.coordinate, val, sep='：')
            sys.exit()
```

実行例

```
==== RESTART: C:¥Users¥clayh¥Documents¥Works¥ExcelPython¥3章作例¥sample027_2.py
===
B4 : 224
>>>
```

iter_rowsの引数「min_row」に「4」を指定することで、すべての行ではなく4行目以降を調べます。そして、最初に数値が見つかったら、繰り返しの処理を終了します。繰り返しを抜けてそのブロックの後の処理を継続するには「break」を使用しますが、ここでは「sys」モジュールをインポートし、その「exit」関数でプログラムそのものを終了しています。

□ 数値セルの合計を求める

今度は、対象のセル範囲をセル参照で指定し、その中の数値のセルだけの合計を計算して、出力します。ここでは、セル範囲A3:E8の中の数値の合計を求めてみましょう。

PROGRAM | sample027_3.py

```
import openpyxl
wb = openpyxl.load_workbook('販売記録01.xlsx')
ws = wb.active
total = 0
for row in ws['A3:D8']:
    for cel in row:
        val = cel.value
        if isinstance(val, (int, float)):
            total += val
print(f'指定範囲の合計:{total}')
```

実行例

```
==== RESTART: C:¥Users¥clayh¥Documents¥Works¥ExcelPython¥3章作例¥sample027_3.py
===
指定範囲の合計 : 2629
>>>
```

変数totalに初期値として0を代入し、セル範囲A3:E8の各行を対象とした繰り返し処理の中で、さらにその各セルを対象とした繰り返し処理を実行します。各セルの値を変数valに代入し、数値だった場合は変数totalに加算していきます。すべての繰り返しの終了後、変数totalの値を、print関数で出力しています。

特定の単語を含むセルのデータを取り出そう

対象のワークシートの中で、特定の文字列が含まれているセルだけを取り出してみましょう。やはり、該当するすべてのセルを番地付きで出力するプログラムと、最初に見つかったセルだけを出力するプログラムを紹介します。

□ 単語を含むすべてのセルを出力する

ブック「販売記録01.xlsx」のアクティブシートの中で、「支店」という文字列を含むセルの値をすべて取り出します。「支店」の文字列が含まれている数式も対象となります。

ブック「販売記録01.xlsx」

	A	B	C	D	E	F	G	H
1	販売記録1月分							
2								
3	店名	商品A	商品B	商品C	合計		支店計	
4	東京本店	224	272	106	602		1635	
5	渋谷支店	191	183	57	431			
6	新宿支店	307	294	115	716			
7	横浜支店	241	163	84	488			
8	名古屋本店	145	184	63	392			
9	合計	1108	1096	425	2629			
10								

PROGRAM ▸ sample028_1.py

```
import openpyxl
wb = openpyxl.load_workbook('販売記録01.xlsx')
ws = wb.active
for row in ws.iter_rows():
    for cel in row:
        if isinstance(cel.value, str):
            if '支店' in cel.value:
                print(cel.coordinate, cel.value, sep=':')
```

実行例

```
==== RESTART: C:¥Users¥clayh¥Documents¥Works¥ExcelPython¥3章作例¥sample028_1.py
===
G3 : 支店計
G4 : =SUMIF(A4:A8,"*支店",E4:E8)
A5 : 渋谷支店
A6 : 新宿支店
A7 : 横浜支店
>>>
```

やはりfor文を二重に使用し、アクティブシートの各セルをチェックしていきます。if文とisinstance関数で対象のセルの値が文字列かどうかを判定し、その結果がTrueであれば、さらにネストしたifで「in」を使用して、そのセルの値の中に「支店」という文字列が含まれるかどうかを判定します。最初に文字列かどうかを判定しているのは、いきなり「if '支店' in cel.value:」とすると、対象が空白セルの場合にエラーが発生するからです。

□ 最初に見つかったセルのみ出力する

次に、最初に見つかった「支店」を含むセル番地とセルの値を出力する例です。セル範囲G3:G4は除外したいので、iter_rowsの引数max_colに5を指定して、調べる範囲をE列までに限定しています。

PROGRAM ▶ sample028_2.py

```
import openpyxl
import sys
wb = openpyxl.load_workbook('販売記録01.xlsx')
ws = wb.active
for row in ws.iter_rows(min_row=4, max_col=5):
    for cel in row:
        if isinstance(cel.value, str):
            if '支店' in cel.value:
                print(cel.coordinate, cel.value, sep=':')
                sys.exit()
```

実行例

```
==== RESTART: C:¥Users¥clayh¥Documents¥Works¥ExcelPython¥3章作例¥sample028_2.py
===
A5:渋谷支店
>>>
```

特定のパターンのセルのデータを取り出そう

前項と似たような処理ですが、今回は、文字列のパターンを指定して、そのパターンに当てはまる（マッチする）セルのデータを出力します。これには、文字列処理でよく使用される「正規表現」という仕組みを利用します。

▫「〇〇〇本店」を出力する

ブック「販売記録01.xlsx」のアクティブシートで、店舗名が3文字の「〇〇〇本店」のようなセルを検索し、その値を出力するプログラムを作成します。店舗名がどのセル範囲に入力されているかも事前にはわかっていないという前提で、シート内のすべてのセルを繰り返し処理でチェックし、該当するセル番地とそのデータを出力します。

ブック「販売記録01.xlsx」

	A	B	C	D	E	F	G	H
1	販売記録1月分							
2								
3	店名	商品A	商品B	商品C	合計		支店計	
4	東京本店	224	272	106	602		1635	
5	渋谷支店	191	183	57	431			
6	新宿支店	307	294	115	716			
7	横浜支店	241	163	84	488			
8	名古屋本店	145	184	63	392			
9	合計	1108	1096	425	2629			
10								

PROGRAM ▸sample029_1.py

```
import openpyxl
import re
wb = openpyxl.load_workbook('販売記録01.xlsx')
ws = wb.active
for row in ws.iter_rows():
    for cel in row:
        result = re.match('.{3}本店', str(cel.value))
        if result:
            print(cel.coordinate, cel.value, sep=':')
```

実行例

```
==== RESTART: C:¥Users¥clayh¥Documents¥Works¥ExcelPython¥3章作例¥sample029_1.py
===
A8：名古屋本店
>>>
```

文字列を正規表現のパターンでチェックするには、標準ライブラリの「re」を使用します。二重のfor文でワークシートの各セルの値を1つずつ調べ、それが条件に該当するデータかどうかを判定します。

reの「match」では、第1引数に指定したパターンが、第2引数に指定した文字列にマッチすれば、その情報を含むオブジェクトが返されます。有効なオブジェクトが返されたかどうかは、ifに直接その変数(ここではresult)を指定することで判定できます。オブジェクトが返されていれば、そのセル番地とセルのデータをprint関数で出力しています。print関数の引数に複数の値を並べ、さらに「sep='：'」という引数を指定することで、その前の各引数が「：」を区切り文字として出力されます。

matchの第1引数に指定した「.{3}本店」というパターンの内容は、「.」(ピリオド)が任意の1文字を、その後の「{3}」が前の文字を3回繰り返すことを表します。その後に「本店」が続く文字列が検索されます。「.{3}」の部分は「...」としても同じですが、より多くの文字数を対象としたい場合、この書き方のほうがわかりやすく、応用もしやすいでしょう。

「○○○本店」の「○○○」だけを出力する

次に、この「○○○本店」の「○○○」の部分、この例でいうと「名古屋」だけを出力するプログラムを作成してみましょう。

PROGRAM | sample029_2.py

```
import openpyxl
import re
wb = openpyxl.load_workbook('販売記録01.xlsx')
ws = wb.active
for row in ws.iter_rows():
    for cel in row:
        result = re.match('(.{3})本店', str(cel.value))
        if result:
            print(cel.coordinate, result.group(1), sep='：')
```

実行例

```
==== RESTART: C:¥Users¥clayh¥Documents¥Works¥ExcelPython¥3章作例¥sample029_2.py
===
A8：名古屋
>>>
```

reのパターンの指定では、特定の部分を「( )」で囲んでグループ化し、そのグループを番号で指定して、該当するデータを取り出すことができます。ここでは、「○○○本店」の「○○○」の部分を取り出すため、パターンを「(.{3})本店」のように指定しています。

このパターンによって指定される内容は前の例と同様ですが、「.{3}」の部分を「( )」で囲むことで、この部分をグループ化しています。前の例では、そのセルの値がパターンにマッチした場合に、そのセルの値そのものを出力していましたが、今回は返されたマッチオブジェクトからグループ化した部分を取り出して出力します。

具体的には、取得したマッチオブジェクトの後に「.group()」と付けることで、グループ化された部分を番号で指定して取り出すことができます。指定する番号は左端から数えたグループの順番で、この例で「( )」で囲んだのは1カ所だけなので、「result.group(1)」とすることで「本店」の前の3文字が取り出されます。

なお、groupの後の()の中の番号を省略または0を指定すると、マッチした文字列全体が返されます。

COLUMN

正規表現とは

正規表現とは、文字列の照合や検索の処理に利用できる、パターンの指定方法のことです。対象の文字列が指定したパターンに当てはまることを、「マッチする」といいます。Excelの検索機能などでは、任意の1文字を表す「?」や、0文字以上の任意の文字列を表す「*」といった「ワイルドカード」を使用できますが、正規表現ではさまざまな記号を使用し、より詳細なパターンを表現することが可能です。

たとえば、本文中でも解説しているように、「.」(ピリオド)は任意の1文字を表します。また、「*」(アステリスク)はその前の文字の0文字以上の繰り返し、「+」(プラス)はその前の文字の1文字以上の繰り返しを表します。つまり、「.*」という指定は、ワイルドカードの「*」と同じ意味になります。「*」や「+」では繰り返す回数は不定ですが、回数を限定したい場合は、このプログラムのように「{ }」の中に指定します。

「.」の場合、文字の種類は問いません。数字に限定して任意の1文字を表したい場合は、「¥d」のように指定します。また、数字以外の1文字は「¥D」、1文字の英数字と「_」は「¥w」、それ以外の1文字は「¥W」で、それぞれ表すことが可能です。

以上の例は、正規表現で使える指定方法のほんの一部です。そのほかの表現については、詳しく解説している書籍やWebページなどを参照してください。

特定の単語を含むセルの行全体を取り出そう

表の範囲の1列目のセルの値が「本店」で終わっている場合、その行のすべてのデータを取り出すプログラムを紹介しましょう。リスト形式でまとめたデータをそのまま表示する方法と、リストを文字列として結合して表示する方法を解説します。

□ 行のデータをリストとして取り出す

今回も前回と同じくブック「販売記録01.xlsx」のアクティブシートを対象とします。表の「店名」列が「〜本店」である行の、すべてのデータを取り出します。

ブック「販売記録01.xlsx」

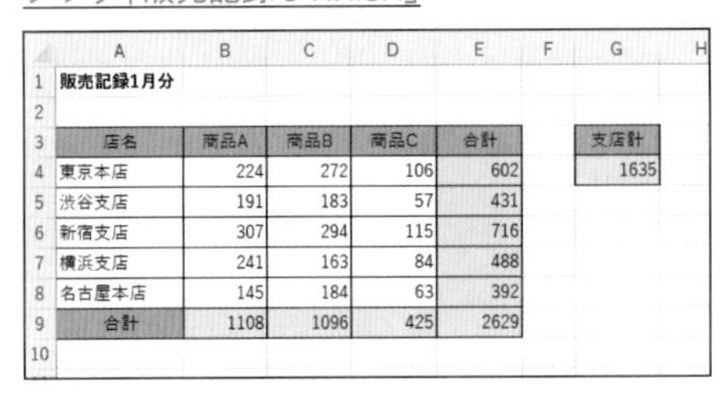

	A	B	C	D	E	F	G	H
1	販売記録1月分							
2								
3	店名	商品A	商品B	商品C	合計		支店計	
4	東京本店	224	272	106	602		1635	
5	渋谷支店	191	183	57	431			
6	新宿支店	307	294	115	716			
7	横浜支店	241	163	84	488			
8	名古屋本店	145	184	63	392			
9	合計	1108	1096	425	2629			
10								

PROGRAM ▶ sample030_1.py

```
import openpyxl
wb = openpyxl.load_workbook('販売記録01.xlsx')
ws = wb.active
for row in ws.iter_rows(min_row=4, max_row=8, max_col=5):
    sval = row[0].value
    if sval.endswith('本店'):
        vals = []
        for cel in row:
            vals.append(cel.value)
        print(vals)
```

実行例

```
==== RESTART: C:¥Users¥clayh¥Documents¥Works¥ExcelPython¥3章作例¥sample030_1.py
===
['東京本店', 224, 272, 106, '=SUM(B4:D4)']
['名古屋本店', 145, 184, 63, '=SUM(B8:D8)']
>>>
```

forを使った行単位の繰り返しでは、開始行と終了列に加えてiter_rowsの引数max_rowで終了行も指定します。各行を収めた変数rowのインデックスに「0」を指定してその列の最初のセルを取得し、valueでその値を取り出して、変数svalに収めます。「endswith」は、対象の文字列の末尾が引数に指定した文字列かどうかをTrue/Falseで返すメソッドです。if文でその判定を行い、Trueの場合は空のリストをvalsに代入します。

forをネストしてこの行のセル単位の繰り返しを実行し、appendで各セルの値を変数valsのリストに追加していきます。この変数valsのリストを、print関数で出力します。

行のデータを結合して取り出す

前のプログラムを修正し、取得した行のデータをリストとして取り出すのではなく、それらを結合した1行の文字列として取り出してみましょう。

PROGRAM | sample030_2.py

```
import openpyxl
wb = openpyxl.load_workbook('販売記録01.xlsx', data_only=True)
ws = wb.active
for row in ws.iter_rows(min_row=4, max_row=8, max_col=5):
    sval = row[0].value
    if sval.endswith('本店'):
        vals = []
        for cel in row:
            vals.append(str(cel.value))
        print('/'.join(vals))
```

実行例

```
==== RESTART: C:¥Users¥clayh¥Documents¥Works¥ExcelPython¥3章作例¥sample030_2.py
===
東京本店/224/272/106/602
名古屋本店/145/184/63/392
>>>
```

今回は、load_workbookでブックを読み込むときに、引数「data_only=True」を指定して、数式を、その結果の値として取り出します。以下、その行の各セルのデータをリストに追加していきますが、この段階で、str関数で文字列型に変換します。そして、区切り文字（ここでは「/」）を対象としたjoinメソッドの引数にそのリストを指定し、その要素をすべて結合した文字列にして、print関数で出力します。

すべての数式を取り出そう

対象のワークシートのセルに入力されている数式を、すべて取り出すプログラムを紹介します。そのセルの内容が数式かどうかは、単に「=」で始まっているかどうかでは判断しきれないため、ここではブックを二重に読み込むという技を使っています。

□ すべての数式を出力する

今回も、ブック「販売記録01.xlsx」のアクティブシートを対象とします。このシートには、表の各列と各行の合計を求めるSUM関数の数式、および「支店」の合計を求めるSUMIF関数の数式が入力されています。その各セルから、すべての数式を文字列として取り出します。

ブック「販売記録01.xlsx」

	A	B	C	D	E	F	G	H
1	販売記録1月分							
2								
3	店名	商品A	商品B	商品C	合計		支店計	
4	東京本店	224	272	106	602		1635	
5	渋谷支店	191	183	57	431			
6	新宿支店	307	294	115	716			
7	横浜支店	241	163	84	488			
8	名古屋本店	145	184	63	392			
9	合計	1108	1096	425	2629			
10								

セルに入力された数式だけを調べて、それが数式であると判定することは困難です。「=」で始まっているなどの特徴はありますが、たとえば何らかの説明のために、「文字列」の表示形式が設定されたセルに、「=」で始まる数式が文字列として入力されている可能性もあります。

ここでは、セルの内容とセルの値を比較して、それが異なっていれば、そのセルは数式だと判断します。なお、ここでいう「セルの内容」とは数式バーに表示されるデータ、「セルの値」とは標準の表示形式でセルに表示されるデータのことです。

PROGRAM | ▶sample031_1.py

```
import openpyxl
wb1 = openpyxl.load_workbook('販売記録01.xlsx')
wb2 = openpyxl.load_workbook('販売記録01.xlsx', data_only=True)
ws1 = wb1.active
ws2 = wb2.active
for col in ws1.iter_cols():
    for cel in col:
        if cel.value != ws2[cel.coordinate].value:
            print(cel.coordinate, cel.value,sep=':')
```

実行例

```
==== RESTART: C:¥Users¥clayh¥Documents¥Works¥ExcelPython¥3章作例¥sample031_1.py
===
B9 : =SUM(B4:B8)
C9 : =SUM(C4:C8)
D9 : =SUM(D4:D8)
E4 : =SUM(B4:D4)
E5 : =SUM(B5:D5)
E6 : =SUM(B6:D6)
E7 : =SUM(B7:D7)
E8 : =SUM(B8:D8)
E9 : =SUM(B9:D9)
G4 : =SUMIF(A4:A8,"*支店",E4:E8)
>>>
```

これらを比較するために、load_workbookで対象のブックを2回読み込み、一方には引数「data_only=True」を指定します。以下、1番目に読み込んだ数式を含むワークシートを数式シート、2番目に読み込んだ計算結果の値を含むワークシートを値シートと呼びます。

そして、変数ws1に代入した数式シートを対象としたfor文で、iter_colsを指定することで、このシートの入力済みのセル範囲の各列を変数colに代入し、以降の処理を繰り返します。数式シートの各セルを変数cellに代入し、valueでその値を取り出します。さらに、値シートを表す変数ws2に、インデックスとして、変数cellのcoordinateで取り出したセル番地の文字列を指定して、値シートで同じ位置にあるセルを取得し、valueでその値を取り出します。この2つのセルの値が同じでなければ、そのセルには数式が入力されていると判断できます。そこで、そのセル番地とセルの数式を取り出し、「：」で区切って結合した形で、print関数で出力します。

SECTION
032

セルの番号を指定してデータを入力しよう

ここからは、既存のブックのアクティブシートの特定のセルに、指定したデータを入力するPythonのプログラムを紹介していきましょう。既存のブックのデータを変更した場合、必ずそのブックを保存するという操作も必要になります。

セル番地で指定して入力する

スクリプトファイルと同じフォルダーに保存されたブック「注文記録01.xlsx」のアクティブシートの特定のセルに、指定したデータを入力します。

ブック「注文記録01.xlsx」

	A	B	C	D	E	F
1	注文記録1月分					
2						
3	日付	時刻	商品名	価格	数量	
4	2022/1/4	10:50	海鮮セットA	2500	3	
5	2022/1/4	11:26	加工肉セットC	3000	1	
6	2022/1/4	15:23	海鮮セットB	3200	2	
7	2022/1/5	12:23	加工肉セットB	2800	2	
8				3400	1	
9						
10						

PROGRAM ▶sample032_1.py

```
import openpyxl
fname = '注文記録01.xlsx'
wb = openpyxl.load_workbook(fname)
ws = wb.active
ws['C8'].value = '海鮮セットC'
wb.save(fname)
```

実行例

	A	B	C	D	E	F
1	注文記録1月分					
2						
3	日付	時刻	商品名	価格	数量	
4	2022/1/4	10:50	海鮮セットA	2500	3	
5	2022/1/4	11:26	加工肉セットC	3000	1	
6	2022/1/4	15:23	海鮮セットB	3200	2	
7	2022/1/5	12:23	加工肉セットB	2800	2	
8			海鮮セットC	3400	1	
9						
10						

これまで、「load_workbook」にはファイル名を直接指定してきましたが、今回は保存でも使用するため、最初にファイル名を変数fnameに代入します。アクティブシートを表すwsに「C8」と指定することでそのセルのオブジェクトを取得し、その「value」に「海鮮セットC」という文字列を代入して、このセルに入力します。この「.value」は省略も可能です。最後に、ブックを表すオブジェクトの「save」で、同じファイル名で上書き保存します。

□行列番号で指定して加算する

行と列の番号でセルを特定し、そのデータを入力・編集することも可能です。

PROGRAM | sample032_2.py

```
import openpyxl
fname = '注文記録01.xlsx'
wb = openpyxl.load_workbook(fname)
ws = wb.active
ws.cell(row=8, column=5).value += 2
wb.save(fname)
```

実行例

	A	B	C	D	E	F
1	注文記録1月分					
2						
3	日付	時刻	商品名	価格	数量	
4	2022/1/4	10:50	海鮮セットA	2500	3	
5	2022/1/4	11:26	加工肉セットC	3000	1	
6	2022/1/4	15:23	海鮮セットB	3200	2	
7	2022/1/5	12:23	加工肉セットB	2800	2	
8			海鮮セットC	3400	3	
9						
10						

対象のワークシートの8行目で5列目、つまりセルE8の値に、「+=」を使って2を加算し、上書き保存しています。なお、cellを使った場合の「.value」は省略できません。

セルに日付・時刻のデータを入力しよう

Pythonでセルに「2022/1/6」や「12:15」のような文字列を入力しても、日付や時刻のデータとは見なされず、文字列としてセルに入力されてしまいます。日付や時刻のデータは、Python上ではオブジェクトとして作成し、セルに入力する必要があります。

□ セルに日付を入力する

ブック「注文記録02.xlsx」のアクティブシートの「日付」列の最後のセルに、2022年1月6日の日付データを追加します。ただし、「2022/1/6」と入力しても文字列になり、日付データにはならないため、標準ライブラリの「datetime」というモジュールを使用します。

ブック「注文記録02.xlsx」

	A	B	C	D	E	F
1	注文記録1月分					
2						
3	日付	時刻	商品名	価格	数量	
4	2022/1/4	10:50	海鮮セットA	2500	3	
5	2022/1/4	11:26	加工肉セットC	3000	1	
6	2022/1/4	15:23	海鮮セットB	3200	2	
7	2022/1/5	12:23	加工肉セットB	2800	2	
8			海鮮セットC	3400	3	
9						
10						

PROGRAM | sample033_1.py

```
import openpyxl
import datetime
fname = '注文記録02.xlsx'
wb = openpyxl.load_workbook(fname)
ws = wb.active
ws['A8'].value = datetime.date(2022, 1, 6)
wb.save(fname)
```

実行例

	A	B	C	D	E	F
1	注文記録1月分					
2						
3	日付	時刻	商品名	価格	数量	
4	2022/1/4	10:50	海鮮セットA	2500	3	
5	2022/1/4	11:26	加工肉セットC	3000	1	
6	2022/1/4	15:23	海鮮セットB	3200	2	
7	2022/1/5	12:23	加工肉セットB	2800	2	
8	2022-01-06		海鮮セットC	3400	3	
9						
10						

「datetime」の「date」に引数として年、月、日を表す数値を指定して日付データを取得し、セルA8に入力します。これで日付データは入力されますが、そのセルの表示形式は、自動的に「2022-01-06」のようになっています。表示形式を変更する方法については、P.167を参照してください。

□ セルに時刻を入力する

同様に、openpyxlでセルに「14:42」のような時刻データを入力してみましょう。

PROGRAM | ▶sample033_2.py

```
import openpyxl
import datetime
fname = '注文記録02.xlsx'
wb = openpyxl.load_workbook(fname)
ws = wb.active
ws['B8'].value = datetime.time(14, 42, 0)
wb.save(fname)
```

実行例

	A	B	C	D	E	F
1	注文記録1月分					
2						
3	日付	時刻	商品名	価格	数量	
4	2022/1/4	10:50	海鮮セットA	2500	3	
5	2022/1/4	11:26	加工肉セットC	3000	1	
6	2022/1/4	15:23	海鮮セットB	3200	2	
7	2022/1/5	12:23	加工肉セットB	2800	2	
8	2022-01-06	14:42:00	海鮮セットC	3400	3	
9						
10						

datetimeのtimeに、引数として時、分、秒を表す数値を指定して時刻データを取得し、対象のセルに入力します。このセルは、自動的に「14:42:00」のような表示形式になります。表示形式の変更については、やはりP.167を参照してください。

ワークシートに行単位でデータを追加しよう

リストまたはタプル形式で1行分の各セルのデータを用意し、それをまとめて対象のワークシートに追加することができます。具体的なセル番地などを指定しなくても、自動的にシートの末尾に追加されるので、簡単で便利な方法といえます。

□ 1行のデータを追加する

ブック「注文記録03.xlsx」のアクティブシートの末尾に、1行分の複数の種類のデータを、まとめて簡単に追加します。

ブック「注文記録03.xlsx」

	A	B	C	D	E	F
1	注文記録1月分					
2						
3	日付	時刻	商品名	価格	数量	
4	2022/1/4	10:50	海鮮セットA	2500	3	
5	2022/1/4	11:26	加工肉セットC	3000	1	
6	2022/1/4	15:23	海鮮セットB	3200	2	
7	2022/1/5	12:23	加工肉セットB	2800	2	
8	2022-01-06	14:42:00	海鮮セットC	3400	3	
9						
10						

追加する内容は、これまでセル単位での入力で解説してきた日付や時刻、文字列、数値の各データです。

PROGRAM | sample034_1.py

```
import openpyxl
import datetime
fname = '注文記録03.xlsx'
wb = openpyxl.load_workbook(fname)
ws = wb.active
dt = datetime.date(2022, 1, 6)
tm = datetime.time(16, 25, 0)
ad_data = [dt, tm, '海鮮セットB', 3200, 1]
ws.append(ad_data)
wb.save(fname)
```

実行例

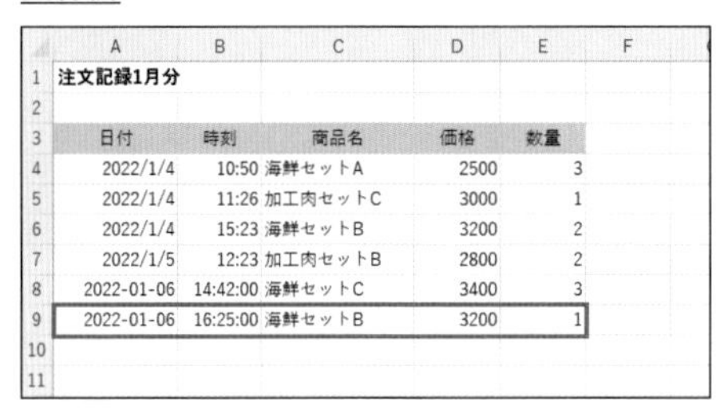

	A	B	C	D	E	F
1	注文記録1月分					
2						
3	日付	時刻	商品名	価格	数量	
4	2022/1/4	10:50	海鮮セットA	2500	3	
5	2022/1/4	11:26	加工肉セットC	3000	1	
6	2022/1/4	15:23	海鮮セットB	3200	2	
7	2022/1/5	12:23	加工肉セットB	2800	2	
8	2022-01-06	14:42:00	海鮮セットC	3400	3	
9	2022-01-06	16:25:00	海鮮セットB	3200	1	
10						
11						

まず、前項で解説したのと同じ手順で日付と時刻のデータをそれぞれ作成し、変数に収めます。さらに、この日付と時刻、文字列、数値を1つのリストにまとめて、変数ad_dataに代入します。ワークシートを表すオブジェクトのappendメソッドで、引数に変数ad_dataのリストを指定することで、その各要素がセルに区切られた状態で、このシートの最下行の下に追加入力されます。

このプログラムを再度実行すると、その都度、同じ行がこのブックの末尾に追加されていきます。

実行例

	A	B	C	D	E	F
1	注文記録1月分					
2						
3	日付	時刻	商品名	価格	数量	
4	2022/1/4	10:50	海鮮セットA	2500	3	
5	2022/1/4	11:26	加工肉セットC	3000	1	
6	2022/1/4	15:23	海鮮セットB	3200	2	
7	2022/1/5	12:23	加工肉セットB	2800	2	
8	2022-01-06	14:42:00	海鮮セットC	3400	3	
9	2022-01-06	16:25:00	海鮮セットB	3200	1	
10	2022-01-06	16:25:00	海鮮セットB	3200	1	
11						

セル範囲に連続番号を入力しよう

ここでは、1列のセル範囲に、連続した番号を自動入力するプログラムを紹介しましょう。1から始まって1ずつ増えていく連続番号の他、開始番号を変えたり、数字が増えていく間隔を変えたりする方法も解説します。

□ 1から始まる連続番号を入力

ブック「入荷予定01.xlsx」のアクティブシートのセル範囲A4:A8に、各商品のIDを表す1～5の連続番号を自動入力してみましょう。

ブック「入荷予定01.xlsx」

	A	B	C	D	E	F	G
1	入荷予定一覧						
2							
3	ID	商品名	入荷予定日	単価	数量	金額	
4				1500	30		
5				1800	20		
6				2200	20		
7				2500	25		
8				3000	40		
9				合計			
10							

PROGRAM | sample035_1.py

```
import openpyxl
fname = '入荷予定01.xlsx'
wb = openpyxl.load_workbook(fname)
ws = wb.active
for i in range(1, 6):
    ws.cell(i + 3, 1).value = i
wb.save(fname)
```

実行例

	A	B	C	D	E	F	G
1	入荷予定一覧						
2							
3	ID	商品名	入荷予定日	単価	数量	金額	
4	1			1500	30		
5	2			1800	20		
6	3			2200	20		
7	4			2500	25		
8	5			3000	40		
9				合計			
10							

これまでと同様の手順で対象のブックを読み込み、そのアクティブシートを表すオブジェクトを取得して、変数wsに収めます。そして、for文に「range(1, 6)」と指定することで、変数iに1から5までの整数を代入して、以降の処理を繰り返します。各繰り返しでは、この変数iに3を加えた値を行番号、1を列番号とするセル、つまりA4～A8の各セルに変数iの値、つまり1～5の整数を入力していきます。

最後に、このブックを同じファイル名で上書き保存します。

□ セル範囲を指定して連続番号を入力

前の例では行番号と列番号を指定してセルを特定し、連続番号を入力していました。しかし、セル範囲の指定は「A4:A8」のようなセル参照で指定した方がわかりやすいでしょう。次のプログラムも、実行結果は前の例と同じです。

PROGRAM | ▸ sample035_2.py

```
import openpyxl
fname = '入荷予定01.xlsx'
wb = openpyxl.load_workbook(fname)
ws = wb.active
for i, cel in enumerate(ws['A4:A8']):
    cel[0].value = i + 1
wb.save(fname)
```

このプログラムでは、セル範囲を表すオブジェクトを指定し、for文でその各セルに対して繰り返し処理を実行します。さらに、enumerate関数を利用することで、その各要素のデータ自体とは別に、そのインデックスを表す数値（最小値は0）を取得することができます。ここではインデックスの値を変数iで受け取り、変数celに収められた各セルのオブジェクトを含むタプルからそのオブジェクトを取り出して、変数iに1を加えた値をそのセルに入力しています。

□ 11から10ずつ増えていく番号を入力

入力する数値の開始値や間隔を変えたい場合も、入力対象のセルを指定する必要があるため、繰り返しで使用する変数の値は、やはり1ずつ増えていくように設定します。そして、その変数の値に一定の計算をして、入力値を決定します。たとえば、11から始まって10ずつ増えていく連続番号を入力したい場合は、前の例の変数iの値に10を掛け、1を加えればよいわけです。

PROGRAM | sample035_3.py

```
import openpyxl
fname = '入荷予定01.xlsx'
wb = openpyxl.load_workbook(fname)
ws = wb.active
for i in range(1, 6):
    ws.cell(i + 3, 1).value = i * 10 + 1
wb.save(fname)
```

実行例

	A	B	C	D	E	F	G
1	入荷予定一覧						
2							
3	ID	商品名	入荷予定日	単価	数量	金額	
4	11			1500	30		
5	21			1800	20		
6	31			2200	20		
7	41			2500	25		
8	51			3000	40		
9				合計			
10							

セル範囲に連続した文字列を入力しよう

1列のセル範囲に、連続した文字列のデータを自動入力するプログラムを紹介します。具体的には、「商品A」「商品B」「商品C」……のように、「商品」の後のアルファベットが順番に変化していく文字列です。

「商品A」から始まる一連の文字列を入力

ここでは、ブック「入荷予定02.xlsx」のアクティブシートのセル範囲B4:B8に、「商品A」～「商品E」までの連続した文字列を自動入力してみましょう。

ブック「入荷予定02.xlsx」

	A	B	C	D	E	F	G
1	入荷予定一覧						
2							
3	ID	商品名	入荷予定日	単価	数量	金額	
4	1			1500	30		
5	2			1800	20		
6	3			2200	20		
7	4			2500	25		
8	5			3000	40		
9				合計			
10							

PROGRAM ▶sample036_1.py

```
import openpyxl
fname = '入荷予定02.xlsx'
wb = openpyxl.load_workbook(fname)
ws = wb.active
for i in range(1, 6):
    ws.cell(i + 3, 2).value = '商品' + chr(64 + i)
wb.save(fname)
```

実行例

	A	B	C	D	E	F	G
1	入荷予定一覧						
2							
3	ID	商品名	入荷予定日	単価	数量	金額	
4	1	商品A		1500	30		
5	2	商品B		1800	20		
6	3	商品C		2200	20		
7	4	商品D		2500	25		
8	5	商品E		3000	40		
9				合計			
10							

これまでと同様の手順で、対象のブックを読み込み、そのアクティブシート上で、for文に「range(1, 6)」と指定した繰り返し処理を実行します。

各繰り返しでは、この変数iに3を加えた値を行番号、2を列番号とするセル、つまりB4～B8の各セルに文字列データを入力します。入力するのは「商品」に、chr関数の戻り値を結合した文字列です。chr関数では、引数に数値を指定することで、その数値がUnicodeのコードポイント（文字の番号）に当たる文字を返します。

□ 最初の文字列から一連の文字列を入力

今度は、前の例のように入力するデータが最初から決まっているのではなく、先頭のセルの文字列に応じて、それ以降の一連のセルに連続するデータを自動入力してみましょう。次のプログラムでは、「商品A」のように「何らかの文字列」＋「アルファベット1文字」の組み合わせという前提で、先頭セルのアルファベット以降の文字を、「何らかの文字列」の後に付けた一連の文字列を自動入力します。この場合、末尾のアルファベット1文字を除いた文字列部分の文字数は何文字でもOKです。

ここでは、先頭のセルB4に「新製品F」と入力されたブック「入荷予定03.xlsx」を対象に、次のプログラムを実行してみましょう。

ブック「入荷予定03.xlsx」

	A	B	C	D	E	F
1	入荷予定一覧					
2						
3	ID	商品名	入荷予定日	単価	数量	金額
4	1	新製品F		1500	30	
5	2			1800	20	
6	3			2200	20	
7	4			2500	25	
8	5			3000	40	
9				合計		
10						
11						

PROGRAM | sample036_2.py

```
import openpyxl
fname = '入荷予定03.xlsx'
wb = openpyxl.load_workbook(fname)
ws = wb.active
st = ws['B4'].value
s1 = st[0:-1]
s2 = ord(st[-1])
for i in range(1, 5):
    ws.cell(i + 4, 2).value = s1 + chr(s2 + i)
wb.save(fname)
```

実行例

	A	B	C	D	E	F
1	入荷予定一覧					
2						
3	ID	商品名	入荷予定日	単価	数量	金額
4	1	新製品F		1500	30	
5	2	新製品G		1800	20	
6	3	新製品H		2200	20	
7	4	新製品I		2500	25	
8	5	新製品J		3000	40	
9				合計		
10						
11						

このプログラムでは、対象のブックのアクティブシートのセルB4から基準となる文字列を取り出して変数stに収め、スライス(P.56参照)でその先頭から末尾1文字の前までの文字列を取り出し、変数s1に収めます。さらに、基準の文字列の末尾1文字を取り出し、「ord」関数でその文字コードを取得して、変数s2に収めます。以下、前の例と同様に、B5～B8の各セルに、基準の文字列を1文字ずつ変化させた文字列を入力していきます。

同様に、たとえば先頭のセルの文字列が「Item-L」であれば、「Item-M」～「Item-P」という一連の文字列が、このセル範囲に自動入力されます。

SECTION 037

セル範囲に連続した日付を入力しよう

ここでは、1列のセル範囲に、連続した日付を自動入力するプログラムを紹介します。特定の日付から1日ずつ進んでいく一連の日付の他、先頭セルの日付から1週間ずつ進んでいく一連の日付を自動入力する方法も解説しましょう。

□ 一連の日付を入力

ブック「入荷予定04.xlsx」のアクティブシートのセル範囲C4:C8に、2022年1月6日～2022年1月10日までの連続した日付を自動入力してみましょう。

ブック「入荷予定04.xlsx」

	A	B	C	D	E	F	G
1	入荷予定一覧						
2							
3	ID	商品名	入荷予定日	単価	数量	金額	
4	1	商品A		1500	30		
5	2	商品B		1800	20		
6	3	商品C		2200	20		
7	4	商品D		2500	25		
8	5	商品E		3000	40		
9				合計			
10							

PROGRAM ▶ sample037_1.py

```
import openpyxl
import datetime
fname = '入荷予定04.xlsx'
wb = openpyxl.load_workbook(fname)
ws = wb.active
for i in range(1, 6):
    ws.cell(i + 3, 3).value = datetime.date(2022, 1, i + 5)
wb.save(fname)
```

実行例

	A	B	C	D	E	F	G
1	入荷予定一覧						
2							
3	ID	商品名	入荷予定日	単価	数量	金額	
4	1	商品A	2022-01-06	1500	30		
5	2	商品B	2022-01-07	1800	20		
6	3	商品C	2022-01-08	2200	20		
7	4	商品D	2022-01-09	2500	25		
8	5	商品E	2022-01-10	3000	40		
9				合計			
10							

読み込んだブックのアクティブシート上で、for文に「range(1, 6)」と指定した繰り返し処理を実行します。また、日付データの入力には、P.106と同様、datetimeをインポートして使用します。各繰り返しでは、datetimeのdate関数の引数の「日」の指定に、変数iに5を加えた値を指定して、6日から5日分の日付を生成し、各セルに入力しています。

なお、Excelのセルの標準的な日付形式は「2022/1/6」のような形ですが、このオブジェクトを使って入力した場合、「2022-01-06」のような形式になります。

□ 基準の日付から1週間ごとの日付を入力

次に、コードの中で日付を指定するのではなく、入力済みの日付から始まる一連の日付を自動入力するプログラムを紹介します。ブック「入荷予定05.xlsx」のアクティブシートのセルC4に入力された日付を基準として、そこから1週間ごとの連続データを、C5～C8の各セルに自動入力します。

ブック「入荷予定05.xlsx」

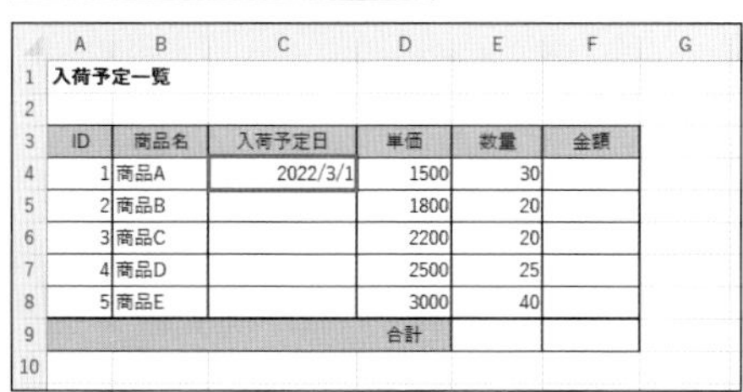

	A	B	C	D	E	F	G
1	入荷予定一覧						
2							
3	ID	商品名	入荷予定日	単価	数量	金額	
4	1	商品A	2022/3/1	1500	30		
5	2	商品B		1800	20		
6	3	商品C		2200	20		
7	4	商品D		2500	25		
8	5	商品E		3000	40		
9				合計			
10							

PROGRAM | sample037_2.py

```
import openpyxl
from datetime import timedelta
fname = '入荷予定05.xlsx'
wb = openpyxl.load_workbook(fname)
ws = wb.active
bd = ws['C4'].value
for i in range(1, 5):
    ws.cell(i + 4, 3).value = (bd + timedelta(weeks=0 + i)).date()
wb.save(fname)
```

実行例

	A	B	C	D	E	F	G
1	入荷予定一覧						
2							
3	ID	商品名	入荷予定日	単価	数量	金額	
4	1	商品A	2022/3/1	1500	30		
5	2	商品B	2022-03-08	1800	20		
6	3	商品C	2022-03-15	2200	20		
7	4	商品D	2022-03-22	2500	25		
8	5	商品E	2022-03-29	3000	40		
9				合計			
10							

今回は、datetimeに含まれるtimedeltaで、日付の一定の間隔を表すtimedeltaオブジェクトを使用します。ここでは引数「weeks」の指定で1週間(7日間)単位の日数を表すtimedeltaオブジェクトを作成し、それを基準の日付に加算することで、i週間後の日付を求めます。ただし、この段階では日付と時刻のデータを含むdatetimeオブジェクトになっているため、「.date()」を付けて日付のみのデータに変換し、各セルに入力しています。

なお、あらかじめセルC4に入力されていた日付形式は「2022/3/1」ですが、自動入力される日付はやはり「2022-03-08」のような形式になります。必要に応じて、表示形式を変更する操作を追加してください。その方法についてはP.167で解説しています。

セル範囲を指定して数式を入力しよう

Excelの数式は、文字列としてセルに入力できます。指定したセル範囲の各セルに、その位置に応じて、同じ位置関係にある別のセルを参照する数式を入力したい場合は、繰り返し処理とf文字列を利用する方法が、比較的簡単です。

□ 1つのセルに数式を入力する

まず、1つのセルに数式を入力する基本的なコードを紹介します。ここでは、ブック「入荷予定06.xlsx」のアクティブシートのセルE9に、同じ列のセル範囲E4:E8の合計を求める数式を入力します。

ブック「入荷予定06.xlsx」

	A	B	C	D	E	F	G
1	入荷予定一覧						
2							
3	ID	商品名	入荷予定日	単価	数量	金額	
4	1	商品A	2022-01-06	1500	30		
5	2	商品B	2022-01-07	1800	20		
6	3	商品C	2022-01-08	2200	20		
7	4	商品D	2022-01-09	2500	25		
8	5	商品E	2022-01-10	3000	40		
9				合計			
10							

PROGRAM ▶ sample038_1.py

```
import openpyxl
fname = '入荷予定06.xlsx'
wb = openpyxl.load_workbook(fname)
ws = wb.active
ws['E9'].value = '=SUM(E4:E8)'
wb.save(fname)
```

実行例

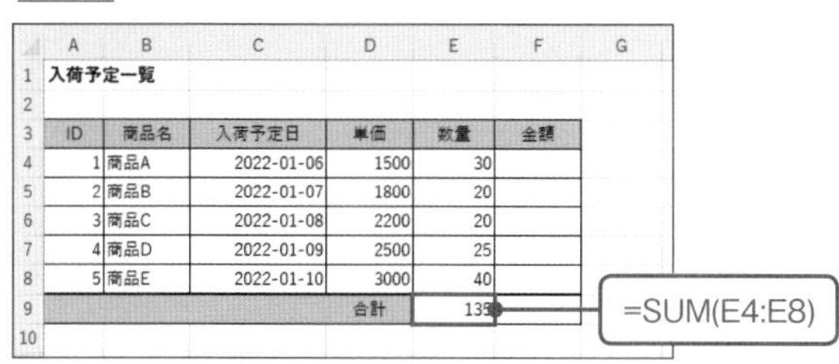

	A	B	C	D	E	F	G
1	入荷予定一覧						
2							
3	ID	商品名	入荷予定日	単価	数量	金額	
4	1	商品A	2022-01-06	1500	30		
5	2	商品B	2022-01-07	1800	20		
6	3	商品C	2022-01-08	2200	20		
7	4	商品D	2022-01-09	2500	25		
8	5	商品E	2022-01-10	3000	40		
9				合計	135		
10							

これまでの説明と同様、対象のブックを開き、そのアクティブシートのセルE9に入力する操作で、数式を文字列として指定すればOKです。

□ セル範囲に数式を入力する

さらに、同じブック「入荷予定06.xlsx」アクティブシートのセル範囲F4:F8に、それぞれ同じ行のD列とE列のセルの積を求める数式を入力します。

PROGRAM ▶sample038_2.py

```
import openpyxl
fname = '入荷予定06.xlsx'
wb = openpyxl.load_workbook(fname)
ws = wb.active
for i in range(4, 9):
    ws.cell(i, 6).value = f'=D{i}*E{i}'
wb.save(fname)
```

実行例

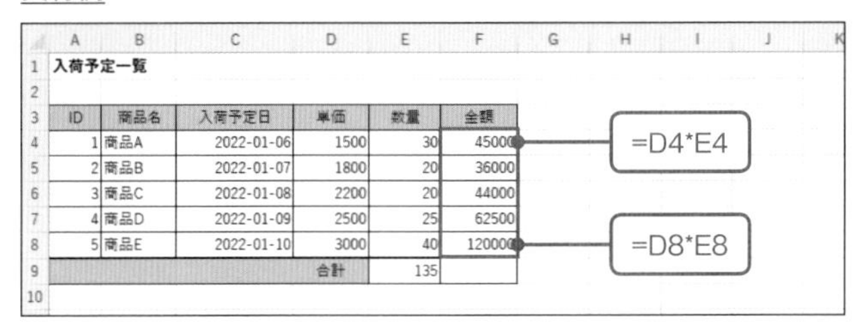

入荷予定一覧

ID	商品名	入荷予定日	単価	数量	金額
1	商品A	2022-01-06	1500	30	45000
2	商品B	2022-01-07	1800	20	36000
3	商品C	2022-01-08	2200	20	44000
4	商品D	2022-01-09	2500	25	62500
5	商品E	2022-01-10	3000	40	120000
			合計	135	

このプログラムでは、行に応じて数式中のセル参照の行番号を変化させたいので、for文の繰り返しに使う変数をf文字列で数式に組み込みます。つまり、変数iを4から8まで変化させて繰り返しを実行し、「f'=D{i}*E{i}'」のように指定することで、セルF4では「=D4*E4」、セルF5では「=D5*E5」のように数式が入力されていきます。

セル範囲のデータの前後に文字列を追加しよう

セル範囲に入力されている各データの前後に文字列を追加する形で、そのデータを一括修正しましょう。文字列データの後に一括で文字を追加したり、数値データを4桁の文字列に変換して前後に文字列を追加したりする方法を紹介します。

▫ 対象範囲の各文字列に「班」を追加する

ブック「メンバー情報01.xlsx」は、複数の部署から集められたプロジェクトメンバーに関する情報を入力した表です。表の5列目には、その各メンバーの作業班名が入力されています。この各セルの文字列の末尾に、一括で「班」を追加します。

PROGRAM | sample039_1.py

```
import openpyxl
fname = 'メンバー情報01.xlsx'
wb = openpyxl.load_workbook(fname)
ws = wb.active
for row in ws.iter_rows(min_row=4):
    row[4].value += '班'
wb.save(fname)
```

ブック「メンバー情報01.xlsx」

	A	B	C	D	E
1	プロジェクト参加メンバー情報				
2					
3	社員ID	氏名	年齢	所属	作業班
4	25	青田勝弘	37	製品開発部	開発第1
5	328	石田清美	28	システム部	開発第1
6	1031	上原久仁子	33	経営管理部	制作第1
7	43	海老原圭太	41	事業開発部	開発第2
8	876	太田浩平	35	システム部	制作第2
9	1160	神田早苗	26	製品開発部	開発第1
10	1252	北原翔一	24	システム部	開発第3
11					

→

実行例

	A	B	C	D	E
1	プロジェクト参加メンバー情報				
2					
3	社員ID	氏名	年齢	所属	作業班
4	25	青田勝弘	37	製品開発部	開発第1班
5	328	石田清美	28	システム部	開発第1班
6	1031	上原久仁子	33	経営管理部	制作第1班
7	43	海老原圭太	41	事業開発部	開発第2班
8	876	太田浩平	35	システム部	制作第2班
9	1160	神田早苗	26	製品開発部	開発第1班
10	1252	北原翔一	24	システム部	開発第3班
11					

対象ブックのアクティブシートの入力済みのデータの4行目以降の各行を対象に、繰り返し処理を実行します。その各行を表す変数rowにインデックスとして「4」を指定することで、各行の5番目、つまりE列のセルを取得し、そのデータを取り出します。「+=」で取り出したデータの後に「班」を結合し、改めて同じセルに入力しています。

□ 各セルの数字に文字を結合する

この表の1列目には、社員IDとして2〜4桁の数値が入力されています。これを4桁の数字として、その前に「P」、後ろに「TS」という文字を結合した文字列に置き換えます。

PROGRAM | sample039_2.py

```
import openpyxl
fname = 'メンバー情報01.xlsx'
wb = openpyxl.load_workbook(fname)
ws = wb.active
for row in ws.iter_rows(min_row=4):
    num = format(row[0].value,'0>4')
    row[0].value = 'P' + num + 'TS'
wb.save(fname)
```

ブック「メンバー情報01.xlsx」

	A	B	C	D	E
1	プロジェクト参加メンバー情報				
2					
3	社員ID	氏名	年齢	所属	作業班
4	25	青田勝弘	37	製品開発部	開発第1班
5	328	石田清美	28	システム部	開発第1班
6	1031	上原久仁子	33	経営管理部	制作第1班
7	43	海老原圭太	41	事業開発部	開発第2班
8	876	太田浩平	35	システム部	制作第2班
9	1160	神田早苗	26	製品開発部	開発第1班
10	1252	北原翔一	24	システム部	開発第3班
11					

実行例

	A	B	C	D	E
1	プロジェクト参加メンバー情報				
2					
3	社員ID	氏名	年齢	所属	作業班
4	P0025TS	青田勝弘	37	製品開発部	開発第1班
5	P0328TS	石田清美	28	システム部	開発第1班
6	P1031TS	上原久仁子	33	経営管理部	制作第1班
7	P0043TS	海老原圭太	41	事業開発部	開発第2班
8	P0876TS	太田浩平	35	システム部	制作第2班
9	P1160TS	神田早苗	26	製品開発部	開発第1班
10	P1252TS	北原翔一	24	システム部	開発第3班
11					

同様に表の各行を対象とした繰り返し処理で、今回は1列目のデータを取り出します。その数値を「format」関数で「0000」という形式の文字列に変換します。この関数は、第1引数に指定した値を、第2引数で指定した書式で表した文字列を返すものです。ここで第2引数に指定した「0>4」というのは、4桁未満の数値の左側を「0」で埋めるという意味です。戻り値の文字列を、変数numに収めます。変数numの文字列の前後に文字列を結合し、改めて各行の1番目のセルに入力します。

特定の単語をすべて別の単語に置き換えよう

ここでは、セルに入力されているデータの一部を、別のデータに置き換えるプログラムを紹介します。まず特定のセルの文字列を置換し、さらにアクティブシートの入力済みのセル範囲全体の中で該当するセルを一括置換する方法を解説します。

□ 特定のセルの単語を置換する

ブック「メンバー情報02.xlsx」のアクティブシートの表を対象に、セルB8に入力された氏名の中の「太田」を「大谷」に置換します。

PROGRAM | sample040_1.py

```
import openpyxl
fname = 'メンバー情報02.xlsx'
wb = openpyxl.load_workbook(fname)
ws = wb.active
s = ws['B8'].value
ws['B8'].value = s.replace('太田', '大谷')
wb.save(fname)
```

ブック「メンバー情報02.xlsx」

	A	B	C	D	E
1	プロジェクト参加メンバー情報				
2					
3	社員ID	氏名	年齢	所属	作業班
4	P0025TS	青田勝弘	37	製品開発部	開発第1班
5	P0328TS	石田清美	28	システム部	開発第1班
6	P1031TS	上原久仁子	33	経営管理部	制作第1班
7	P0043TS	海老原圭太	41	事業開発部	開発第2班
8	P0876TS	太田浩平	35	システム部	制作第2班
9	P1160TS	神田早苗	26	製品開発部	開発第1班
10	P1252TS	北原翔一	24	システム部	開発第3班
11					

→

実行例

	A	B	C	D	E
1	プロジェクト参加メンバー情報				
2					
3	社員ID	氏名	年齢	所属	作業班
4	P0025TS	青田勝弘	37	製品開発部	開発第1班
5	P0328TS	石田清美	28	システム部	開発第1班
6	P1031TS	上原久仁子	33	経営管理部	制作第1班
7	P0043TS	海老原圭太	41	事業開発部	開発第2班
8	P0876TS	大谷浩平	35	システム部	制作第2班
9	P1160TS	神田早苗	26	製品開発部	開発第1班
10	P1252TS	北原翔一	24	システム部	開発第3班
11					

前項までの例と同様に、指定したブックを開き、アクティブシートの特定のセルを指定して、そのセルの値を変数sに収めます。この変数sを対象としたreplaceで、「太田」を「大谷」に置換し、その文字列を再びセルB8に入力します。

□シート全体を一括置換する

次に、所属や作業班の列に含まれている「開発」の文字を、一括で「企画」に置換します。

PROGRAM | sample040_2.py

```
import openpyxl
fname = 'メンバー情報02.xlsx'
wb = openpyxl.load_workbook(fname)
ws = wb.active
for row in ws.iter_rows():
    for cel in row:
        s = str(cel.value)
        if '開発' in s:
            cel.value = s.replace('開発', '企画')
wb.save(fname)
```

ブック「メンバー情報02.xlsx」

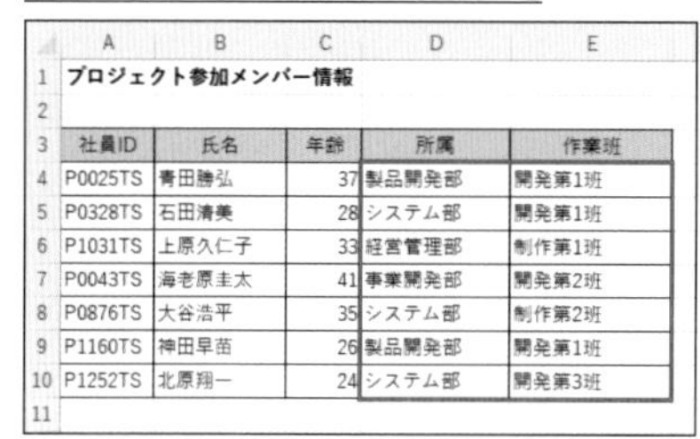

プロジェクト参加メンバー情報

社員ID	氏名	年齢	所属	作業班
P0025TS	青田勝弘	37	製品開発部	開発第1班
P0328TS	石田清美	28	システム部	開発第1班
P1031TS	上原久仁子	33	経営管理部	制作第1班
P0043TS	海老原圭太	41	事業開発部	開発第2班
P0876TS	大谷浩平	35	システム部	制作第2班
P1160TS	神田早苗	26	製品開発部	開発第1班
P1252TS	北原翔一	24	システム部	開発第3班

実行例

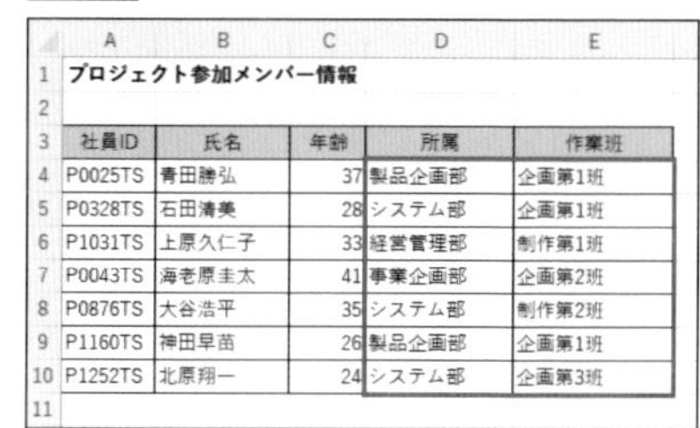

プロジェクト参加メンバー情報

社員ID	氏名	年齢	所属	作業班
P0025TS	青田勝弘	37	製品企画部	企画第1班
P0328TS	石田清美	28	システム部	企画第1班
P1031TS	上原久仁子	33	経営管理部	制作第1班
P0043TS	海老原圭太	41	事業企画部	企画第2班
P0876TS	大谷浩平	35	システム部	制作第2班
P1160TS	神田早苗	26	製品企画部	企画第1班
P1252TS	北原翔一	24	システム部	企画第3班

対象ブックのアクティブシートの入力済みの行を対象に行単位で処理を繰り返し、さらにその各行の各セルを対象に処理を繰り返します。そのセルの値が数値の場合もエラーにならないようstr関数で文字列型に変換し、変数sに収めます。変数sに「開発」という文字列が含まれる場合は、replaceで「開発」を「企画」に置換し、同じセルに入力します。

なお、通常、Excelでセルに入力した漢字には、自動的に「ふりがな」が設定されます。ブック「メンバー情報02.xlsx」では、いずれのセルにもふりがなが設定されていませんが、仮に設定されていた場合、ここでの処理によって、自動的にセルのふりがなが失われます。

「第1班」を「Aチーム」に変更しよう

ここでは、「第1班」を「Aチーム」、「第2班」を「Bチーム」のように、ちょっと特殊な規則で一括変更する方法を紹介します。この例では位置を指定して文字を取り出すことも可能ですが、ここでは正規表現の検索と置換を利用してこのような変更を実行します。

□ 班名を変更する

ブック「メンバー情報03.xlsx」のアクティブシートを対象に、セルE4の「企画第1班」という文字列の中の「第1班」の部分を「Aチーム」に変更します。

ブック「メンバー情報03.xlsx」

	A	B	C	D	E	F
1	プロジェクト参加メンバー情報					
2						
3	社員ID	氏名	年齢	所属	作業班	
4	P0025TS	青田勝弘	37	製品企画部	企画第1班	
5	P0328TS	石田清美	28	システム部	企画第1班	
6	P1031TS	上原久仁子	33	経営管理部	制作第1班	
7	P0043TS	海老原圭太	41	事業企画部	企画第2班	
8	P0876TS	大谷浩平	35	システム部	制作第2班	
9	P1160TS	神田早苗	26	製品企画部	企画第1班	
10	P1252TS	北原翔一	24	システム部	企画第3班	
11						

PROGRAM | ▸sample041_1.py

```
import openpyxl
import re
fname = 'メンバー情報03.xlsx'
wb = openpyxl.load_workbook(fname)
ws = wb.active
s = ws['E4'].value
result = re.search(r'第(¥d)班', s)
if result:
    t_str = chr(64 + int(result.group(1))) + 'チーム'
    ws['E4'].value = re.sub(r'第¥d班', t_str, s)
wb.save(fname)
```

実行例

	A	B	C	D	E	F
1	プロジェクト参加メンバー情報					
2						
3	社員ID	氏名	年齢	所属	作業班	
4	P0025TS	青田勝弘	37	製品企画部	企画Aチーム	
5	P0328TS	石田清美	28	システム部	企画第1班	
6	P1031TS	上原久仁子	33	経営管理部	制作第1班	
7	P0043TS	海老原圭太	41	事業企画部	企画第2班	
8	P0876TS	大谷浩平	35	システム部	制作第2班	
9	P1160TS	神田早苗	26	製品企画部	企画第1班	
10	P1252TS	北原翔一	24	システム部	企画第3班	
11						

このような置換にも、正規表現（P.98参照）が利用できます。

まずセルE4の値を、変数sに代入し、reの「search」で、その文字列の中で、「第(¥d)班」というパターンにマッチする部分があるかどうかを調べます。「¥d」は任意の数字1文字を表し、ここではその前後を「( )」で囲んでグループ化しています。また、Pythonの文字列では「¥」という文字自体に役割があるため、文字列の前に「r」を付けることで、「¥」を検索用の文字列として使用できるようにしています。

searchでパターンにマッチした場合は、「( )」でグループ化した数字部分を取り出し、64を加えた値をchr関数の引数にして、「1」→「A」、「2」→「B」……のような文字に変換します。これを「チーム」という文字列と結合し、変数r_strに代入します。そして、reの「sub」で、パターン「第¥d班」にマッチする部分の文字列を、変数r_strの文字列と置き換えています。

□ すべての班名を一括で変更する

前の例では特定のセルの文字列を変更しましたが、ワークシートの作業済みのセル範囲全体を検索し、該当するセルをすべて置換するように拡張しましょう。

PROGRAM | ▸sample041_2.py

```
import openpyxl
import re
fname = 'メンバー情報03.xlsx'
wb = openpyxl.load_workbook(fname)
ws = wb.active
for row in ws.iter_rows():
    for cel in row:
        s = cel.value
        if isinstance(s, str):
            result = re.search(r'第(¥d)班', s)
            if result:
                t_str = chr(64 + int(result.group(1))) + 'チーム'
```

```
                cel.value = re.sub(r'第¥d班', t_str, s)
wb.save(fname)
```

実行例

	A	B	C	D	E	F
1	プロジェクト参加メンバー情報					
2						
3	社員ID	氏名	年齢	所属	作業班	
4	P0025TS	青田勝弘	37	製品企画部	企画Aチーム	
5	P0328TS	石田清美	28	システム部	企画Aチーム	
6	P1031TS	上原久仁子	33	経営管理部	制作Aチーム	
7	P0043TS	海老原圭太	41	事業企画部	企画Bチーム	
8	P0876TS	大谷浩平	35	システム部	制作Bチーム	
9	P1160TS	神田早苗	26	製品企画部	企画Aチーム	
10	P1252TS	北原翔一	24	システム部	企画Cチーム	
11						

やはりfor文を二重に使用し、入力済みの行を対象に処理を繰り返し、さらにその各行の各セルを対象に処理を繰り返します。その各セルの値を変数sに代入し、isinstance関数の第2引数に「str」を指定して、それが文字列データかどうかをif文で判定したうえで、プログラム「sample041_1.py」と同様の処理をしていきます。

COLUMN

「¥」の役割

「¥」は、Pythonに限らず、OSやさまざまなプログラミング言語で、特殊な役割を持った記号として使われています。たとえばWindowsの場合、「¥」はファイルのパスを表す文字列で、フォルダー（ディレクトリ）の階層の区切りを表すために使用されています。なお、一般的な日本語の環境では「¥」（円記号）と表示されますが、英語環境や一部の日本語フォントでは、通常、「\」（バックスラッシュ）のように表示されます。

Pythonにおける「¥」は、特殊な役割を持った文字をデータとして指定したり、通常の文字としては表せない特殊な記号をコード中で表現したりするために使われます。たとえば、文字列のデータは「'」や「"」で囲んで表しますが、この「'」などを文字として処理したい場合は「¥'」のように指定します。また、タブコードは「¥t」、改行コードは「¥n」のように指定できます。さらに、プログラムの長い行の途中で「¥」を付けて改行すると、その「¥」と改行が無視され、次の行とつながった1行のコードとして扱われます。

一方、すでに述べた通り、「¥」はファイルのパスや正規表現でも使われます。Pythonのコード中でこれらの文字列を使用する場合、「¥」は「¥¥」のように指定します。または、文字列を指定する「'…'」や「"…"」の前に「r」を付けて「r'…'」や「r"…"」とすると、囲まれた中に「¥」があっても、そのまま文字として処理されます。

SECTION 042 住所を地名と数字部分に分けよう

住所を表す文字列が、1つのセルに入力されています。その地名の部分と、番地や号を表す数字の部分とに分割して、それぞれ同じ行の別のセルに入力するプログラムを紹介します。つまり、文字列中で最初に現れた数字の位置で分割する処理です。

□ 住所を地名と番地に分割する

今回は、営業所の情報が入力されたブック「営業所情報01.xlsx」を作業対象とします。そのアクティブシートの2列目（B列）に入力された住所の文字列を、市区町村名を表す「地名」部分と、番地・号の数字部分に分割して、それぞれ右側の2列に入力するプログラムを作成します。なお、住所の文字列の途中に現れた算用数字以降を番地・号と見なすので、番地を漢数字で入力している場合は正しく分割できません。

ブック「営業所情報01.xlsx」

	A	B	C	D	E
1	営業所一覧				
2					
3	営業所名	住所	地名	番地・号	
4	池袋営業所	東京都豊島区池袋1-00-001			
5	練馬営業所	東京都練馬区練馬2-00-002			
6	清瀬営業所	東京都清瀬市中里3-00-003			
7	所沢営業所	埼玉県所沢市並木4-00-004			
8	入間営業所	埼玉県入間市豊岡5-00-005			
9					
10					

PROGRAM ▶ sample042_1.py

```
import openpyxl
import re
fname = '営業所情報01.xlsx'
wb = openpyxl.load_workbook(fname)
ws = wb.active
for row in ws.iter_rows(min_row=4):
    s = row[1].value
    result = re.match(r'(.+?)(¥d.*)', s)
    if result:
        row[2].value = result.group(1)
        row[3].value = result.group(2)
wb.save(fname)
```

実行例

	A	B	C	D	E
1	営業所一覧				
2					
3	営業所名	住所	地名	番地・号	
4	池袋営業所	東京都豊島区池袋1-00-001	東京都豊島区池袋	1-00-001	
5	練馬営業所	東京都練馬区練馬2-00-002	東京都練馬区練馬	2-00-002	
6	清瀬営業所	東京都清瀬市中里3-00-003	東京都清瀬市中里	3-00-003	
7	所沢営業所	埼玉県所沢市並木4-00-004	埼玉県所沢市並木	4-00-004	
8	入間営業所	埼玉県入間市豊岡5-00-005	埼玉県入間市豊岡	5-00-005	
9					
10					

for文で、対象のワークシートの4行目以降の入力済みの行を、行単位で繰り返し処理します。その各行の2列目（B列）のセルの文字列を取り出し、変数sに代入します。

この変数sの文字列を対象にreのmatchを実行し、正規表現のパターンとして「(.+?)(¥d.*)」という文字列を指定します。それぞれの「( )」の中は、1文字以上の任意の文字列と、数字から始まる任意の文字列の2つのグループを表しています。つまり、先頭からの一連の数字以外の文字列と、途中に出てきた数字以降の一連の文字列を、それぞれグループとしてまとめているわけです。

変数sの文字列がこのパターンにマッチしたかどうかをif文で判定し、Trueの場合は、その結果を取得した変数resultの1番目のグループを3列目（C列）に、2番目のグループを4列目（D列）のセルに入力します。

COLUMN

reモジュールの活用

ここまで、reモジュールで文字列のパターンを判定する機能（メソッド）として、「match」と「search」を使用する例を紹介してきました。ここで改めて、これらの使い分けについて説明しておきましょう。

これらのメソッドは、いずれもマッチした部分の情報がマッチオブジェクトとして返され、「group」によってその文字列を取り出せます。異なっているのは、matchが対象の文字列の先頭からマッチするかどうかをチェックするのに対し、searchは文字列の途中からでもマッチする部分があるかどうかをチェックするという点です。そのため、セルの文字列が特定の形式に当てはまるかを調べるには、searchよりもmatchの方が適しています。ただし、文字列そのものに完全にマッチしているわけではなく、あくまでも先頭からの判定なので、マッチした部分以降に別の文字列がある可能性はあります。文字列全体とマッチしているかを判定したい場合は、「fullmatch」を使用します。

また、これらのメソッドでは、文字列の中にパターンにマッチする部分が2カ所以上あった場合も、最初に見つかった1カ所だけを表すマッチオブジェクトが返されます。マッチする文字列をすべて取得したい場合は、「findall」を使用します。このメソッドの戻り値は、マッチオブジェクトではなく、マッチした文字列が取り出されたリストです。

入力済みの範囲を表すセル参照を調べよう

対象のワークシートの作業済みのセル範囲を、そのブックを開くことなく調べて、セル参照を表す文字列として出力してみましょう。「作業済みのセル範囲」とは、データが入力されているか、何らかの書式が設定されたセルを含む長方形の範囲のことです。

◻ 作業済み範囲のセル参照を出力する

作業済みのセル範囲を調べることで、処理の対象とするセルを絞り込み、さらに作業量を知るため、あらかじめそのセル数を求めておくといった応用が可能になります。ここではブック「メンバー情報03.xlsx」のアクティブシートの作業済みの範囲について調べてみましょう。

ブック「メンバー情報.xlsx」

	A	B	C	D	E	F
1	プロジェクト参加メンバー情報					
2						
3	社員ID	氏名	年齢	所属	作業班	
4	P0025TS	青田勝弘	37	製品企画部	企画Aチーム	
5	P0328TS	石田清美	28	システム部	企画Aチーム	
6	P1031TS	上原久仁子	33	経営管理部	制作Aチーム	
7	P0043TS	海老原圭太	41	事業企画部	企画Bチーム	
8	P0876TS	大谷浩平	35	システム部	制作Bチーム	
9	P1160TS	神田早苗	26	製品企画部	企画Aチーム	
10	P1252TS	北原翔一	24	システム部	企画Cチーム	
11						

PROGRAM ▸ sample043_1.py

```
import openpyxl
wb = openpyxl.load_workbook('メンバー情報03.xlsx')
ws = wb.active
minr = ws.min_row
minc = ws.min_column
scel = ws.cell(row=minr, column=minc).coordinate
maxr = ws.max_row
maxc = ws.max_column
ecel = ws.cell(row=maxr, column=maxc).coordinate
if scel != ecel:
    scel = scel + ':' + ecel
cnum = (maxr - minr + 1) * (maxc - minc + 1)
print(f'作業済みセル範囲:{scel}')
print(f'作業済みセル数:{cnum}')
```

実行例

```
==== RESTART: C:¥Users¥clayh¥Documents¥Works¥ExcelPython¥3章作例¥sample043_1.py
===
作業済みセル範囲：A1:E10
作業済みセル数：50
>>>
```

これまでと同様にして、ワークシートを表すオブジェクトを変数wsに収めます。その作業済みのセル範囲の開始行は、そのオブジェクトのmin_row、開始列はmin_column、最終行はmax_row、最終列はmax_columnで、それぞれ求めることができます。この数値を使ってセルを指定し、coodinateでセル参照を表す文字列に変換します。開始セルと最終セルが等しくなければ、「:」を挟んでその両者を結合し、改めて開始セルを表す変数scelに収めます。また、最終行から開始行を引いた数と、最終列から開始列を引いた数を掛けて、作業済みのセル数を求めます。これらの変数をf文字列の中に組み込み、print関数で出力しています。

同様に、同じプログラムで対象ファイル名のみ「営業所情報01.xlsx」に変更し、スクリプトファイル名を「sample043_2.py」として、実行結果を調べてみましょう。

PROGRAM ▶sample043_2.py(一部)

```
wb = openpyxl.load_workbook('営業所情報01.xlsx')
```

実行例

```
==== RESTART: C:¥Users¥clayh¥Documents¥Works¥ExcelPython¥3章作例¥sample043_2.py
===
作業済みセル範囲：A1:D8
作業済みセル数：32
>>>
```

セル範囲を名前で指定しよう

Excelでは、セルやセル範囲に「名前」を付けて、数式などの指定をわかりやすくできます。名前はプログラムでも、セル範囲を確実に指定するために利用可能です。ここでは、設定済みの名前をPythonのプログラムで利用方法を紹介します。

◻ 特定の名前の範囲を調べる

セルに設定できる名前には、ブックレベルとシートレベルのものがありますが、ここではすべてブックレベルで設定された名前とします。ここでは、ブック「販売記録02.xlsx」のアクティブシートの各セル範囲に、次のように名前が設定されているものとします。

ブック「販売記録02.xlsx」

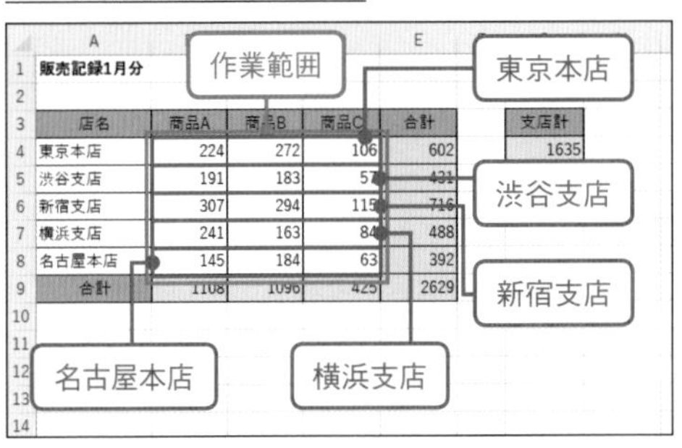

店名	商品A	商品B	商品C	合計
東京本店	224	272	106	602
渋谷支店	191	183	57	431
新宿支店	307	294	115	716
横浜支店	241	163	84	488
名古屋本店	145	184	63	392
合計	1108	1096	425	2629

支店計
1635

まず、この中の「横浜支店」という名前が、具体的にどのセル範囲を表しているかを表す文字列を出力するプログラムを作成しましょう。

PROGRAM | sample044_1.py

```
import openpyxl
wb = openpyxl.load_workbook('販売記録02.xlsx')
aname = '横浜支店'
narea = wb.defined_names[aname].attr_text
print(f'{aname}の範囲:{narea}')
```

実行例

```
==== RESTART: C:¥Users¥clayh¥Documents¥Works¥ExcelPython¥3章作例¥sample044_1.py
===
横浜支店の範囲：Sheet1!$B$7:$D$7
>>>
```

設定済みの名前は、ブックを表すオブジェクトの「defined_names」に、その名前を表す文字列を指定することで、オブジェクトとして取得できます。セル参照を表す文字列は、そのオブジェクトの「attr_text」で調べることができます。ここではその文字列を変数nareaに収め、print関数でf文字列を使って出力しています。

▫名前の範囲の数値の合計を求める

範囲を指定して合計を求めた計算(P.94参照)の応用で、指定した名前の範囲の数値の合計を求めます。ここでは、ブック「販売記録02.xlsx」のアクティブシートにある「作業範囲」という名前の範囲の数値の合計を求めてみましょう。

PROGRAM ▸sample044_2.py

```
import openpyxl
wb = openpyxl.load_workbook('販売記録02.xlsx')
aname = '作業範囲'
ndst = wb.defined_names[aname].destinations
total = 0
for tab, crd in ndst:
    ws = wb[tab]
    for rw in ws[crd]:
        for cel in rw:
            val = cel.value
            if isinstance(val, (int, float)):
                total += val
print(f'指定範囲の合計:{total}')
```

実行例

```
==== RESTART: C:¥Users¥clayh¥Documents¥Works¥ExcelPython¥3章作例¥sample044_2.py
===
指定範囲の合計：2629
>>>
```

名前を表すオブジェクトの「destinations」で、そのシートやセル参照の情報を含むオブジェクトを取得し、変数ndstに収めます。これをfor文の対象とし、2つの変数を指定することで、その1番目の変数にシート名、2番目の変数にセル参照を表す文字列を取り出すことができます。

ここでは、1番目の変数tabに収められたシート名でワークシートを表すオブジェクトを取得し、さらに2番目の変数crdに収められたセル参照でそのシート上のセル範囲を表すオブジェクトを取得します。その各行、さらにその各セルを対象とした繰り返し処理で、セルの値が数値だった場合は変数totalに合計していきます。すべての繰り返しの終了後、この変数totalの値を、print関数で出力しています。

□ セル範囲に名前を付ける

セル範囲に名前を付ける操作は、openpyxlではあまりうまく機能しないため、ここではpywin32を使用する方法を紹介します。ただし、openpyxlではExcelのアプリケーションがインストールされていない環境でもExcelのデータを処理できますが、この方法ではExcelの機能を使用して処理を実行するため、Excelが不可欠です。

次のプログラムでは、同じフォルダーにあるブック「販売記録02.xlsx」をExcelで開き、そのシート「Sheet1」のセル範囲E4:E8に「全店合計」という名前を付けた後、このブックを上書き保存して、Excelを終了します。

PROGRAM | ▸sample044_3.py

```
import os
import win32com.client
pname = os.path.dirname(__file__)
fname = os.path.join(pname, '販売記録02.xlsx')
xlApp = win32com.client.Dispatch('Excel.Application')
wb = xlApp.Workbooks.Open(fname)
wb.Names.Add('全店合計', '=Sheet1!$E$4:$E$8')
wb.Close(SaveChanges=True)
xlApp.Quit()
```

実行例

	A	B	C	D	E	F	G	H
1	販売記録1月分							
2								
3	店名	商品A	商品B	商品C	合計		支店計	
4	東京本店	224	272	106	602		1635	
5	渋谷支店	191	183	57	431			
6	新宿支店	307	294	115	716			
7	横浜支店	241	163	84	488			
8	名古屋本店	145	184	63	392			
9	合計	1108	1096	425	2629			
10								
11								

全店合計

pywin32によるExcelの操作は、VBAと同様のコードになります。openpyxlの場合、開きたいブックのファイル名を指定する際、パスを省略すると、実行中のスクリプトファイルと同じフォルダーにあるファイルと見なされますが、pywin32では絶対パスで指定する必要があります。ここでは、まず、「__file__」で、実行中のスクリプトファイルのパスを取得します。そして、事前にインポートした「os」モジュールを使用し、その文字列からファイル名を除いたパス部分を取り出します。これを「販売記録02.xlsx」というファイル名と結合して、スクリプトファイルと同じフォルダーにあるブック「販売記録02.xlsx」の絶対パスの文字列を取得し、変数fnameに収めます。

また、Excelを操作する機能を使用するために、最初に「win32com.client」をインポートしておきます。「win32com.client.Dispatch('Excel.Application')」でExcelを起動し、そのオブジェクトを変数xlAppに代入します。その「Workbooks.Open」で指定したブックを開き、そのオブジェクトを変数wbに収めます。その「Names.Add」で、このブックに新しい名前を追加します。その第1引数には追加する名前を、第2引数にはその名前を付ける範囲の参照を指定します。

なお、Excelを表示して対象のブックが開いている状態でプログラムを終了するのであれば、最後の2行の代わりに「xlApp.Visible = True」の1行を追加します。しかし、ここでは「Close」でブックを保存して閉じ、Excel自体も「Quit」で終了しています。この点については、以下のプログラムについても同様です。

表のデータを数値の大きい順に並べ替えよう

作成済みの表の範囲を、特定の列の数値の大きい順で、行単位で並べ替えてみましょう。この操作は、openpyxlではExcel上での操作を完全には再現できません。ここでは、やはりpywin32を使用して並べ替えを実行するプログラムを紹介します。

表の並べ替えを実行する

ここでは、ブック「メンバー情報04.xlsx」のアクティブシートの表の範囲を、「年齢」列の大きい順に、行単位で並べ替えます。

ブック「メンバー情報04.xlsx」

	A	B	C	D	E	F	G
1	プロジェクト参加メンバー情報						
2							
3	社員ID	氏名	年齢	所属	作業班		
4	P0025TS	青田勝弘	37	製品企画部	企画Aチーム		
5	P0328TS	石田清美	28	システム部	企画Aチーム		
6	P1031TS	上原久仁子	33	経営管理部	制作Aチーム		
7	P0043TS	海老原圭太	41	事業企画部	企画Bチーム		
8	P0876TS	大谷浩平	35	システム部	制作Bチーム		
9	P1160TS	神田早苗	26	製品企画部	企画Aチーム		
10	P1252TS	北原翔一	24	システム部	企画Cチーム		
11							

PROGRAM | sample045_1.py

```
import os
import win32com.client
pname = os.path.dirname(__file__)
fname = os.path.join(pname, 'メンバー情報04.xlsx')
xlApp = win32com.client.Dispatch('Excel.Application')
wb = xlApp.Workbooks.Open(fname)
ws = wb.ActiveSheet
ws.Range('A4:E10').Sort(Key1=ws.Range('C4'), Order1=2)
wb.Close(SaveChanges=True)
xlApp.Quit()
```

実行例

	A	B	C	D	E	F	G
1	プロジェクト参加メンバー情報						
2							
3	社員ID	氏名	年齢	所属	作業班		
4	P0043TS	海老原圭太	41	事業企画部	企画Bチーム		
5	P0025TS	青田勝弘	37	製品企画部	企画Aチーム		
6	P0876TS	大谷浩平	35	システム部	制作Bチーム		
7	P1031TS	上原久仁子	33	経営管理部	制作Aチーム		
8	P0328TS	石田清美	28	システム部	企画Aチーム		
9	P1160TS	神田早苗	26	製品企画部	企画Aチーム		
10	P1252TS	北原翔一	24	システム部	企画Cチーム		
11							

目的のブックの絶対パスを取得する手順は前項と同様です。目的のブックを開いたら、そのアクティブシートを表すオブジェクトを変数wsに収め、その「Range」にセル番地を表す文字列を指定して、セルを表すオブジェクトを取得します。表の中の1つのセルを指定するだけでも、自動的にそのセルを含む表の範囲全体が並べ替えの対象となりますが、ここではより確実に指定するため、「A4:E10」のように対象の表のデータ行の範囲を指定します。

セルを表すオブジェクトの「Sort」で、並べ替えを実行します。引数「Key1」に並べ替えのキー（基準）となる列のセルを表すオブジェクトを指定し、引数「Order1」に「2」を指定することで、その列の大きい順（降順）での並べ替えになります。小さい順（昇順）で並べ替えたい場合は、この引数Order1に「1」を指定します。

なお、対象のセル範囲ではなく1つのセルを指定してそのセルを含む表の範囲を指定した場合、VBAでは、引数「Header」でその範囲の1行目を見出し行と見なして並べ替えから除外するかどうかを指定できますが、pywin32を使ったコードではこの引数はうまく機能しません。このプログラムで、対象として表の中の1つのセルではなく、データ行の範囲を指定しているのはそのためです。

表の行の表示を特定の条件で絞り込もう

特定の列のデータを条件として行の表示を絞り込む「フィルター」の操作も、openpyxlではExcel上での操作を完全には再現できません。ここではやはりpywin32を使用してフィルターを設定し、行の表示を絞り込むプログラムを作成してみましょう。

□表にフィルターを適用する

ここでは、ブック「メンバー情報05.xlsx」のアクティブシートの表にフィルターを設定し、「所属」が「企画部」で終わるメンバーの行だけを表示させることにします。

ブック「メンバー情報05.xlsx」

	A	B	C	D	E	F	G
1	プロジェクト参加メンバー情報						
2							
3	社員ID	氏名	年齢	所属	作業班		
4	P0043TS	海老原圭太	41	事業企画部	企画Bチーム		
5	P0025TS	青田勝弘	37	製品企画部	企画Aチーム		
6	P0876TS	大谷浩平	35	システム部	制作Bチーム		
7	P1031TS	上原久仁子	33	経営管理部	制作Aチーム		
8	P0328TS	石田清美	28	システム部	企画Aチーム		
9	P1160TS	神田早苗	26	製品企画部	企画Aチーム		
10	P1252TS	北原翔一	24	システム部	企画Cチーム		
11							

PROGRAM ▸sample046_1.py

```
import os
import win32com.client
pname = os.path.dirname(__file__)
fname = os.path.join(pname, 'メンバー情報05.xlsx')
xlApp = win32com.client.Dispatch('Excel.Application')
wb = xlApp.Workbooks.Open(fname)
ws = wb.ActiveSheet
ws.Range('A3').AutoFilter(Field=4, Criteria1='*企画部')
wb.Close(SaveChanges=True)
xlApp.Quit()
```

実行例

	A	B	C	D	E	F	G
1	プロジェクト参加メンバー情報						
2							
3	社員ID	氏名	年齢	所属	作業班		
4	P0043TS	海老原圭太	41	事業企画部	企画Bチーム		
5	P0025TS	青田勝弘	37	製品企画部	企画Aチーム		
9	P1160TS	神田早苗	26	製品企画部	企画Aチーム		
11							
12							

Excelを起動して、実行中のスクリプトファイルと同じフォルダーにある「メンバー情報05.xlsx」を開き、そのアクティブシートを表すオブジェクトを変数wsに代入します。そのセルA3を表すオブジェクトの「AutoFilter」で、セルA3を含む表の範囲全体にフィルターを適用します。引数「Field」には、フィルターの基準とする列として、左から4番目の「所属」列を指定しています。また、引数「Criteria1」には絞り込みの条件として、「*企画部」という文字列を指定しています。「*」は任意の文字列にマッチするワイルドカードで、つまりこれは「企画部」で終わる文字列のセルという意味になります。フィルターを適用後、ブックを保存して閉じ、Excel自体も終了します。

別の例として、「年齢」列の値が35以上の行だけを表示したい場合は、前の例と同様のプログラムで、フィルターの適用部分の行を次のように変更します。次の実行結果の画面は、フィルターをクリアした状態で実行した例です。

PROGRAM | sample046_2.py(一部)

```
ws.Range('A3').AutoFilter(Field=3, Criteria1='>=35')
```

実行例

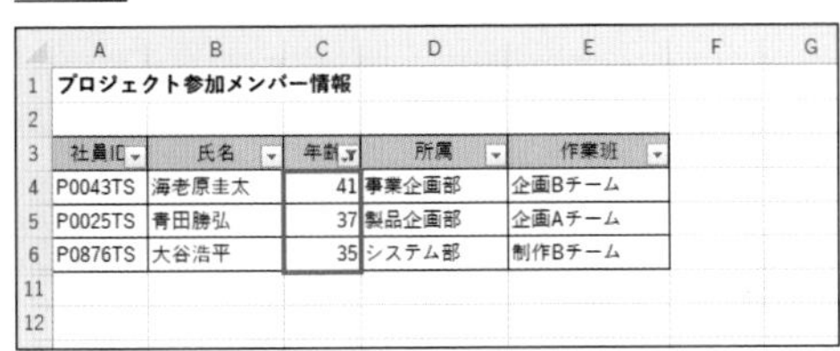

	A	B	C	D	E	F	G
1	プロジェクト参加メンバー情報						
2							
3	社員ID	氏名	年齢	所属	作業班		
4	P0043TS	海老原圭太	41	事業企画部	企画Bチーム		
5	P0025TS	青田勝弘	37	製品企画部	企画Aチーム		
6	P0876TS	大谷浩平	35	システム部	制作Bチーム		
11							
12							

セル範囲のデータをコピーしよう

セル範囲のデータを別のセルにコピーしたい場合、openpyxlでは、基本的に各セルの値を別のセルにそのまま代入するという操作になります。書式も含めてコピーしたい場合は、やはりpywin32を使う手順が比較的簡単です。

□ セル範囲のデータだけをコピーする

ブック「営業所情報02.xlsx」のアクティブシートのセル範囲A3:A8の内容を、同じシートのセル範囲D3:D8にコピーします。

PROGRAM ▶sample047_1.py

```
import openpyxl
fname = '営業所情報02.xlsx'
wb = openpyxl.load_workbook(fname)
ws = wb.active
toarea = ws['D3:D8']
for i, row in enumerate(ws['A3:A8']):
    for j, cel in enumerate(row):
        toarea[i][j].value = cel.value
wb.save(fname)
```

ブック「営業所情報02.xlsx」

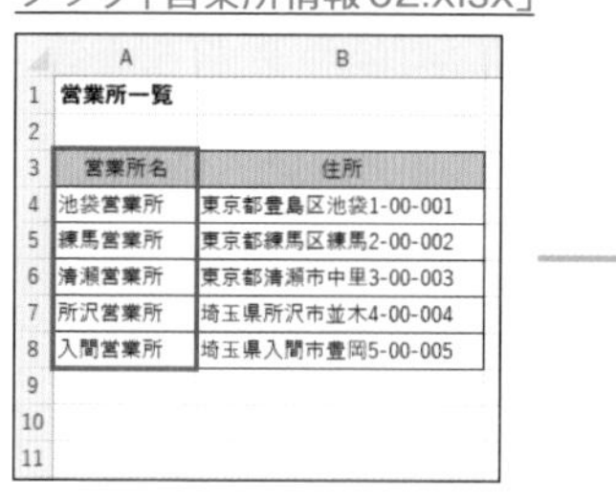

	A	B
1	営業所一覧	
2		
3	営業所名	住所
4	池袋営業所	東京都豊島区池袋1-00-001
5	練馬営業所	東京都練馬区練馬2-00-002
6	清瀬営業所	東京都清瀬市中里3-00-003
7	所沢営業所	埼玉県所沢市並木4-00-004
8	入間営業所	埼玉県入間市豊岡5-00-005
9		
10		
11		

→

実行例

	A	B	C	D
1	営業所一覧			
2				
3	営業所名	住所		営業所名
4	池袋営業所	東京都豊島区池袋1-00-001		池袋営業所
5	練馬営業所	東京都練馬区練馬2-00-002		練馬営業所
6	清瀬営業所	東京都清瀬市中里3-00-003		清瀬営業所
7	所沢営業所	埼玉県所沢市並木4-00-004		所沢営業所
8	入間営業所	埼玉県入間市豊岡5-00-005		入間営業所
9				
10				
11				

openpyxlを使う場合、コピー元の各セルの値を、コピー先の各セルに代入するというのが基本的な方法です。この方法では、書式も含めたコピーにはなりません。

まず対象のワークシートのセル範囲D3:D8を表すオブジェクトを変数toareaに収めます。そして、for文でenumerate関数を使った繰り返しで、セル範囲A3:A8を表すオブジェクトの各行を変数rowに、その順番を表す数値を変数iに収めて、以降の処理を繰り返します。さらに、各行の中の各セルを表すオブジェクトを変数celに、その順番を表す数値を変数jに収めて、以降の処理を繰り返します。各繰り返しでは、変数toareaから変数iをインデックスとして各行の要素を取り出し、変数jをインデックスとしてその行の各セルを取り出します。変数celが表すセルの値をvalueで取り出し、セル範囲D3:D8を表す変数toareaの中の対応するセルに代入しています。

書式も含めてコピーしたい場合は、やはりpywin32を使用したプログラムにします。

PROGRAM | sample047_2.py

```
import os
import win32com.client
pname = os.path.dirname(__file__)
fname = os.path.join(pname, '営業所情報02.xlsx')
xlApp = win32com.client.Dispatch('Excel.Application')
wb = xlApp.Workbooks.Open(fname)
ws = wb.ActiveSheet
ws.Range('A3:A8').Copy(Destination=ws.Range('D3:D8'))
wb.Close(SaveChanges=True)
xlApp.Quit()
```

実行例

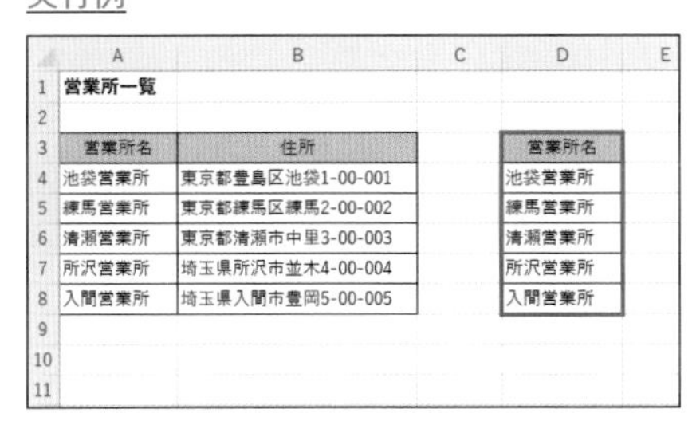

	A	B	C	D	E
1	営業所一覧				
2					
3	営業所名	住所		営業所名	
4	池袋営業所	東京都豊島区池袋1-00-001		池袋営業所	
5	練馬営業所	東京都練馬区練馬2-00-002		練馬営業所	
6	清瀬営業所	東京都清瀬市中里3-00-003		清瀬営業所	
7	所沢営業所	埼玉県所沢市並木4-00-004		所沢営業所	
8	入間営業所	埼玉県入間市豊岡5-00-005		入間営業所	
9					
10					
11					

対象のブックのアクティブシートのセル範囲A3:A8を表すオブジェクトを取得し、「Copy」を実行します。その引数「Destination」にコピー先のセル範囲を表すオブジェクトを取得すれば、書式ごとコピーされます。

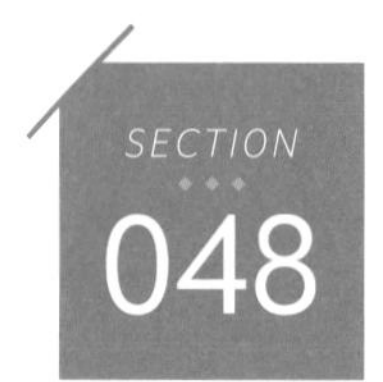

セル範囲のデータを移動しよう

セル範囲を書式ごと移動する操作は、openpyxlで実行可能です。ただし、移動先はセル参照で指定するのではなく、行数・列数で指定します。移動先をセル参照で指定したい場合は、pywin32を使用したほうがわかりやすいでしょう。

□ 行数・列数を指定して移動する

ブック「成績表01.xlsx」のアクティブシートの表部分のセル範囲A2:E7の内容を、2行下で1列右へ移動させます。なお、移動先に別のデータがある場合は上書きされます。

PROGRAM ▶ sample048_1.py

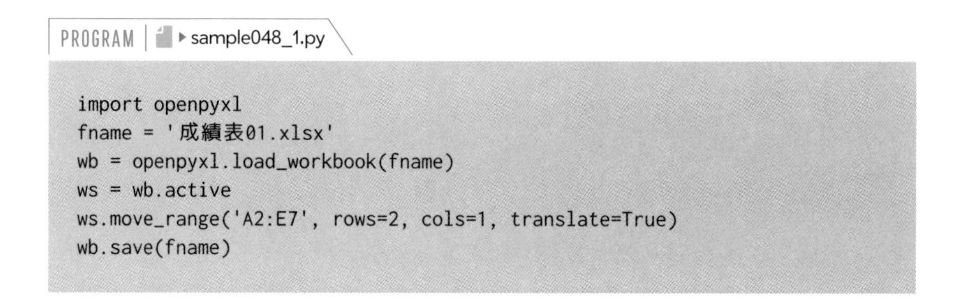

```
import openpyxl
fname = '成績表01.xlsx'
wb = openpyxl.load_workbook(fname)
ws = wb.active
ws.move_range('A2:E7', rows=2, cols=1, translate=True)
wb.save(fname)
```

ブック「成績表01.xlsx」

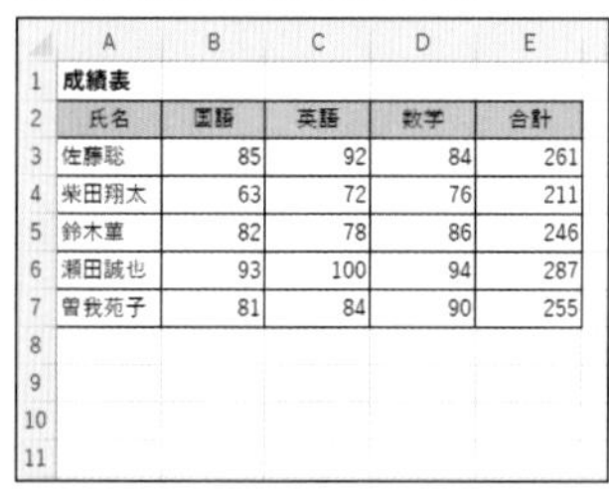

	A	B	C	D	E
1	成績表				
2	氏名	国語	英語	数学	合計
3	佐藤聡	85	92	84	261
4	柴田翔太	63	72	76	211
5	鈴木菫	82	78	86	246
6	瀬田誠也	93	100	94	287
7	曽我苑子	81	84	90	255
8					
9					
10					
11					

→

実行例

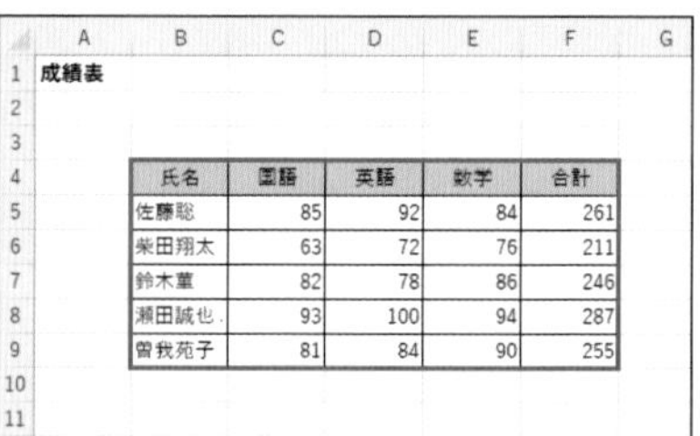

	A	B	C	D	E	F	G
1	成績表						
2							
3							
4		氏名	国語	英語	数学	合計	
5		佐藤聡	85	92	84	261	
6		柴田翔太	63	72	76	211	
7		鈴木菫	82	78	86	246	
8		瀬田誠也	93	100	94	287	
9		曽我苑子	81	84	90	255	
10							
11							

セル範囲の移動には、ワークシートを表すオブジェクトの「move_range」を使用します。第1引数に移動させたいセル範囲の参照を指定し、引数「rows」に移動させたい行数、引数「cols」に列数を指定します。また、数式セルの中のセル参照を、移動した位置に合わせて変化させたい場合は、引数「translate」にTrueを指定します。

□ セル参照を指定して移動する

移動先をセル参照で指定してセル範囲を移動させたい場合は、pywin32を使用します。移動先にはセル範囲の参照も指定できますが、その範囲の左上端のセルを指定するだけでも、自動的に同じ行数・列数の範囲に移動します。ここでは、前のプログラムで移動する前の状態の表を、セルC4を左上端とする範囲に移動させてみましょう。

PROGRAM | ▸sample048_2.py

```
import os
import win32com.client
pname = os.path.dirname(__file__)
fname = os.path.join(pname, '成績表01.xlsx')
xlApp = win32com.client.Dispatch('Excel.Application')
wb = xlApp.Workbooks.Open(fname)
ws = wb.ActiveSheet
ws.Range('A2:E7').Cut(Destination=ws.Range('C4'))
wb.Close(SaveChanges=True)
xlApp.Quit()
```

実行例

	A	B	C	D	E	F	G	H
1	成績表							
2								
3								
4			氏名	国語	英語	数学	合計	
5			佐藤聡	85	92	84	261	
6			柴田翔太	63	72	76	211	
7			鈴木董	82	78	86	246	
8			瀬田誠也	93	100	94	287	
9			曽我苑子	81	84	90	255	
10								
11								

対象のブックを開き、そのアクティブシートの移動元のセル範囲を表すオブジェクトを取得して、その「Cut」でセル範囲を移動できます。移動先は、引数「Destination」に、やはりセルを表すオブジェクトとして指定します。数式のセル参照も、移動先に応じて自動的に変化します。

セル範囲のデータをクリアしよう

セル範囲のデータをクリアする機能は、openpyxlには用意されていません。データを消去するだけなら、セルに空白を入力するという操作によって実現できます。書式も含めてクリアしたい場合は、やはりpywin32を利用する方法が簡単です。

□ セル範囲の値をクリアする

ここでは、ブック「メンバー情報06.xlsx」のアクティブシートのセル範囲E3:E10の値だけをクリアします。

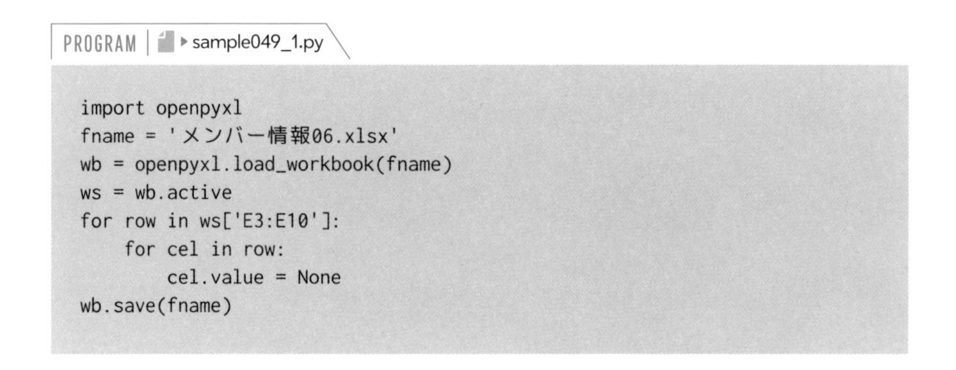

PROGRAM | sample049_1.py

```
import openpyxl
fname = 'メンバー情報06.xlsx'
wb = openpyxl.load_workbook(fname)
ws = wb.active
for row in ws['E3:E10']:
    for cel in row:
        cel.value = None
wb.save(fname)
```

ブック「メンバー情報06.xlsx」

	A	B	C	D	E
1	プロジェクト参加メンバー情報				
2					
3	社員ID	氏名	年齢	所属	作業班
4	P0043TS	海老原圭太	41	事業企画部	企画Bチーム
5	P0025TS	青田勝弘	37	製品企画部	企画Aチーム
6	P0876TS	大谷浩平	35	システム部	制作Bチーム
7	P1031TS	上原久仁子	33	経営管理部	制作Aチーム
8	P0328TS	石田清美	28	システム部	企画Aチーム
9	P1160TS	神田早苗	26	製品企画部	企画Aチーム
10	P1252TS	北原翔一	24	システム部	企画Cチーム
11					

→

実行例

B	C	D	E
加メンバー情報			
氏名	年齢	所属	
圭太	41	事業企画部	
弘	37	製品企画部	
平	35	システム部	
仁子	33	経営管理部	
美	28	システム部	
苗	26	製品企画部	
一	24	システム部	

指定したセル範囲を対象としたfor文で、各行を変数rowに代入して、以降の処理を繰り返します。さらに、その各行を対象としたfor文で、各セルを変数celに代入して繰り返しを実行し、その各セルの値にNoneを代入して、すべてのセルの値を消去しています。

□ セル範囲の書式ごとクリアする

セル範囲の書式ごとクリアするには、やはりpywin32を使用するのが簡単な方法です。

PROGRAM | sample049_2.py

```
import os
import win32com.client
pname = os.path.dirname(__file__)
fname = os.path.join(pname, 'メンバー情報06.xlsx')
xlApp = win32com.client.Dispatch('Excel.Application')
wb = xlApp.Workbooks.Open(fname)
ws = wb.ActiveSheet
ws.Range('E3:E10').Clear()
wb.Close(SaveChanges=True)
xlApp.Quit()
```

実行例

	A	B	C	D	E	F
1	プロジェクト参加メンバー情報					
2						
3	社員ID	氏名	年齢	所属		
4	P0043TS	海老原圭太	41	事業企画部		
5	P0025TS	青田勝弘	37	製品企画部		
6	P0876TS	大谷浩平	35	システム部		
7	P1031TS	上原久仁子	33	経営管理部		
8	P0328TS	石田清美	28	システム部		
9	P1160TS	神田早苗	26	製品企画部		
10	P1252TS	北原翔一	24	システム部		
11						

対象のブックのアクティブシートの対象のセル範囲を取得して、その「Clear」で書式ごとクリアできます。なお、pywin32でセルの値だけをクリアしたい場合は「Clear」の代わりに「ClearContents」を、書式だけをクリアしたい場合は「ClearFormats」を使用します。

指定した行を非表示にしよう

ワークシート内の一部の情報をユーザーの目から隠しておきたい場合、行または列単位で非表示にすることができます。ここでは、openpyxlを使用して、指定した行や列を非表示にする方法を紹介します。

指定した行を隠す

ここでは、ブック「メンバー情報07.xlsx」のアクティブシートの4行目を非表示にします。

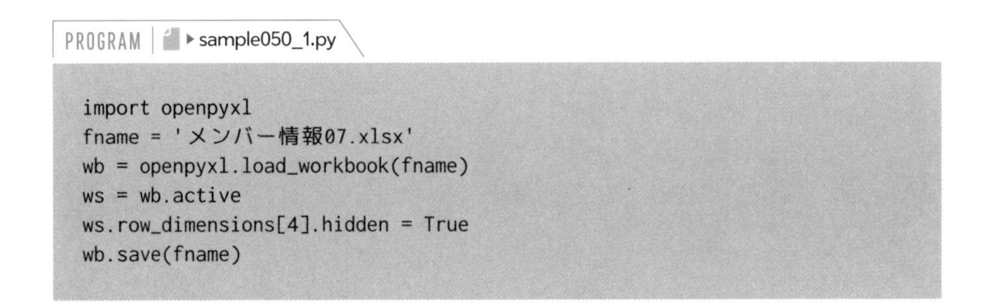

PROGRAM ▶sample050_1.py

```
import openpyxl
fname = 'メンバー情報07.xlsx'
wb = openpyxl.load_workbook(fname)
ws = wb.active
ws.row_dimensions[4].hidden = True
wb.save(fname)
```

ブック「メンバー情報07.xlsx」

	A	B	C	D	E
1	プロジェクト参加メンバー情報				
2					
3	社員ID	氏名	年齢	所属	作業班
4	P0043TS	海老原圭太	41	事業企画部	企画Bチーム
5	P0025TS	青田勝弘	37	製品企画部	企画Aチーム
6	P0876TS	大谷浩平	35	システム部	制作Bチーム
7	P1031TS	上原久仁子	33	経営管理部	制作Aチーム
8	P0328TS	石田清美	28	システム部	企画Aチーム
9	P1160TS	神田早苗	26	製品企画部	企画Aチーム
10	P1252TS	北原翔一	24	システム部	企画Cチーム
11					

→

実行例

	A	B	C	D
1	プロジェクト参加メンバー情報			
2				
3	社員ID	氏名	年齢	所属
5	P0025TS	青田勝弘	37	製品企画部
6	P0876TS	大谷浩平	35	システム部
7	P1031TS	上原久仁子	33	経営管理部
8	P0328TS	石田清美	28	システム部
9	P1160TS	神田早苗	26	製品企画部
10	P1252TS	北原翔一	24	システム部
11				
12				

対象のブックのアクティブシートを取得し、その「row_dimensions」にインデックスとして行番号を指定し、その「hidden」にTrueを設定することで、指定した行を非表示にすることができます。非表示の行を再表示するには、このTrueの部分をFalseにします。

なお、行ではなく列を非表示にしたい場合は、「row_dimensions」の部分を「column_dimensions」に変えます。インデックスには列番号を指定しますが、数値ではなく「A」「B」「C」…といった文字列で指定します。

□ 複数の行を非表示にする

連続した複数の行を非表示にするには、繰り返し処理を使用します。次の例は、4～7行目を非表示にするプログラムです。

PROGRAM ▶sample050_2.py

```
import openpyxl
fname = 'メンバー情報07.xlsx'
wb = openpyxl.load_workbook(fname)
ws = wb.active
for i in range(4, 8):
    ws.row_dimensions[i].hidden = True
wb.save(fname)
```

実行例

	A	B	C	D	E	F
1	プロジェクト参加メンバー情報					
2						
3	社員ID	氏名	年齢	所属	作業班	
8	P0328TS	石田清美	28	システム部	企画Aチーム	
9	P1160TS	神田早苗	26	製品企画部	企画Aチーム	
10	P1252TS	北原翔一	24	システム部	企画Cチーム	
11						
12						
13						
14						
15						

for文でrange関数を使用し、4から7までの連続する番号を変数iに収めて以降の処理を繰り返します。各繰り返しでは、row_dimensionsのインデックスにこの変数iを指定することで、そのすべての行を非表示にします。

なお、連続しない複数の行を非表示にしたい場合は、このプログラムの「range(4, 8)」の部分に、その各行の番号を要素とするリストを指定します。たとえば、4、6、8行を非表示にしたい場合は、「[4, 6, 8]」のように指定すればOKです。

空白のセルや行・列を挿入しよう

ワークシートに空白の行や列を挿入したい場合、openpyxlにもそのための方法が用意されています。ただし、その方法では、セル単位の挿入ができなかったり、数式のセル参照が変化しなかったりする問題があります。ここではpywin32を使う方法を紹介します。

□ 空白セルを挿入する

ブック「メンバー情報08.xlsx」のアクティブシートのセル範囲D5:E6に空白セルを挿入し、元のセル範囲のデータは下方向へずらします。

ブック「メンバー情報08.xlsx」

プロジェクト参加メンバー情報

社員ID	氏名	年齢	所属	作業班
P0043TS	海老原圭太	41	事業企画部	企画Bチーム
P0025TS	青田勝弘	37	製品企画部	企画Aチーム
P0876TS	大谷浩平	35	システム部	制作Bチーム
P1031TS	上原久仁子	33	経営管理部	制作Aチーム
P0328TS	石田清美	28	システム部	企画Aチーム
P1160TS	神田早苗	26	製品企画部	企画Aチーム
P1252TS	北原翔一	24	システム部	企画Cチーム

PROGRAM | sample051_1.py

```
import os
import win32com.client
pname = os.path.dirname(__file__)
fname = os.path.join(pname, 'メンバー情報08.xlsx')
xlApp = win32com.client.Dispatch('Excel.Application')
wb = xlApp.Workbooks.Open(fname)
ws = wb.ActiveSheet
ws.Range('D5:E6').Insert(Shift=-4121)
wb.Close(SaveChanges=True)
xlApp.Quit()
```

実行例

	A	B	C	D	E	F	G
1	**プロジェクト参加メンバー情報**						
2							
3	社員ID	氏名	年齢	所属	作業班		
4	P0043TS	海老原圭太	41	事業企画部	企画Bチーム		
5	P0025TS	青田勝弘	37				
6	P0876TS	大谷浩平	35				
7	P1031TS	上原久仁子	33	製品企画部	企画Aチーム		
8	P0328TS	石田清美	28	システム部	制作Bチーム		
9	P1160TS	神田早苗	26	経営管理部	制作Aチーム		
10	P1252TS	北原翔一	24	システム部	企画Aチーム		
11				製品企画部	企画Aチーム		
12				システム部	企画Cチーム		
13							
14							

pywin32をインポートして対象のブックを開き、そのアクティブシートのセル範囲を表すオブジェクトを取得して、その「Insert」で、その位置に空白セルを挿入します。挿入によってずれる方向は、引数Shiftに-4121を指定すると下方向、-4161を指定すると右方向です。この引数を省略した場合、対象範囲の行数が列数以上なら下方向、列数未満なら右方向になります。ここでは下方向へずらし、ブックを上書き保存してExcelを終了します。

なお、行単位、列単位のRangeオブジェクトを対象にInsertで挿入を実行すると、その位置に空白行や空白列が挿入されます。この場合、ずれる方向はそれぞれ行方向・列方向に決まっているので、引数Shiftの指定は必要ありません。たとえば、前のプログラムの「ws.Range('D5:E6').Insert(Shift=-4121)」の部分を次の2行に変更すると、列範囲C:Dに空白列が、行範囲5:7に空白行が、それぞれ挿入されます。

PROGRAM | sample051_2.py(一部)

```
ws.Columns('C:D').Insert()
ws.Rows('5:7').Insert()
```

セルや行・列を削除しよう

ワークシートの行や列を削除する操作も、やはりopenpyxlで実行可能ですが、やや問題があります。ここではpywin32を使用して、セル単位、行単位、列単位で削除を実行する方法を紹介しましょう。

□ セルを削除する

ブック「メンバー情報09.xlsx」のアクティブシートのセル範囲B5:D7を削除し、下側のセル範囲をその位置にずらしてきます。

ブック「メンバー情報09.xlsx」

プロジェクト参加メンバー情報

社員ID	氏名	年齢	所属	作業班
P0043TS	海老原圭太	41	事業企画部	企画Bチーム
P0025TS	青田勝弘	37	製品企画部	企画Aチーム
P0876TS	大谷浩平	35	システム部	制作Bチーム
P1031TS	上原久仁子	33	経営管理部	制作Aチーム
P0328TS	石田清美	28	システム部	企画Aチーム
P1160TS	神田早苗	26	製品企画部	企画Aチーム
P1252TS	北原翔一	24	システム部	企画Cチーム

この部分を削除する

PROGRAM ▶sample052_1.py

```
import os
import win32com.client
pname = os.path.dirname(__file__)
fname = os.path.join(pname, 'メンバー情報09.xlsx')
xlApp = win32com.client.Dispatch('Excel.Application')
wb = xlApp.Workbooks.Open(fname)
ws = wb.ActiveSheet
ws.Range('B5:D7').Delete(Shift=-4162)
wb.Close(SaveChanges=True)
xlApp.Quit()
```

実行例

	A	B	C	D	E	F
1	プロジェクト参加メンバー情報					
2						
3	社員ID	氏名	年齢	所属	作業班	
4	P0043TS	海老原圭太	41	事業企画部	企画Bチーム	
5	P0025TS	石田清美	28	システム部	企画Aチーム	
6	P0876TS	神田早苗	26	製品企画部	制作Bチーム	
7	P1031TS	北原翔一	24	システム部	制作Aチーム	
8	P0328TS				企画Aチーム	
9	P1160TS				企画Aチーム	
10	P1252TS				企画Cチーム	
11						
12						

pywin32をインポートして対象のブックを開き、そのアクティブシートのセル範囲を表すオブジェクトを取得して、「Delete」でそのセル範囲を削除します。削除によってセル範囲がずれる方向は、引数Shiftに-4162を指定すると下から、-4159を指定すると右からになり、ここでは下から上方向にずらしています。この引数を省略した場合、対象範囲の列数が行数以上なら下から、行数未満なら右からになります。削除の実行後、ブックを上書き保存してExcelを終了します。

なお、対象のセルを行単位や列単位で指定することで、その行全体や列全体を削除できます。この場合は、Deleteの引数Shiftの指定も不要です。たとえば、前のプログラムの「ws.Range('B5:D7').Delete(Shift=-4162)」の部分を次のように変更すると、B〜C列と7行目が削除されます。インデックスの指定は、1行または1列だけなら数値で指定することも可能です。

PROGRAM | sample052_2.py(一部)

```
ws.Columns('B:C').Delete()
ws.Rows(7).Delete()
```

この例とは逆に、3列目の1列だけを削除するなら「Columns(3)」、2〜4行の3行分を削除するなら「Rows('2:4')」のように指定します。

Excelデータを Pythonで計算しよう

Excelでは数式でさまざまな計算が行えますが、Pythonでブックのデータを処理している場合、数値計算にもPythonを使用した方が効率的な場面もあります。ここではまず、Excelの表のデータを取り出して処理する基本的な手順を解説します。

□ 各生徒の成績を辞書形式で取り出す

ブック「成績表02.xlsx」のアクティブシートの表部分のデータを、Pythonの「辞書」形式で取り出し、print関数で出力しましょう。辞書の各要素のキーを各生徒の氏名とし、その値を全科目の点数のリストにします。

ブック「成績表02.xlsx」

	A	B	C	D	E	F	G	H
1	成績表							
2								
3	氏名	国語	英語	数学	理科	社会		
4	佐藤聡	85	92	84	79	81		
5	柴田翔太	63	72	76	58	80		
6	鈴木菫	82	78	86	90	84		
7	瀬田誠也	93	100	94	93	92		
8	曽我苑子	81	84	90	86	78		
9	高橋達也	92	95	100	95	90		
10								

PROGRAM ▸ sample053_1.py

```
import openpyxl
wb = openpyxl.load_workbook('成績表02.xlsx')
ws = wb.active
vdic = {}
for row in ws.iter_rows(min_row=4):
    vdic[row[0].value] = [cel.value for cel in row[1:]]
print(vdic)
```

実行例

```
==== RESTART: C:¥Users¥clayh¥Documents¥Works¥ExcelPython¥3章作例¥sample053_1.py
===
{'佐藤聡': [85, 92, 84, 79, 81], '柴田翔太': [63, 72, 76, 58, 80], '鈴木董': [82
, 78, 86, 90, 84], '瀬田誠也': [93, 100, 94, 93, 92], '曽我苑子': [81, 84, 90, 8
6, 78], '高橋達也': [92, 95, 100, 95, 90]}
>>>
```

これまでと同様の手順でブック「成績表02.xlsx」のアクティブシートを取得し、その4行目以降の各行を変数rowに代入して、処理を繰り返します。各行のデータを収める変数vdicには、あらかじめ空の辞書「{}」を代入して初期化しておきます。

各繰り返しでは、変数vdicに要素を追加していきます。その辞書にもともと存在しないキーを指定して値を代入することで、辞書に要素を追加できます。ここで追加するキーに指定しているのは、変数rowに代入された行にインデックスとして0を指定して取り出した1番目の要素、つまり氏名のデータです。

一方、追加する値としては、まず「row[1:]」という指定で変数rowの2番目以降のすべての要素を指定します。その前の「for cel in」がこのすべての要素についての繰り返しを表し、その前の「cel.value」で各セルの値を取り出します。この全体を「[ ]」で囲むことで、取り出された各セルの値のリストが作成されます。このような書き方を「リスト内包表記」といいます。

ワークシートの入力済みの最終行までこの処理を繰り返した後、その時点での辞書のデータをprint関数で出力します。なお、この表での科目数は5つですが、このようなコードの書き方をした場合、科目数がこれより多くても少なくても問題ありません。

各生徒の合計点を求める

次に、辞書の値として、各生徒の全科目の点数のリストではなく、その合計を求めて代入するプログラムを紹介します。

PROGRAM | sample053_2.py

```
import openpyxl
wb = openpyxl.load_workbook('成績表02.xlsx')
ws = wb.active
vdic = {}
for row in ws.iter_rows(min_row=4):
    vdic[row[0].value] = sum([cel.value for cel in row[1:]])
print(vdic)
```

実行例

```
==== RESTART: C:¥Users¥clayh¥Documents¥Works¥ExcelPython¥3章作例¥sample053_2.py
===
{'佐藤聡': 421, '柴田翔太': 349, '鈴木董': 420, '瀬田誠也': 472, '曽我苑子': 419
, '高橋達也': 472}
>>>
```

各点数をリストとして取り出すところまでは、前の例と同じです。そのリストをそのままsum関数の引数に指定することで、その要素である数値の合計を求めています。なお、この例では、表の2列目以降はすべて数値データであるという前提です。

□ 各科目の点数を辞書形式で取り出す

前の例では、成績表からデータを横方向に取り出し、各生徒の点数として辞書形式のデータにしました。ここでは、科目ごとのデータにするため、成績表から縦方向にデータを取り出します。

PROGRAM | ▸ sample053_3.py

```python
import openpyxl
wb = openpyxl.load_workbook('成績表02.xlsx')
ws = wb.active
vdic = {}
for col in ws.iter_cols(min_col=2, min_row=3):
    vdic[col[0].value] = [cel.value for cel in col[1:]]
print(vdic)
```

実行例

```
==== RESTART: C:¥Users¥clayh¥Documents¥Works¥ExcelPython¥3章作例¥sample053_3.py
===
{'国語': [85, 63, 82, 93, 81, 92], '英語': [92, 72, 78, 100, 84, 95], '数学': [8
4, 76, 86, 94, 90, 100], '理科': [79, 58, 90, 93, 86, 95], '社会': [81, 80, 84,
92, 78, 90]}
>>>
```

プログラムの全体的な流れは、各生徒の点数を取り出すプログラムとほとんど同じです。for文でiter_rowsの代わりに「iter_cols」を使用することで、ワークシートから列単位でセル範囲を取得し、以降の処理を繰り返すことができます。iter_colsでは、引数min_colに2を、引数min_rowに3を指定することで、2列目・3行目以降のデータ入力済みのセル範囲からデータを取り出し、各科目名をキー、その科目のすべての生徒の点数のリストを値とする辞書に代入して、print関数で出力します。

□ 各科目の平均点を求める

最後に、科目ごとの平均点を求めて辞書の各要素の値に代入し、この辞書のデータを出力してみましょう。

PROGRAM | ▶sample053_4.py

```
import openpyxl
wb = openpyxl.load_workbook('成績表02.xlsx')
ws = wb.active
vdic = {}
for col in ws.iter_cols(min_col=2, min_row=3):
    vdic[col[0].value] = sum([cel.value for cel in col[1:]]) /len(col[1:])
print(vdic)
```

実行例

```
==== RESTART: C:¥Users¥clayh¥Documents¥Works¥ExcelPython¥3章作例¥sample053_4.py
===
{'国語': 82.66666666666667, '英語': 86.83333333333333, '数学': 88.33333333333333
, '理科': 83.5, '社会': 84.16666666666667}
>>>
```

各生徒の全教科の合計点として、行ごとの数値の合計をsum関数で求めたのと同様に、列単位のリストの数値の合計をsum関数で求めます。また、この列の2行目以降の要素数をlen関数で求め、合計を要素数で割っています。

Excelデータを Pythonで集計しよう

前の例で、辞書形式で取り出したデータから、さらにさまざまな集計結果を求めてみましょう。複数の数値の中の最大値や最小値はExcelの数式でも求めることが可能ですが、ここではPythonのプログラムでこれらの値を求める方法を紹介します。

□ 各生徒の合計点の最大値を求める

前項のプログラム「sample053_2.py」では、ブック「成績表02.xlsx」から各生徒の合計点を求め、そのすべてを辞書形式で出力しました。ここでは、同じブック（画面は省略）を対象に、算出した合計点の中で最も高い点数と、その生徒の名前を出力します。

PROGRAM | ▸ sample054_1.py

```
import openpyxl
wb = openpyxl.load_workbook('成績表02.xlsx')
ws = wb.active
vdic = {}
for row in ws.iter_rows(min_row=4):
    vdic[row[0].value] = sum([cel.value for cel in row[1:]])
    mv = max(vdic.values())
    top = [k for k, v in vdic.items() if v == mv]
print(f'最高点:{mv}')
print(f'第1位:{top[0]}')
```

実行例

```
==== RESTART: C:¥Users¥clayh¥Documents¥Works¥ExcelPython¥3章作例¥sample054_1.py
===
最高点：472
第1位：瀬田誠也
>>>
```

生徒名と全科目の合計点を辞書形式で取り出し、変数vdicに収めるところまでは、プログラム「sample053_2.py」と同様です。その辞書の値だけを「vdic.values()」で取り出し、max関数でその最大値を求めて、変数mvに収めます。

「[k for k, v in vdic.items() if v == mv]」の部分もリスト内包表記です。変数vdicのitemsで、各要素のキーと値のタプルを取り出し、キーを変数kに、値を変数vに収めて、forによる繰り返しをします。ifの部分で変数vの値が変数mv、つまり最大値に等しいかどうかを判定し、Trueの場合のみ、そのキー、つまり生徒名をリストに追加していきます。最高点を取った生徒が複数いた場合は、その全員の名前がリストに追加されます。このリストを、変数topに代入します。

そして、print関数で、まずf文字列を使って最高点を出力します。次に、変数topにインデックスとして「0」を指定してリストの1番目の要素を取り出し、やはりprint関数でf文字列を使って出力しています。

なお、最高点を取った生徒が複数いた場合も、このプログラムでは1番目の生徒の名前だけが出力されます。すべての生徒名を出力したい場合は、リストのすべての要素を結合し、出力すればよいでしょう。

PROGRAM | ▶sample054_2.py

```
import openpyxl
wb = openpyxl.load_workbook('成績表02.xlsx')
ws = wb.active
vdic = {}
for row in ws.iter_rows(min_row=4):
    vdic[row[0].value] = sum([cel.value for cel in row[1:]])
    mv = max(vdic.values())
    top = [k for k, v in vdic.items() if v == mv]
    tops = '、'.join(top)
print(f'最高点:{mv}')
print(f'第1位:{tops}')
```

実行例

```
==== RESTART: C:¥Users¥clayh¥Documents¥Works¥ExcelPython¥3章作例¥sample054_2.py
===
最高点：472
第1位：瀬田誠也、高橋達也
>>>
```

ここでは、「、」を対象とするjoinメソッドで、「、」を区切り文字としてすべての生徒名を結合しています。

pandasを使って統計データを求めよう

ここでは、外部ライブラリのpandasを使用して、Excelのデータから各種の統計データを求める例を紹介していきます。やはりExcel内部の数式でも求めることが可能ですが、プログラムの中で各種の分析を行う際に、こうした機能を覚えておくと便利です。

□ pandasを使って統計データを取得する

外部ライブラリのpandasでは、Excelブックを直接読み込んで、データフレーム(DataFrame)という形式のデータとして処理できます。このデータフレームから、各種の統計データを簡単に求められます。pandasは外部ライブラリなので、使用するにはあらかじめpipでインストールしておく必要があります(P.83参照)。

コマンド

```
py -m pip install pandas
```

ここでは、前項と同じ「成績表02.xlsx」(画面は省略)の1番目のワークシートをデータフレームとして読み込み、そのまま表示させてみましょう。

PROGRAM | ▶sample055_1.py

```
import pandas as pd
fname = '成績表02.xlsx'
edata = pd.read_excel(fname, index_col=0, sheet_name=0, skiprows=2)
print(edata)
```

実行例

```
==== RESTART: C:¥Users¥clayh¥Documents¥Works¥ExcelPython¥3章作例¥sample055_1.py
===
      国語  英語  数学  理科  社会
氏名
佐藤聡   85   92   84   79   81
柴田翔太  63   72   76   58   80
鈴木董   82   78   86   90   84
瀬田誠也  93  100   94   93   92
曽我苑子  81   84   90   86   78
高橋達也  92   95  100   95   90
>>>
```

最初にpandasをインポートし、「pd」という名前で使えるようにします。その「read_excel」で、第1引数に指定したExcelブックからデータを読み込みます。引数「index_col」では行見出しにする列を指定し、0は1列目、この例では表の「氏名」列を表します。引数「sheet_name」はワークシートの指定で、0から始まるインデックス、またはシート名の文字列で指定します。1番目のワークシートは「0」で表します。引数「skiprows」は除外する先頭からの行数を表し、ここでは「2」、つまり先頭から3行目までを除外しています。

以上の指定で読み込まれたデータはpandasのデータフレーム形式になります。ここではprint関数でそれをそのまま表示しています。

□ 各種の統計データを表示する

読み込んだデータフレームのデータについては、簡単に各種の統計データを求めることができます。たとえば、列ごとのデータ数を調べたいときは「count()」、平均を求めたいときは「mean()」を使用します。

PROGRAM ▶ sample055_2.py

```
import pandas as pd
fname = '成績表02.xlsx'
edata = pd.read_excel(fname, index_col=0, sheet_name=0, skiprows=2)
print(edata.count())
print(edata.mean())
```

実行例

```
==== RESTART: C:¥Users¥clayh¥Documents¥Works¥ExcelPython¥3章作例¥sample055_2.py
===
国語    6
英語    6
数学    6
理科    6
社会    6
dtype: int64
国語    82.666667
英語    86.833333
数学    88.333333
理科    83.500000
社会    84.166667
dtype: float64
>>>
```

pandasのデータフレームは辞書型のデータなので、インデックスにキーを指定することでその値を取り出せます。たとえば、数学の平均点を取り出すには次のようにします。

PROGRAM ▸ sample055_3.py

```
import pandas as pd
fname = '成績表02.xlsx'
edata = pd.read_excel(fname, index_col=0, sheet_name=0, skiprows=2)
emean = edata.mean()
print(emean['数学'])
```

実行例

```
==== RESTART: C:¥Users¥clayh¥Documents¥Works¥ExcelPython¥3章作例¥sample055_3.py
===
88.33333333333333
>>>
```

各種の統計データをまとめて表示したいときは「describe()」が利用できます。列ごとのデータ数と平均に加えて、標準偏差（std）、最小値（min）、四分位数の各位置の値（25%、50%、75%）、最大値（max）が求められます。

PROGRAM ▸ sample055_4.py

```
import pandas as pd
fname = '成績表02.xlsx'
edata = pd.read_excel(fname, index_col=0, sheet_name=0, skiprows=2)
print(edata.describe())
```

実行例

```
==== RESTART: C:¥Users¥clayh¥Documents¥Works¥ExcelPython¥3章作例¥sample055_4.py
===
              国語          英語          数学         理科          社会
count   6.000000    6.000000    6.000000   6.000000   6.000000
mean   82.666667   86.833333   88.333333  83.500000  84.166667
std    10.856642   10.703582    8.334667  13.722245   5.671567
min    63.000000   72.000000   76.000000  58.000000  78.000000
25%    81.250000   79.500000   84.500000  80.750000  80.250000
50%    83.500000   88.000000   88.000000  88.000000  82.500000
75%    90.250000   94.250000   93.000000  92.250000  88.500000
max    93.000000  100.000000  100.000000  95.000000  92.000000
>>>
```

表の見栄えも大事!
Excelのセル書式を設定しよう

セルのフォントの書式を設定しよう

ここではまず、特定のセルに入力されたデータのフォント(文字)の書式をPythonで変更するプログラムを紹介します。表全体のタイトルはフォントを変えてフォントサイズを拡大し、列見出しの各セルは太字にします。

□ 表のタイトルのフォントを変更する

ブック「注文記録04.xlsx」のアクティブシートを処理対象とします。表のタイトルが入力されたセルA1のフォントを「メイリオ」に、フォントサイズを「14」に変更します。

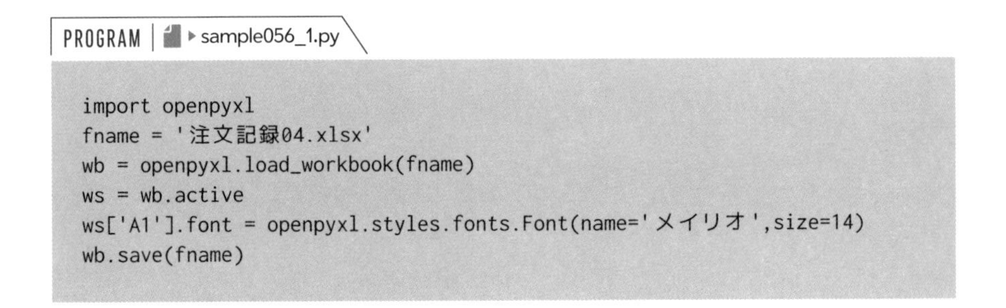

PROGRAM | sample056_1.py

```
import openpyxl
fname = '注文記録04.xlsx'
wb = openpyxl.load_workbook(fname)
ws = wb.active
ws['A1'].font = openpyxl.styles.fonts.Font(name='メイリオ',size=14)
wb.save(fname)
```

ブック「注文記録04.xlsx」

	A	B	C	D	E
1	注文記録1月分				
2					
3	日付	時刻	商品名	価格	数量
4	2022/1/4	10:50	海鮮セットA	2500	3
5	2022/1/4	11:26	加工肉セットC	3000	1
6	2022/1/4	15:23	海鮮セットB	3200	2
7	2022/1/5	12:23	加工肉セットB	2800	2
8	2022/1/5	13:46	海鮮セットC	3400	1
9					

実行例

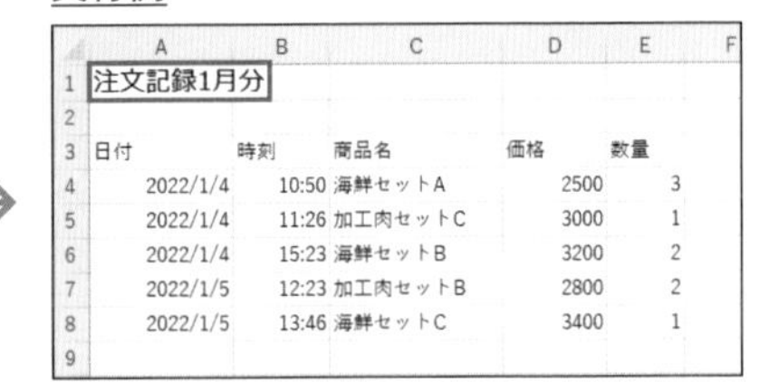

	A	B	C	D	E
1	注文記録1月分				
2					
3	日付	時刻	商品名	価格	数量
4	2022/1/4	10:50	海鮮セットA	2500	3
5	2022/1/4	11:26	加工肉セットC	3000	1
6	2022/1/4	15:23	海鮮セットB	3200	2
7	2022/1/5	12:23	加工肉セットB	2800	2
8	2022/1/5	13:46	海鮮セットC	3400	1
9					

openpyxlで、セルを表すオブジェクトの「font」に、「Font」クラスから作成したオブジェクトを代入することで、そのセルのフォントの設定を変更することが可能です。Fontクラスは、「openpyxl.styles.fonts.Font」という形で利用できます。その引数「name」にフォント名を表す文字列を、引数「size」にフォントサイズを表す数値を指定して、セルA1のフォントの書式を変更します。

□ 見出し行のフォントの設定を変更する

ブック「注文記録04.xlsx」のアクティブシートで、表の列見出しが入力されたセル範囲A3:E3の各セルの文字を青い太字にします。

PROGRAM | ▶ sample056_2.py

```
import openpyxl
from openpyxl.styles import Font
fname = '注文記録04.xlsx'
wb = openpyxl.load_workbook(fname)
ws = wb.active
fnt = Font(color='0000FF', bold=True)
for cel in ws['A3:E3'][0]:
    cel.font = fnt
wb.save(fname)
```

実行例

	A	B	C	D	E	F
1	注文記録1月分					
2						
3	**日付**	**時刻**	**商品名**	**価格**	**数量**	
4	2022/1/4	10:50	海鮮セットA	2500	3	
5	2022/1/4	11:26	加工肉セットC	3000	1	
6	2022/1/4	15:23	海鮮セットB	3200	2	
7	2022/1/5	12:23	加工肉セットB	2800	2	
8	2022/1/5	13:46	海鮮セットC	3400	1	
9						

今回は、Fontクラスはopenpyxlから指定するのではなく、最初にFontクラス自体をインポートして、コード中での指定を簡潔にしています。

また、フォントの設定を表すオブジェクトは、あらかじめFontクラスから作成して変数fntに代入しておきます。その引数「color」で文字色を、引数「bold」にTrueを指定することで太字を設定しています。文字色に設定しているのは、RGB値を表す16進数を、文字列として指定した値です。RGB値とは色の表現方法の1つで、R（赤）、G（緑）、B（青）の3色にそれぞれ0～255の値を設定し、組み合わせたものです。ここでは、その組み合わせを1つの値で表しています。

for文の繰り返し処理で、セル範囲A3:E3の各セルのfontにこのフォント設定のオブジェクトを代入することで、その書式を設定します。

セルの塗りつぶしの色を設定しよう

ここでは、セルの塗りつぶしの色の設定をしましょう。まず、表の見出し行の各セルに、濃いめの色を設定します。さらに、表のデータ行を対象に、1行おきで、各セルに薄めの塗りつぶしの色を設定していきます。

▫ 見出し行のセルの色を変更する

ここでは、ブック「注文記録05.xlsx」のアクティブシートの表部分の見出し行であるセル範囲A3:E3の塗りつぶしの色を変更するプログラムを作成します。塗りつぶしのパターン(模様)を設定することも可能ですが、ここでは単色の塗りつぶしで、色を明るい青に設定しています。

ブック「注文記録05.xlsx」

	A	B	C	D	E	F
1	注文記録1月分					
2						
3	日付	時刻	商品名	価格	数量	
4	2022/1/4	10:50	海鮮セットA	2500	3	
5	2022/1/4	11:26	加工肉セットC	3000	1	
6	2022/1/4	15:23	海鮮セットB	3200	2	
7	2022/1/5	12:23	加工肉セットB	2800	2	
8	2022/1/5	13:46	海鮮セットC	3400	1	
9						

PROGRAM | ▸sample057_1.py

```
import openpyxl
from openpyxl.styles import PatternFill
fname = '注文記録05.xlsx'
wb = openpyxl.load_workbook(fname)
ws = wb.active
pfil = PatternFill(patternType='solid', fgColor='00BFFF')
for cel in ws['A3:E3'][0]:
    cel.fill = pfil
wb.save(fname)
```

実行例

	A	B	C	D	E	F
1	注文記録1月分					
2						
3	日付	時刻	商品名	価格	数量	
4	2022/1/4	10:50	海鮮セットA	2500	3	
5	2022/1/4	11:26	加工肉セットC	3000	1	
6	2022/1/4	15:23	海鮮セットB	3200	2	
7	2022/1/5	12:23	加工肉セットB	2800	2	
8	2022/1/5	13:46	海鮮セットC	3400	1	
9						

openpyxlでは、セルを表すオブジェクトの「fill」に、「PatternFill」クラスから作成したオブジェクトを代入することで、そのセルの塗りつぶしの設定を変更できます。

ここでは、最初にopenpyxlとは別に、PatternFillクラス自体をインポートしています。その引数「patternType」に「solid」を指定することで、単色の塗りつぶしの設定になります。塗りつぶしのパターンを設定したい場合は、この引数に、「solid」の代わりに「darkDown」「darkGrid」「darkHorizontal」「darkTrellis」「darkUp」「darkVertical」「gray0625」「gray125」「lightDown」「lightGray」「lightHorizontal」といった文字列を指定します。各文字列がそれぞれどのようなパターンを表しているかは、英単語の意味からもある程度推測できますが、確認したい場合は実際に設定してみてください。

また、引数「fgColor」には、塗りつぶしの色のRGB値を表す文字列(16進数)を指定します。引数patternTypeにsolodを指定した場合はこの指定だけでいいのですが、それ以外のパターンを指定した場合は、引数「bgColor」でパターンの色を指定できます。

ここでは、あらかじめ単色の青い青を表すPatternFillクラスのオブジェクトを変数pfilに代入し、表の見出し部分の各セルを対象とした繰り返し処理で、このpfilを各セルのfillに設定しています。

▫ 1行おきに色を設定する

同じブック「注文記録05.xlsx」のアクティブシートで、表のデータ行の部分にも塗りつぶしの色を設定していきましょう。すべての行に同じ色を設定することももちろん可能ですが、ここでは1行おきに色を設定し、各行の区切りをわかりやすくします。具体的には、行番号が奇数のセルにだけ、単色のやや薄い青を、背景色として設定します。

PROGRAM | ▸sample057_2.py

```
import openpyxl
from openpyxl.styles import PatternFill
fname = '注文記録05.xlsx'
wb = openpyxl.load_workbook(fname)
ws = wb.active
pfil = PatternFill(patternType='solid', fgColor='E0FFFF')
for i, row in enumerate(ws.iter_rows(min_row=4)):
```

```
    if i % 2 == 1:
        for cel in row:
            cel.fill = pfil
wb.save(fname)
```

実行例

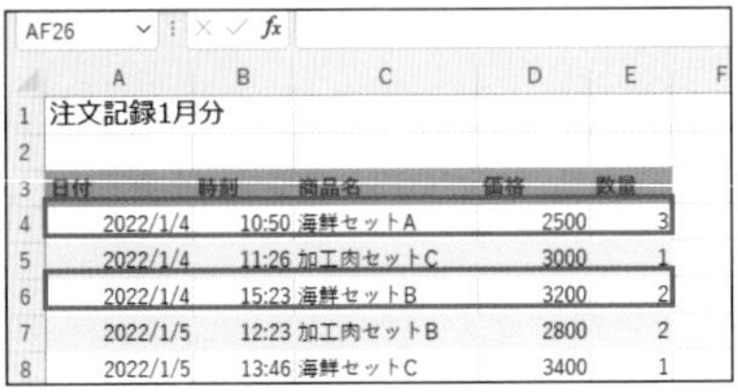

AF26

	A	B	C	D	E
1	注文記録1月分				
2					
3	日付	時刻	商品名	価格	数量
4	2022/1/4	10:50	海鮮セットA	2500	3
5	2022/1/4	11:26	加工肉セットC	3000	1
6	2022/1/4	15:23	海鮮セットB	3200	2
7	2022/1/5	12:23	加工肉セットB	2800	2
8	2022/1/5	13:46	海鮮セットC	3400	1

色を設定する処理自体は前の例と同様ですが、今回はアクティブシートの4行目以降を対象とした行単位の繰り返しで、enumerate関数を使って、各行を表すオブジェクトを変数rowに、繰り返しの回を表す番号(初期値は0)を変数iにそれぞれ収め、繰り返しの処理を実行しています。

各繰り返しでは、その変数iの値を2で割った余りが1、つまり奇数だった場合のみ、その行の各セルを対象とした繰り返しを実行します。各セルに対する繰り返しの処理では、あらかじめ設定して変数pfilに収めた薄い青を、セルの背景色に設定しています。

COLUMN

セルにテーマの色を設定する

Excelの通常の操作で背景色などを設定する場合、メニューに表示される色の一覧では、「赤」などの特定の色よりも「テーマの色」がメインになっています。テーマの色とは、「背景」や「テキスト」、「アクセント」といった名前と番号によって表される色の組み合わせのことで、その配色はブックに設定されたテーマによって決まります。

セルの背景色をテーマの色で設定したい場合は、「Color」クラスを使用します。ここではsample057_2.pyと同様のプログラムに、まず次のようなインポート文を追加します。

PROGRAM | ▸sample057_3.py(部分)

```
from openpyxl.styles.colors import Color
```

このColorクラスからオブジェクトを作成し、その引数「theme」にテーマの番号を、引数「tint」に濃淡を表すパーセンテージ(1以下の小数)を指定します。そして、PatternFillクラスからオブジェクトを作成し、引数「fgColor」にそのオブジェクトを指定します。

PROGRAM | ▸sample057_3.py(部分)

```
c = Color(theme=4, tint=0.8)
pfil = PatternFill(patternType='solid', fgColor=c)
```

セルの表示形式を設定しよう

「表示形式」の設定では、数式バーに表示されるセルの実際の値とは別に、セル上での見え方を設定できます。ここでは、セルに入力済みの日付や時刻、金額のデータに対して、Pythonで表示形式を設定してみましょう。

▫日付と時刻の表示形式を設定する

Excelの日付データの基本形は「2022/1/4」のような形式、また時刻・時間データの基本形は「10:50:00」のような形式です。ここでいう基本形とは、これらのデータが入力されたセルを選択したとき、数式バーに表示される形式のことです。セルに表示形式を設定することによって、こうした日付や時刻・時間データを、さまざまな形式で表すことが可能です。

ここでは、ブック「注文記録06.xlsx」のアクティブシートの日付データを「2022年1月4日」、時刻データを「10時50分」のような形式で、それぞれ表示させましょう。

ブック「注文記録06.xlsx」

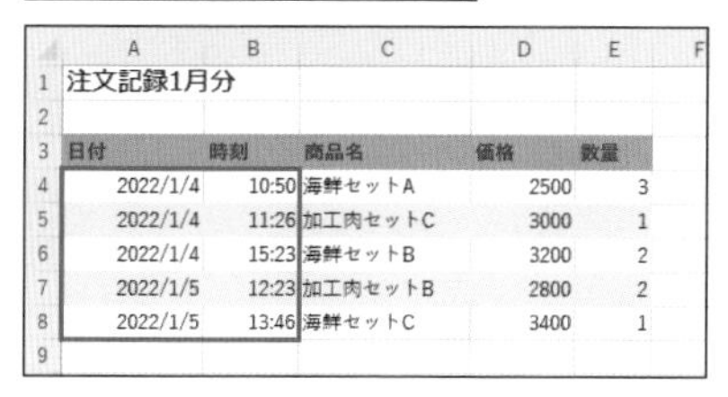

	A	B	C	D	E
1	注文記録1月分				
2					
3	日付	時刻	商品名	価格	数量
4	2022/1/4	10:50	海鮮セットA	2500	3
5	2022/1/4	11:26	加工肉セットC	3000	1
6	2022/1/4	15:23	海鮮セットB	3200	2
7	2022/1/5	12:23	加工肉セットB	2800	2
8	2022/1/5	13:46	海鮮セットC	3400	1
9					

PROGRAM ｜ ▶sample058_1.py

```
import openpyxl
fname = '注文記録06.xlsx'
wb = openpyxl.load_workbook(fname)
ws = wb.active
for row in ws.iter_rows(min_row=4):
    row[0].number_format = 'yyyy年m月d日'
    row[1].number_format = 'h時m分'
wb.save(fname)
```

実行例

	A	B	C	D	E	F
1	注文記録1月分					
2						
3	日付	時刻	商品名	価格	数量	
4	2022年1月4日	10時50分	海鮮セットA	2500	3	
5	2022年1月4日	11時26分	加工肉セットC	3000	1	
6	2022年1月4日	15時23分	海鮮セットB	3200	2	
7	2022年1月5日	12時23分	加工肉セットB	2800	2	
8	2022年1月5日	13時46分	海鮮セットC	3400	1	
9						

セルの表示形式は、「セルの書式設定」ダイアログボックスの「表示形式」タブで、「分類」で「ユーザー定義」を選んだ時に「種類」欄に表示される書式記号で表すことができます。表示形式をopenpyxlで設定する場合、セルを表すオブジェクトの「number_format」にその書式記号を指定します。

ここでは、対象のブックのアクティブシートの4行目以降を対象に繰り返しを実行し、各行の1列目のセルに「yyyy年m月d日」、2列目のセルに「h時m分」という書式記号で表される表示形式を、それぞれ設定しています。

openpyxlの一般的な方法で、表示形式が「標準」のセルにデータを入力した場合、日付データは「2022-01-06」のような、時刻データは「14:42:00」のような表示形式が、それぞれ自動的に設定されます(P.106参照)。プログラムの中で日付や時刻を入力した場合は、対象のセルの表示形式を設定する操作も、合わせて記述しておくとよいでしょう。

▫通貨の表示形式を設定する

表示形式は、日付や時刻だけでなく、数値や文字列などのデータに対しても設定可能です。特に数値に関しては、負の数の表示方法や桁取りのカンマの有無、通貨記号の表示など、さまざまな書式のバリエーションがあります。

しかし、「¥」などの記号を含む通貨の書式は、内容によっては、前の例の設定方法では、表示形式をうまく設定できない場合があります。たとえば、一見、普通に「¥」が付いた形式のように見えても、設定画面で確認すると「!¥」などのようになっており、標準の「通貨」形式とは別の設定になります。ここでは、別の方法で表示形式を設定します。

PROGRAM | sample058_2.py

```
import openpyxl
from openpyxl.styles.numbers import builtin_format_code
fname = '注文記録06.xlsx'
wb = openpyxl.load_workbook(fname)
ws = wb.active
for row in ws.iter_rows(min_row=4):
    row[3].number_format = builtin_format_code(6)
wb.save(fname)
```

実行例

	A	B	C	D	E	F
1	注文記録1月分					
2						
3	日付	時刻	商品名	価格	数量	
4	2022年1月4日	10時50分	海鮮セットA	¥2,500	3	
5	2022年1月4日	11時26分	加工肉セットC	¥3,000	1	
6	2022年1月4日	15時23分	海鮮セットB	¥3,200	2	
7	2022年1月5日	12時23分	加工肉セットB	¥2,800	2	
8	2022年1月5日	13時46分	海鮮セットC	¥3,400	1	
9						

組み込みの表示形式（下のコラム参照）については、number_formatに各設定の順番を表す「builtin_format_code」のオブジェクトを代入する形で、セルの表示形式を変更することが可能です。ここではインデックスとして「6」を指定することで、7番目の組み込み書式記号である「¥#,##0;[赤]¥-#,##0」を設定します。アクティブシートの4行目以降の行を対象とした繰り返し処理で、「価格」列を表す4番目の列の各セルに対し、この表示形式を設定しています。

COLUMN

組み込みの表示形式

ここでは「builtin_format_code(6)」と指定して、組み込みの表示形式の7番目である通貨形式を設定しています。「builtin_format_code」の戻り値は文字列なので、具体的にどのような書式文字列なのかを調べることもできます。IDLEなどで「builtin_format_code(6)」の値を調べると、「'"$"#,##0_);[Red]("$"#,##0)'」という文字列であることがわかります。これは英語圏用の設定値なので、通貨記号などが日本語版Excelとは異なっていますが、ロケールが判定されて、日本版の通貨形式で表されます。builtin_format_codeをインポートしなくても、number_formatの設定値として直接この書式文字列を指定すれば、通貨の表示形式を設定できるわけです。
同様に、「builtin_format_code(0)」では、「'General'」という書式文字列が求められます。これは、日本版の「標準」に相当します。

セル範囲の罫線を設定しよう

対象のセル範囲に、Pythonで罫線を設定してみましょう。openpyxlで設定する場合、やはり各セルに1つ1つ罫線の書式を設定していきます。ここでは、表部分の先頭の見出し行と、それ以降の行で、それぞれ異なる罫線を設定する手順を紹介します。

□行に応じた罫線を設定する

ブック「注文記録07.xlsx」のアクティブシートの表部分の各セルに、罫線を設定していきます。表部分の1行目（見出し行）の上下には中太で濃い青の罫線、2行目以降には下側に細くやや明るい青の罫線を設定します。上側には上の行の下側として罫線が設定されているため、結果的に上下に罫線が設定されます。水平方向のみで、垂直方向の罫線は設定しません。

PROGRAM ▶ sample059_1.py

```
import openpyxl
from openpyxl.styles.borders import Border, Side
fname = '注文記録07.xlsx'
wb = openpyxl.load_workbook(fname)
ws = wb.active
sd1 = Side(style='medium', color='00008B')
sd2 = Side(style='thin', color='0000FF')
for i, row in enumerate(ws.iter_rows(min_row=3)):
    for cel in row:
        if i == 0:
            cel.border = Border(top=sd1, bottom=sd1)
        else:
            cel.border = Border(bottom=sd2)
wb.save(fname)
```

ブック「注文記録07.xlsx」

注文記録1月分

日付	時刻	商品名	価格	数量
2022年1月4日	10時50分	海鮮セットA	¥2,500	3
2022年1月4日	11時26分	加工肉セットC	¥3,000	1
2022年1月4日	15時23分	海鮮セットB	¥3,200	2
2022年1月5日	12時23分	加工肉セットB	¥2,800	2
2022年1月5日	13時46分	海鮮セットC	¥3,400	1

→

実行例

注文記録1月分

日付	時刻	商品名	価格	数量
2022年1月4日	10時50分	海鮮セットA	¥2,500	3
2022年1月4日	11時26分	加工肉セットC	¥3,000	1
2022年1月4日	15時23分	海鮮セットB	¥3,200	2
2022年1月5日	12時23分	加工肉セットB	¥2,800	2
2022年1月5日	13時46分	海鮮セットC	¥3,400	1

openpyxlで罫線を設定する場合、まず罫線の書式を引数として、「Side」クラスからオブジェクトを作成します。そして、このSideオブジェクトを「Border」クラスの引数としてセルの各辺に指定し、作成されたオブジェクトをセルの「border」に代入することで、そのセルの罫線が設定されます。

Sideクラスからオブジェクトを作成する際、引数styleに線種を指定します。線種は次のような文字列で指定します。

線種	指定文字列	線種	指定文字列
標準の実線	thin	破線	dashed
中太の実線	medium	点線	dot
太い実線	thick	一点鎖線	dashdot
極細の実線（ヘアライン）	hair	二点鎖線	dashdotdot
		二重線	double

また、引数colorでは、16進数のカラーコードで線の色を指定します。

ここでは、まずSideクラスで、中太で濃い青の書式を表すオブジェクトを作成し、変数sd1に代入します。さらに、Sideクラスで、標準の太さの明るい青の書式を表すオブジェクトを作成し、変数sd2に代入します。

for文でこのシートの3行目以降を繰り返し処理し、enumerate関数でその各繰り返しの回数を変数iに代入します。その各行で、さらに各セルを変数celに代入し、セルごとの繰り返し処理を実行します。変数iで表される繰り返しの順番が0、つまり1回目かそうでないかを判定し、いずれの場合も、各セルにBorderクラスで罫線の書式を設定します。1回目の繰り返しだった場合は、Borderクラスの引数topとbottomにともに変数sd1を指定することで、セルの上辺と下辺に罫線を設定します。2回目以降だった場合は、Borderクラスの引数bottomに変数sd2を指定し、下辺の罫線のみを設定しています。なお、ここでは設定していませんが、セルの左辺の罫線を設定したい場合はBorderクラスの引数leftに、右辺の罫線を設定したい場合は引数rightにSideオブジェクトを指定します。

右揃えや中央揃えを設定しよう

ここでは、セルの中のデータの文字の配置をPythonで設定する手順を紹介します。openpyxlで文字の配置を変更する場合は、必ず横位置と縦位置を同時に指定する必要があります。ここでは、表の行見出しと日付のセルの文字配置を変更してみましょう。

□セル内の文字の配置を設定する

ブック「注文記録08.xlsx」のアクティブシートの表の見出し行の各セルの横位置を中央揃え、縦位置を下揃えに変更します。また、日付が入力されたセル範囲A4:A8の各セルの横位置を右揃え、縦位置を中央揃えで表示させます。

なお、この例では、セル内の縦位置の変更がわかりやすくなるように、行の高さを少し広げています。

PROGRAM | sample060_1.py

```
import openpyxl
from openpyxl.styles import Alignment
fname = '注文記録08.xlsx'
wb = openpyxl.load_workbook(fname)
ws = wb.active
for i, row in enumerate(ws.iter_rows(min_row=3)):
    if i == 0:
        for cel in row:
            cel.alignment = Alignment(horizontal='center', ⮐
                                      vertical='bottom')
    else:
        row[0].alignment = Alignment(horizontal='left', ⮐
                                     vertical='center')
wb.save(fname)
```

ブック「注文記録08.xlsx」

	A	B	C	D	E
1	注文記録1月分				
2					
3	日付	時刻	商品名	価格	数量
4	2022年1月4日	10時50分	海鮮セットA	¥2,500	3
5	2022年1月4日	11時26分	加工肉セットC	¥3,000	1
6	2022年1月4日	15時23分	海鮮セットB	¥3,200	2
7	2022年1月5日	12時23分	加工肉セットB	¥2,800	2
8	2022年1月5日	13時46分	海鮮セットC	¥3,400	1
9					

→

実行例

	A	B	C	D	E
1	注文記録1月分				
2					
3	日付	時刻	商品名	価格	数量
4	2022年1月4日	10時50分	海鮮セットA	¥2,500	3
5	2022年1月4日	11時26分	加工肉セットC	¥3,000	1
6	2022年1月4日	15時23分	海鮮セットB	¥3,200	2
7	2022年1月5日	12時23分	加工肉セットB	¥2,800	2
8	2022年1月5日	13時46分	海鮮セットC	¥3,400	1
9					

for文でenumerate関数を使用して、繰り返しの番号を変数iに代入し、ワークシートの3行目以下の各行を表すオブジェクトを変数rowに代入して、以降の処理を繰り返します。if文で変数iが0かどうか、つまり表の1行目かどうかを判定し、Trueの場合はさらにfor文でその各セルを変数celに収め、以降の処理を繰り返します。

セル内の文字の配置は、openpyxlのstylesの「Alignment」クラスから作成されるオブジェクトを、対象のセルのalignmentに代入することで設定できます。Alignmentクラスの引数「horizontal」には横位置を、引数「vertical」には縦位置を、それぞれ文字列で指定します。これらの指定に使用できる文字列には、以下のようなものがあります。

指定値	横位置の設定
general	標準
left	左揃え
center	中央揃え
right	右揃え
fill	繰り返し
justiy	両端揃え
centercontinuous	範囲内で中央
distributed	均等割り付け

指定値	縦位置の設定
top	上揃え
center	中央揃え
bottom	下揃え
justify	両端揃え
distributed	均等割り付け

このとき、どちらかの指定を省略すると、省略したほうも自動的に設定されます。たとえば、縦位置の指定を省略した場合は、自動的に下揃えになります。初期値である上下中央揃えのままにしておきたいのであれば、必ず縦位置まで指定しましょう。

変数iの値が0でなかった場合、つまり表の1行目でなかった場合は、各行の1番目のセル、つまり日付のセルのみ、横位置を左揃え、縦位置を中央揃えに設定しています。

折り返して全体を表示しよう

セルに入力された文字列が、そのセルの幅よりも長くなった場合に、折り返して2行以上で表示するPythonのプログラムについて解説します。また、自動的にセルの幅に収まるサイズに文字サイズを縮小して表示する方法についてもここで紹介します。

□ 折り返して全体を表示する

ブック「営業所情報03.xlsx」のアクティブシートの表では、「住所」列の文字列がセルの幅よりも長くなっています。はみ出した分は、右側の列に別のデータが入力されているため隠れています。この「住所」列の文字列を、折り返して2行で表示させてみましょう。

ブック「営業所情報03.xlsx」

	A	B	C	D
1	営業所一覧			
2				
3	営業所名	住所	代表者氏名	
4	池袋営業所	東京都豊島区池袋1-00-0	笠井克洋	
5	練馬営業所	東京都練馬区練馬2-00-0	北川恭平	
6	清瀬営業所	東京都清瀬市中里3-00-0	倉田久美子	
7	所沢営業所	埼玉県所沢市並木4-00-0	剣崎啓太郎	
8	入間営業所	埼玉県入間市豊岡5-00-0	小林浩介	
9				

PROGRAM | sample061_1.py

```
import openpyxl
from openpyxl.styles import Alignment
fname = '営業所情報03.xlsx'
wb = openpyxl.load_workbook(fname)
ws = wb.active
for cel in ws['B4:B8']:
    cel[0].alignment = Alignment(wrapText=True, vertical='center')
wb.save(fname)
```

実行例

	A	B	C	D
1	営業所一覧			
2				
3	営業所名	住所	代表者氏名	
4	池袋営業所	東京都豊島区池袋1-00-001	笠井克洋	
5	練馬営業所	東京都練馬区練馬2-00-002	北川恭平	
6	清瀬営業所	東京都清瀬市中里3-00-003	倉田久美子	
7	所沢営業所	埼玉県所沢市並木4-00-004	剣崎啓太郎	
8	入間営業所	埼玉県入間市豊岡5-00-005	小林浩介	
9				

対象のブックを開き、そのアクティブシートのセル範囲B4:B8に対し、繰り返し処理を実行します。繰り返しは行単位なので、変数celにインデックスとして「0」を指定し、住所の各セルを表すオブジェクトを取り出します。そのalignmentに、Alignmentクラスの引数「wrapText」にTrueを指定して作成したオブジェクトを代入することで、セルの文字列を折り返して全体を表示できます。また、引数verticalの指定を省略すると自動的に下揃えになってしまうため、同時に上下中央揃えを指定しています。

なお、縮小して全体を表示したい場合は、各セルのalignmentに、Alignmentクラスの引数「shrinkToFit」にTrueを指定すれば設定できます。やはり縦位置が下揃えになるため、同時に上下中央揃えを設定します。上記のプログラムを実行する前の状態の「営業所情報03.xlsx」に、下記の部分を変更したプログラムを実行する例を示します。

PROGRAM | sample061_2.py

```
import openpyxl
from openpyxl.styles import Alignment
fname = '営業所情報03.xlsx'
wb = openpyxl.load_workbook(fname)
ws = wb.active
for cel in ws['B4:B8']:
    cel[0].alignment = Alignment(shrinkToFit=True, vertical='center')
```

実行例

	A	B	C	D
1	営業所一覧			
2				
3	営業所名	住所	代表者氏名	
4	池袋営業所	東京都豊島区池袋1-00-001	笠井克洋	
5	練馬営業所	東京都練馬区練馬2-00-002	北川恭平	
6	清瀬営業所	東京都清瀬市中里3-00-003	倉田久美子	
7	所沢営業所	埼玉県所沢市並木4-00-004	剣崎啓太郎	
8	入間営業所	埼玉県入間市豊岡5-00-005	小林浩介	
9				

複数のセルを結合しよう

長方形の形に並んだ複数のセルを結合して、1つのセルとしてデータを入力したり、書式を設定したりできます。Excelで見栄えを重視したビジネス文書を作成したいときに利用します。ここでは、Pythonのプログラムでセルを結合する方法を紹介しましょう。

□ セル範囲を結合する

セル範囲の結合は、データ管理や処理の効率性という観点からはおすすめできませんが、Excelでビジネス書類を見栄えよくレイアウトする必要があるときに設定します。

ここでは、ブック「見積明細書01.xlsx」のアクティブシートで、シート全体のタイトルや表の見出し部分などを、プログラムで結合していきましょう。また、見出し行については、併せて結合セル内の横位置やインデントの設定も行います。

ブック「見積明細書01.xlsx」

	A	B	C	D	E	F
1	見積明細書					
2						
3	番号	製品型番	単価	数量	金額	
4	1	BDF0120	¥120,000	1	¥120,000	
5	2	BDP4350	¥6,000	4	¥24,000	
6	3	XLD1040	¥1,200	10	¥12,000	
7	合計			15	¥156,000	
8						
9	備考					
10	納期：2022年2月10日　午前10時					
11	納入場所：貴社オフィス					
12						

PROGRAM | sample062_1.py

```
import openpyxl
from openpyxl.styles import Alignment
fname = '見積明細書01.xlsx'
wb = openpyxl.load_workbook(fname)
ws = wb.active
ws.merge_cells('A1:E1')
ws['A1'].alignment = Alignment(horizontal='center', vertical='center')
ws.merge_cells('A7:C7')
ws['A7'].alignment = Alignment(horizontal='right', indent=1, ⏎
                              vertical='center')
ws.merge_cells('A9:E9')
ws['A9'].alignment = Alignment(horizontal='center', vertical='center')
```

```
ws.merge_cells('A10:E10')
ws.merge_cells('A11:E11')
wb.save(fname)
```

実行例

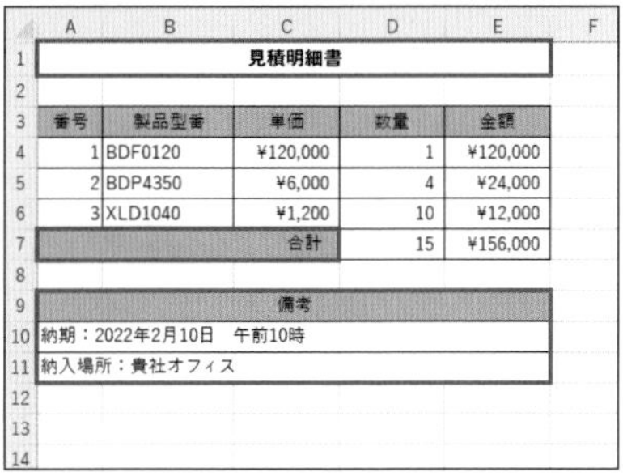

	A	B	C	D	E	F
1	見積明細書					
2						
3	番号	製品型番	単価	数量	金額	
4	1	BDF0120	¥120,000	1	¥120,000	
5	2	BDP4350	¥6,000	4	¥24,000	
6	3	XLD1040	¥1,200	10	¥12,000	
7	合計			15	¥156,000	
8						
9	備考					
10	納期：2022年2月10日　午前10時					
11	納入場所：貴社オフィス					
12						
13						
14						

ブック「見積明細書01.xlsx」を開き、そのアクティブシートを表すオブジェクトを変数wsに代入します。セル範囲の結合は、ワークシートを表すオブジェクトの「merge_cells」で、引数にセル範囲の参照を表す文字列を指定することで実行できます。

また、結合セルに対する書式の設定は、その範囲の先頭（左上端）のセルに対する設定として実行できます。ここではまずセル範囲A1:E1を結合し、さらにAlignmentクラスの設定で、このセル範囲を中央揃えにします。

次に、セル範囲A7:C7を結合し、Alignmentクラスでこの範囲を右揃えにします。その引数「indent」に「1」を指定することで、インデントレベルを1、つまり結合セルの右端を1段階空けた位置に文字を揃えます。

同様に、セル範囲A9:E9を結合して中央揃えにし、セル範囲A10:E10とセル範囲A11:E11もそれぞれ結合します。

行や列のサイズを変更しよう

各セルの幅や高さは個別に変更することはできず、必ずそのセルを含む列全体、行全体でサイズを変更します。ここでは、Pythonのプログラムで、連続した行をすべて同じ高さに変更し、さらに各列の幅を個別に変更します。

□ 行の高さを変更する

Excelの行の高さは、ポイント単位の数値で設定できます。

ブック「営業所情報04.xlsx」のアクティブシートで、1行目から入力済みの最後の行までのすべての高さを「24」に変更してみましょう。

PROGRAM | sample063_1.py

```
import openpyxl
fname = '営業所情報04.xlsx'
wb = openpyxl.load_workbook(fname)
ws = wb.active
for i, row in enumerate(ws.iter_rows()):
    ws.row_dimensions[i + 1].height = 24
wb.save(fname)
```

ブック「営業所情報04.xlsx」

営業所一覧

営業所名	住所	代表者氏名
池袋営業所	東京都豊島区池袋1-00-0	笠井克洋
練馬営業所	東京都練馬区練馬2-00-0	北川恭平
清瀬営業所	東京都清瀬市中里3-00-0	倉田久美子
所沢営業所	埼玉県所沢市並木4-00-0	剣崎啓太郎
入間営業所	埼玉県入間市豊岡5-00-0	小林浩介

→

実行例

営業所一覧

営業所名	住所	代表者氏名
池袋営業所	東京都豊島区池袋1-00-0	笠井克洋
練馬営業所	東京都練馬区練馬2-00-0	北川恭平
清瀬営業所	東京都清瀬市中里3-00-0	倉田久美子
所沢営業所	埼玉県所沢市並木4-00-0	剣崎啓太郎
入間営業所	埼玉県入間市豊岡5-00-0	小林浩介

対象のブックを開き、アクティブシートを表すオブジェクトを変数wsに代入して、その「iter_rows」で、データ入力済みのセル範囲を対象に、行単位での繰り返しを実行します。enumerate関数を使用することで、変数iにその繰り返しの回を表す番号が代入されます。ここではこの変数iの値のみ使用し、各行を表す変数rowは使用しません。

変数wsの「row_dimensions」で行の書式を設定できるオブジェクトを取得できます。インデックスには行番号を表す数値を指定しますが、変数iの最小値は0なので、1を加えて指定します。その「height」に値を代入して、行の高さを変更しています。

□ 列の幅を変更する

Excelの列の幅はポイント単位ではなく、標準フォントの0の幅を1とする独自の単位です。ここでは、列Aと列Cの幅を「11」に、列Bの幅を「26」に変更します。

PROGRAM | sample063_2.py

```
import openpyxl
fname = '営業所情報04.xlsx'
wb = openpyxl.load_workbook(fname)
ws = wb.active
ws.column_dimensions['A'].width = 11
ws.column_dimensions['B'].width = 26
ws.column_dimensions['C'].width = 11
wb.save(fname)
```

実行例

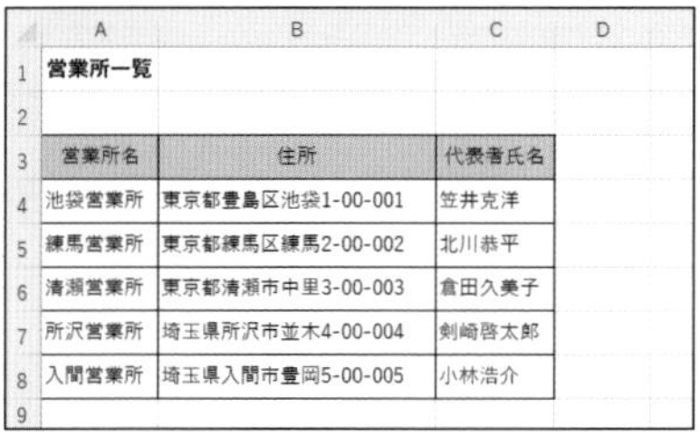

	A	B	C	D
1	営業所一覧			
2				
3	営業所名	住所	代表者氏名	
4	池袋営業所	東京都豊島区池袋1-00-001	笠井克洋	
5	練馬営業所	東京都練馬区練馬2-00-002	北川恭平	
6	清瀬営業所	東京都清瀬市中里3-00-003	倉田久美子	
7	所沢営業所	埼玉県所沢市並木4-00-004	剣崎啓太郎	
8	入間営業所	埼玉県入間市豊岡5-00-005	小林浩介	
9				

列の幅を設定するには、まずワークシートを表すオブジェクトの「column_dimensions」に、インデックスとして「A」などの列番号を指定し、列の設定を表すオブジェクトを取得します。その「width」に値を代入して、列の幅を変更しています。

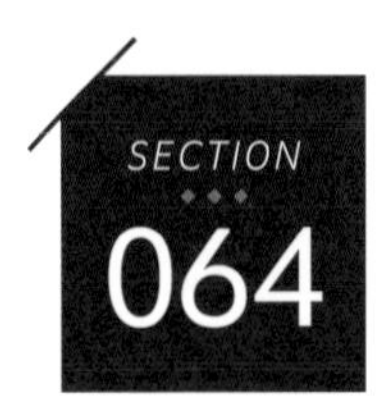

セルにスタイルを設定しよう

Excelには、セルのさまざまな書式の組み合わせが「スタイル」として登録されています。これをセルに適用することで、簡単にセルに同じ書式を設定できます。ここでは、Pythonで登録済みのスタイルを適用する方法を紹介します。

□ 既存のスタイルを適用する

Excelのセルには、必ず何らかのスタイルが設定されています。初期状態では、すべてのセルに「標準」というスタイルが設定されており、セルの基本的な書式は、この「標準」スタイルによるものです。それ以外にも、Excelには最初からさまざまなスタイルが用意されています。また、ユーザーが独自のスタイルを定義することも可能です。

ここでは、データだけを入力し、書式をまったく設定していない状態の「見積明細書02.xlsx」を対象に、まずセルA1に「タイトル」のスタイルを、openpyxlを使ったプログラムで適用してみましょう。

ブック「見積明細書02.xlsx」

	A	B	C	D	E	F
1	見積明細書					
2						
3	番号	製品型番	単価	数量	金額	
4	1	BDF0120	120000	1	120000	
5	2	BDP4350	6000	4	24000	
6	3	XLD1040	1200	10	12000	
7			合計	15	156000	
8						
9						

openpyxlのプログラムでは、セルを表すオブジェクトの「style」に、組み込みのスタイルを表す文字列を代入することで、そのスタイルを適用できます。ただし、次のようなプログラムでは問題が発生してしまいます。

PROGRAM ▶sample064_1.py

```
import openpyxl
fname = '見積明細書02.xlsx'
wb = openpyxl.load_workbook(fname)
ws = wb.active
ws['A1'].style = 'タイトル'
wb.save(fname)
```

このプログラムを実行すると、「タイトル」というスタイルが存在しないというメッセージが表示され、スタイルを適用できません。「標準」スタイルについてはそのままの文字列で指定できますが、それ以外のスタイルは同様にエラーになります。

実行例

```
>>>
==== RESTART: C:¥Users¥clayh¥Documents¥Works¥ExcelPython¥4章作例¥sample064_1.py
===
Traceback (most recent call last):
  File "C:¥Users¥clayh¥Documents¥Works¥ExcelPython¥4章作例¥sample064_1.py", line
 5, in <module>
    ws['A1'].style = 'タイトル'
  File "C:¥Users¥clayh¥AppData¥Local¥Programs¥Python¥Python310¥lib¥site-packages
¥openpyxl¥styles¥styleable.py", line 85, in __set__
    raise ValueError("{0} is not a known style".format(value))
ValueError: タイトル is not a known style
>>>
```

「標準」以外のスタイルは、英語のスタイル名で指定することで、セルへの適用が可能になります。上のプログラムの場合、次のようにすることで、セルA1に「タイトル」スタイルを適用できます。

PROGRAM | sample064_2.py

```
import openpyxl
fname = '見積明細書02.xlsx'
wb = openpyxl.load_workbook(fname)
ws = wb.active
ws['A1'].style = 'Title'
wb.save(fname)
```

実行例

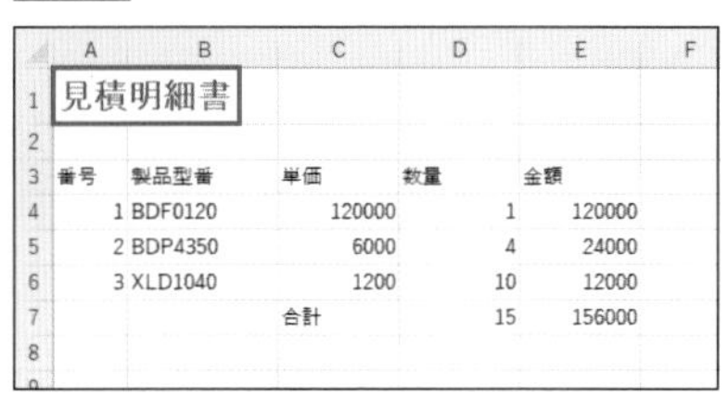

	A	B	C	D	E	F
1	見積明細書					
2						
3	番号	製品型番	単価	数量	金額	
4	1	BDF0120	120000	1	120000	
5	2	BDP4350	6000	4	24000	
6	3	XLD1040	1200	10	12000	
7			合計	15	156000	
8						

同様に、セル範囲A3:E3に「見出し3」、セル範囲C7:E7に「集計」の各スタイルを適用するプログラムは、次のようになります。

PROGRAM | sample064_3.py

```
import openpyxl
fname = '見積明細書02.xlsx'
wb = openpyxl.load_workbook(fname)
ws = wb.active
for cel in ws['A3:E3'][0]:
    cel.style = 'Headline 3'
for cel in ws['C7:E7'][0]:
    cel.style = 'Total'
wb.save(fname)
```

実行例

	A	B	C	D	E	F
1	見積明細書					
2						
3	番号	製品型番	単価	数量	金額	
4	1	BDF0120	120000	1	120000	
5	2	BDP4350	6000	4	24000	
6	3	XLD1040	1200	10	12000	
7			合計	15	156000	
8						
9						

「見出し 3」スタイルは「Headline 3」、「集計」スタイルは「Total」と指定します。セル範囲に一括で適用することはできないので、for文で、指定したセル範囲の1行目の各セルについて繰り返し処理を実行しています。

◻日本語のスタイル名で設定する

日本語のスタイル名が使えないのはやはりわかりにくいので、pywin32を使用して、日本語でスタイル名を指定する方法も紹介しておきましょう。pywin32であれば、セル範囲にまとめてスタイルを適用することも可能です。次のプログラムは、ここまで紹介してきたプログラムでスタイルを適用する前の状態のブック「見積明細書02.xlsx」に対して、各種のスタイルを適用する例です。

PROGRAM | ▶sample064_4.py

```
import os
import win32com.client
pname = os.path.dirname(__file__)
fname = os.path.join(pname, '見積明細書02.xlsx')
xlApp = win32com.client.Dispatch('Excel.Application')
wb = xlApp.Workbooks.Open(fname)
xlApp.Visible = True
ws = wb.ActiveSheet
ws.Range('A1').Style = 'タイトル'
ws.Range('A3:E3').Style = '見出し 3'
ws.Range('C7:E7').Style = '集計'
wb.Close(SaveChanges=True)
xlApp.Quit()
```

実行例

	A	B	C	D	E	F
1	見積明細書					
2						
3	番号	製品型番	単価	数量	金額	
4	1	BDF0120	120000	1	120000	
5	2	BDP4350	6000	4	24000	
6	3	XLD1040	1200	10	12000	
7			合計	15	156000	
8						
9						

Excelを起動してこのスクリプトファイルと同じフォルダーにある「見積明細書02.xlsx」を開き、Excelの「Visible」にTrueを設定してExcelのウィンドウを表示します。非表示のまま処理してもよいのですが、エラーが発生したときにExcelが隠れて起動している状態になるので、表示しておくことをおすすめします。そのアクティブシートを表すオブジェクトを変数wsに代入します。その「Range」に引数としてセル参照を表す文字列を指定して、そのセル（範囲）を表すオブジェクトを取得します。その「Style」に、スタイル名の文字列を代入することで、スタイルを適用することができます。

ここではさらにこのブックを保存して閉じ、Excelを終了していますが、ブックを開いたままでよければ最後の2行は削除します。

独自のスタイルを定義しよう

セルのスタイルは、Excelに最初から用意されているものだけでなく、ユーザーが独自に追加することも可能です。ここでは、独自の「データ」スタイルを定義して、表のデータ行の範囲に適用するPythonのプログラムを紹介しましょう。

□スタイルを作成して適用する

ブック「見積明細書03.xlsx」のアクティブシートのデータ行の範囲に、新規に作成した「データ」というスタイルを適用します。

ブック「見積明細書03.xlsx」

	A	B	C	D	E	F
1	見積明細書					
2						
3	番号	製品型番	単価	数量	金額	
4	1	BDF0120	120000	1	120000	
5	2	BDP4350	6000	4	24000	
6	3	XLD1040	1200	10	12000	
7			合計	15	156000	
8						
9						

新しいスタイル「データ」では、フォントを「Book Antiqua」に、フォントの色を濃い青にして、斜体を設定します。また、下辺の罫線として、やや明るい青の実線を設定します。

PROGRAM ▶sample065_1.py

```
import openpyxl
from openpyxl.styles import NamedStyle, Font
from openpyxl.styles.borders import Border, Side
fname = '見積明細書03.xlsx'
wb = openpyxl.load_workbook(fname)
xlApp.Visible = True
ws = wb.active
fnt = Font(name='Book Antiqua', color='000080', italic=True)
bdr = Border(bottom=Side(style='thin', color='00BFFF'))
nstl = NamedStyle(name='データ', font=fnt, border=bdr)
for row in ws['A4:E6']:
    for cel in row:
```

```
        cel.style = nstl
wb.save(fname)
```

実行例

	A	B	C	D	E	F
1	見積明細書					
2						
3	番号	製品型番	単価	数量	金額	
4	1	BDF0120	120000	1	120000	
5	2	BDP4350	6000	4	24000	
6	3	XLD1040	1200	10	12000	
7			合計	15	156000	
8						
9						

ユーザーが独自のスタイルを作成する場合は、NamedStyleクラスを使用します。その引数「name」で、まずスタイル名を指定します。さらに、引数「font」「fill」「border」「alignment」「number_format」「protection」で、それぞれフォント、塗りつぶし、罫線、配置、表示形式、保護に関する書式を指定します。そして、塗りつぶしの書式にはPatternFillクラス、配置の書式にはAlignmentクラスなど、これまでに紹介してきた書式設定のためのクラスを使用します。

ここでは、Fontクラスでフォント名とフォントの色、斜体を指定し、変数fntに収めます。また、Borderクラスで下辺の罫線の線種と色を指定し、変数bdrに収めます。これを引数として、NamedStyleクラスで「データ」という名前のスタイルを作成し、変数nstlに代入しています。

そして、セル範囲A4:E6を対象にまず行単位で繰り返し処理を実行します。各行ではさらに各セル単位で繰り返し処理を実行し、そのstyleに変数nstlに収められたセルのスタイルを代入することで、このスタイルを各セルに適用しています。

セルに条件付き書式を設定しよう

Excelの「条件付き書式」では、対象の範囲内で、条件を満たすセルの書式を自動的に変化させることができます。ここでは、Pythonのプログラムで、セルの値に応じて書式を変化させたり、セル内にデータバーを表示させたりする条件付き書式を設定します。

□指定値以上のルールを設定する

次のブック「成績表03.xlsx」のアクティブシートのセル範囲B4:D8を対象に、点数が90点以上だった場合はそのセルの数字を濃い青の太字で表示する条件付き書式を設定してみましょう。

ブック「成績表03.xlsx」

	A	B	C	D	E	F	G
1	成績表						
2							
3	氏名	国語	英語	数学	合計		
4	佐藤聡	85	92	84	261		
5	柴田翔太	63	72	76	211		
6	鈴木董	82	78	86	246		
7	瀬田誠也	93	100	94	287		
8	曽我苑子	81	84	90	255		
9							

openpyxlで基本的な条件付き書式を設定するには、各設定方法を引数によって指定できるRuleクラスを使用する方法と、「セルの値」専用のCellIsRuleクラスを使用する方法とがあります。ここでは、比較的シンプルに記述できる、CellIsRuleクラスを使用する方法を紹介します。

PROGRAM | ▶sample066_1.py

```
import openpyxl
from openpyxl.styles import Font
from openpyxl.formatting.rule import CellIsRule
fname = '成績表03.xlsx'
wb = openpyxl.load_workbook(fname)
ws = wb.active
fnt = Font(color='00008B', bold=True)
nrule = CellIsRule(operator='greaterThanOrEqual', formula=[90], ⏎
                   stopIfTrue=None, font=fnt)
ws.conditional_formatting.add('B4:D8', nrule)
```

```
wb.save(fname)
```

実行例

	A	B	C	D	E	F	G
1	**成績表**						
2							
3	氏名	国語	英語	数学	合計		
4	佐藤聡	85	**92**	84	261		
5	柴田翔太	63	72	76	211		
6	鈴木董	82	78	86	246		
7	瀬田誠也	**93**	**100**	**94**	287		
8	曽我苑子	81	84	**90**	255		
9							

条件付き書式は通常の書式とは異なり、セルの値を変更したり、参照しているセルの変更によって数式の結果が変わったりすると、自動的にその書式が変化します。

データを変更（参考例）

	A	B	C	D	E	F	G
1	**成績表**						
2							
3	氏名	国語	英語	数学	合計		
4	佐藤聡	85	**92**	84	261		
5	柴田翔太	63	72	76	211		
6	鈴木董	82	78	**90**	250		
7	瀬田誠也	**93**	**100**	**94**	287		
8	曽我苑子	81	84	89	254		
9							

条件に応じて変化する書式として、ここではフォントに関する書式を指定します。そのため、まず「Font」をインポートします。さらに、条件付き書式に関する機能として「formatting.rule」に含まれる「CellIsRule」をインポートしています。

これまでと同様の手順で対象のブックを開き、そのアクティブシートを表すオブジェクトを変数wsに収めます。

Fontで変化後のフォントの書式を指定して、変数fntに代入します。そして、CellIsRuleで条件付き書式の設定を定義し、その引数「font」に指定することで、変化する書式として設定できます。また、引数「operator」で条件の設定方法を、引数「formula」でその設定内容を指定します。引数operatorでは、次のような指定が可能です。

指定値	指定内容	指定値	指定内容
between	次の値の間	greaterThan	次の値より大きい
notBetween	次の値の間以外	lessThan	次の値より小さい
equal	次の値に等しい	greaterThanOrEqual	次の値以上
notEqual	次の値に等しくない	lessThanOrEqual	次の値以下

また、引数「formula」には、リストとして、2つまでの値を指定できます。

引数「stopIfTrue」は条件付き書式の「条件を満たす場合は停止」の設定に対応する指定で、Noneを指定した場合、この設定はオフです。オンにしたい場合はTrueを指定します。

ここでは変化する書式としてフォントの書式だけを指定しましたが、引数「border」で罫線の書式を、引数「fill」で塗りつぶしの書式を指定することも可能です。それぞれ、「Border」クラスや「PatternFill」クラスを使用して、書式を定義したオブジェクトを作成し、指定します。作成された「セルの値」のルールを表すオブジェクトを、変数nruleに代入します。

これを、ワークシートを表すオブジェクトの「conditional_formatting」の「add」で、条件付き書式として設定します。第1引数に設定対象のセル範囲の参照を表す文字列を、第2引数に変数nruleに代入したルールを指定しています。

▫データバーを設定する

ブック「成績表03.xlsx」のアクティブシートのセル範囲E4:E8を対象に、テストの合計点の大きさをセル内のバーで表す「データバー」を設定してみましょう。

データバーを設定するには、やはりRuleクラスを使用する方法と、専用のDataBarRuleクラスを使用する方法があります。ここでは比較的シンプルなDataBarRuleクラスを使用する方法を紹介します。

PROGRAM | sample066_2.py

```
import openpyxl
from openpyxl.formatting.rule import DataBarRule
fname = '成績表03.xlsx'
wb = openpyxl.load_workbook(fname)
ws = wb.active
nrule = DataBarRule(start_type='num', start_value=0, ⏎
                    end_type='num', end_value=300, ⏎
                    color='00FFFF', ⏎
                    minLength=0, maxLength=100)
ws.conditional_formatting.add('E4:E8', nrule)
wb.save(fname)
```

実行例

	A	B	C	D	E	F	G
1	**成績表**						
2							
3	氏名	国語	英語	数学	合計		
4	佐藤聡	85	**92**	84	261		
5	柴田翔太	63	72	76	211		
6	鈴木菫	82	78	86	246		
7	瀬田誠也	**93**	**100**	**94**	287		
8	曽我苑子	81	84	**90**	255		
9							

DataBarRuleクラスでデータバーのルールを作成し、やはり変数nruleに代入します。その引数「start_type」にはデータバーの最小値の種類を、引数「end_type」には最大値の種類を、それぞれ文字列で指定します。指定できる文字列は次の表の通りです。

指定値	指定内容	指定値	指定内容
min	最小値	percent	パーセント
max	最大値	formula	数式
num	数値	percentile	百分位

引数「start_value」に最小値を、引数「end_value」に最大値を指定します。引数「color」にはデータバーの色を指定します。また、引数「minLength」にはデータバーの開始位置（左端の場合は0）を、引数「maxLength」にはデータバーの終了位置（右端の場合は100）をそれぞれ数値で指定します。

そして、やはりconditional_formattingのaddで対象の範囲を設定します。

同様に、条件付き書式のアイコンセットを設定したい場合は「IconSetRule」クラス、カラースケールを設定したい場合は「ColorScaleRule」クラスが利用できます。

データの入力規則を設定しよう

「データの入力規則」では、対象の各セルに入力できるデータの種類や範囲を制限することができます。また、対象のセルを選択したときや、不適切な値が入力されたときのメッセージもそれぞれ設定可能です。これらの設定をするプログラムを紹介します。

▫ 入力可能なデータを制限する

ブック「注文記録09.xlsx」のアクティブシートのセル範囲E4:E9に、1～5の整数しか入力できないように、プログラムでデータの入力規則を設定します。また、不適切な値が入力された場合に表示するメッセージ（エラーメッセージ）の内容も指定しておきます。さらに、この範囲のセルを選択したとき、簡単な説明（入力時メッセージ）も表示されるように設定しましょう。

ブック「注文記録09.xlsx」

	A	B	C	D	E	F
1	注文記録1月分					
2						
3	日付	時刻	商品名	価格	数量	
4	2022/1/4	10:50	海鮮セットA	2500	3	
5	2022/1/4	11:26	加工肉セットC	3000	1	
6	2022/1/4	15:23	海鮮セットB	3200	2	
7	2022/1/5	12:23	加工肉セットB	2800	2	
8	2022/1/5	13:46	海鮮セットC	3400	1	
9	2022/1/6	10:17	海鮮セットB	3200		
10						

PROGRAM ▸sample067_1.py

```
import openpyxl
from openpyxl.worksheet.datavalidation import DataValidation
fname = '注文記録09.xlsx'
wb = openpyxl.load_workbook(fname)
ws = wb.active
dv = DataValidation(type='whole', operator='between', ⏎
                    formula1=1, formula2=5)
dv.errorTitle = '注文数の問題'
dv.error = '注文できるのは5個までです。'
dv.promptTitle = '注文数入力'
dv.prompt = '注文数を入力してください。'
dv.add('E4:E9')
ws.add_data_validation(dv)
wb.save(fname)
```

データの入力規則の機能を使用するために、openpyxlの「worksheet.datavalidation」から「DataValidation」をインポートします。そして、これまでと同様の手順でブックを開き、アクティブシートを取得して、変数wsに収めます。

DataValidationクラスでデータの入力規則の設定を表すオブジェクトを作成し、変数dvに収めます。引数「type」には入力値の種類を表す文字列を指定します。指定可能な文字列には、次のようなものがあります。

指定値	指定内容
whole	整数
decimal	小数点数
list	リスト
date	日付

指定値	指定内容
time	時刻
textLength	文字列（長さ指定）
custom	ユーザー設定

引数「operator」で、データの範囲の指定方法を表す文字列を指定します。指定できる文字列は、P.187で紹介した条件付き書式で使用可能な文字列と同様です。そして、その指定方法に基づいて指定する値を、引数「formula1」と「formula2」に指定します。指定方法が「次の値以上」などの場合、引数formula1だけを指定すればOKで、引数formula2の指定は不要です。

変数dvに代入した、データの入力規則の設定を表すオブジェクトの「errorTitle」でエラーメッセージのタイトルを、「error」でエラーメッセージを指定します。また、「promptTitle」で、入力時メッセージのタイトルを、「prompt」で入力時メッセージを指定します。

このオブジェクトの「add」に、引数としてセル範囲の参照を表す文字列を指定することで、設定対象の範囲を指定します。ただし、この時点ではまだデータの入力規則は設定されていません。ワークシートを表すオブジェクトの「add_data_validation」に、引数としてこの変数dvを指定することで、このデータの入力規則が設定されます。

このプログラムを実行後、対象のセルE9を選択すると、入力時メッセージが次のように表示されます。

対象セルを選択

	A	B	C	D	E
1	注文記録1月分				
2					
3	日付	時刻	商品名	価格	数量
4	2022/1/4	10:50	海鮮セットA	2500	3
5	2022/1/4	11:26	加工肉セットC	3000	1
6	2022/1/4	15:23	海鮮セットB	3200	2
7	2022/1/5	12:23	加工肉セットB	2800	2
8	2022/1/5	13:46	海鮮セットC	3400	1
9	2022/1/6	10:17	海鮮セットB	3200	

注文数入力
注文数を入力してください。

このセルに不適切な1～5の整数以外の値を入力すると、エラーメッセージが表示され、セルへの入力が確定できません。

誤データを入力

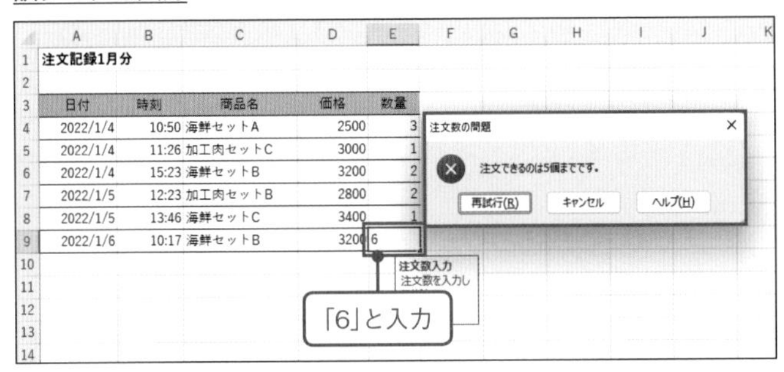

COLUMN

リストからの入力を設定

「データの入力規則」で「リスト」を設定すると、そのセルを選択したとき、右側に下向き矢印のボタンが表示されます。ここをクリックするとドロップダウンリストが開き、選択肢から1つを選んで、セルに入力することができます。表示する選択肢は、各データを直接設定するほか、データが入力されたセル範囲を指定することも可能です。

Pythonのプログラムでこの設定をする場合は、sample067_1.pyと同様のコードでDataValidationクラスからオブジェクトを作成する際、引数「type」に「'list'」を指定します。そして、引数「formula1」に、選択肢の各データを「,」(カンマ)で区切り、全体を「"」と「'」で二重に囲んだ文字列として指定します。それ以外の引数は不要です。また、リストの選択肢としてセル範囲の参照を指定したい場合は、「=」から始まる数式の形式で、文字列として指定します。この場合は、文字列を二重に囲む必要もありません。

第  章

データの見える化も自動化！テーブル・図形・グラフを操作しよう

表の範囲をテーブルに変換しよう

Excelの「テーブル」とは、ワークシート上に作成できる特殊なデータ範囲です。「テーブルスタイル」を選ぶだけで、簡単にさまざまな書式を表に設定できます。ここでは、Pythonを使用して、入力済みの表の範囲をテーブルに変換してみましょう。

□ 入力済みの範囲をテーブルに変換する

「テーブル」は、データを一定の形式で入力・蓄積していくのに適したデータ範囲オブジェクトです。1行目が各列の見出しで、2行目以降、1行に1件分のデータが入力された「リスト」形式のデータをテーブルに変換することで、各種の便利な機能が使用可能になります。また、あらかじめ用意された「テーブルスタイル」によって、見出し行やデータ行にさまざまな書式を簡単に設定できます。

ここでは、ブック「メンバー情報10.xlsx」のアクティブシートのセル範囲A3:E10をテーブルに変換し、「テーブルスタイル（中間）7」というテーブルスタイルを適用します。

ブック「メンバー情報10.xlsx」

	A	B	C	D	E
1	プロジェクト参加メンバー情報				
2					
3	社員ID	氏名	年齢	所属	作業班
4	PD0025	青田勝弘	37	製品企画部	企画第1班
5	S0328	石田清美	28	システム部	企画第1班
6	M1031	上原久仁子	33	経営管理部	制作第1班
7	BD0043	海老原圭太	41	事業企画部	企画第2班
8	S0876	太田浩平	35	システム部	制作第2班
9	PD1160	神田早苗	26	製品企画部	企画第1班
10	S1252	北原翔一	24	システム部	企画第3班
11					

PROGRAM sample068_1.py

```
import openpyxl
from openpyxl.worksheet.table import Table, TableStyleInfo
fname = 'メンバー情報10.xlsx'
wb = openpyxl.load_workbook(fname)
ws = wb.active
tbl = Table(displayName='情報', ref='A3:E10')
sinfo = TableStyleInfo(name='TableStyleMedium7',
                       showFirstColumn=True,
                       showLastColumn=False,
                       showRowStripes=True,
```

```
                              showColumnStripes=False)
tbl.tableStyleInfo = sinfo
ws.add_table(tbl)
wb.save(fname)
```

実行例

	A	B	C	D	E
1	プロジェクト参加メンバー情報				
2					
3	社員ID	氏名	年齢	所属	作業班
4	PD0025	青田勝弘	37	製品企画部	企画第1班
5	S0328	石田清美	28	システム部	企画第1班
6	M1031	上原久仁子	33	経営管理部	制作第1班
7	BD0043	海老原圭太	41	事業企画部	企画第2班
8	S0876	太田浩平	35	システム部	制作第2班
9	PD1160	神田早苗	26	製品企画部	企画第1班
10	S1252	北原翔一	24	システム部	企画第3班
11					

最初に、openpyxlの「worksheet.table」に含まれる「Table」と「TableStyleInfo」をインポートします。ブックを開き、アクティブシートを表すオブジェクトを取得して、変数wsに代入します。そして、「Table」クラスで、テーブルの設定を表すオブジェクトを作成し、変数tblに代入します。Tableクラスの引数「displayName」でテーブル名を、引数「ref」でテーブルに変換するセル範囲の参照を表す文字列を指定します。

次に、「TableStyleInfo」クラスで、テーブルスタイルを表すオブジェクトを作成し、変数sinfoに代入します。TableStyleInfoクラスの引数「name」でテーブルスタイル名を指定します。組み込みのテーブルスタイル名は、「TableStyleLight」（淡色）＋1～21、「TableStyleMedium」（中間）＋1～28、「TableStyleDark」（濃色）＋1～11のいずれかの文字列です。また、引数「showFirstColumn」で最初の列、引数「showLastColumn」で最後の列を強調表示するかどうかを、それぞれTrue/Falseで指定します。さらに、引数「showRowStripes」で行の縞模様表示、引数「showColumnStripes」で列の縞模様表示をするかどうかを、やはりそれぞれTrue/Falseで指定します。

作成したテーブル設定を表すオブジェクトの「tableStyleInfo」に、このテーブルスタイルの設定を表す変数sinfoを代入することで、そのテーブルのテーブルスタイルを設定します。ワークシートを表すオブジェクトの「add_table」で、引数としてテーブル設定を表すオブジェクトを指定することで、実際に対象の範囲がテーブルに変換されます。

作成済みのテーブルのスタイルを変更しよう

作成したテーブルのテーブル名やその範囲、テーブルスタイルなどの設定を、Pythonのプログラムで変更してみましょう。テーブルスタイルに関する設定については、テーブル作成時と同様に、各設定を指定し直します。

□ テーブルの基本設定を変更する

ブック「注文記録10.xlsx」のアクティブシートで、作成済みの「注文」テーブルの設定を変更しましょう。そのセル範囲をA3:E10に、テーブル名を「記録」に変更します。

PROGRAM ▶sample069_1.py

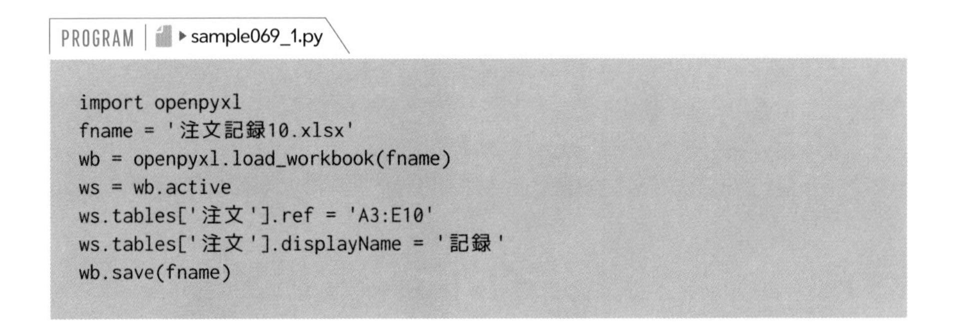

```
import openpyxl
fname = '注文記録10.xlsx'
wb = openpyxl.load_workbook(fname)
ws = wb.active
ws.tables['注文'].ref = 'A3:E10'
ws.tables['注文'].displayName = '記録'
wb.save(fname)
```

ブック「注文記録.xlsx」

実行例

ワークシートを表すオブジェクトの「tables」にインデックスとしてテーブル名を指定することで、そのテーブルを表すオブジェクトを取得できます。その「ref」にセル参照を表す文字列を指定することで、テーブルの範囲を変更することができます。また、テーブルを表すオブジェクトの「displayName」に文字列を指定して、テーブル名を変更できます。

□テーブルの表示設定を変更する

同じテーブルのテーブルスタイルを、「テーブルスタイル（淡色）6」に変更しましょう。また、最初の列ではなく最後の列を強調表示し、行ではなく列を縞模様表示にします。

PROGRAM | sample069_2.py(一部)

```
tstl = ws.tables['注文'].tableStyleInfo
tstl.name = 'TableStyleLight6'
tstl.showFirstColumn=False
tstl.showLastColumn=True
tstl.showRowStripes=False
tstl.showColumnStripes=True
```

実行例

	A	B	C	D	E	F
1	注文記録1月分					
2						
3	日付	時刻	商品名	価格	数量	
4	2022/1/4	10:50	海鮮セットA	2500	3	
5	2022/1/4	11:26	加工肉セットC	3000	1	
6	2022/1/4	15:23	海鮮セットB	3200	2	
7	2022/1/5	12:23	加工肉セットB	2800	2	
8	2022/1/5	13:46	海鮮セットC	3400	1	
9	2022/1/6	16:25	海鮮セットB	3200	1	
10						
11						

対象のテーブルを表すオブジェクトを取得し、その「tableStyleInfo」でテーブルスタイルに関する設定を表すオブジェクトを取得して、変数tstlに代入します。変更したいテーブルスタイル名は、その「name」に代入します。また、「showFirstColumn」にFalseを代入して最初の列の強調表示をオフに、「showLastColumn」にTrueを代入して最後の列の強調表示をオンにします。さらに、「showRowStripes」にFalseを代入して行の縞模様表示をオフに、「showColumnStripes」にTrueを代入して列の縞模様表示をオンにします。

SECTION 070

テーブルにデータを追加入力しよう

ここでは、対象のブックに作成済みのテーブルに、指定したデータを追加するPythonのプログラムを紹介しましょう。ただし、この操作をopenpyxlで行うのはやや面倒です。ここでは、pywin32を使ってテーブルにデータを追加する方法を紹介します。

テーブルにデータを追加する

ブック「メンバー情報11.xlsx」のアクティブシートの「メンバー」というテーブルに行を追加し、一連のデータを追加入力します。

ブック「メンバー情報11.xlsx」

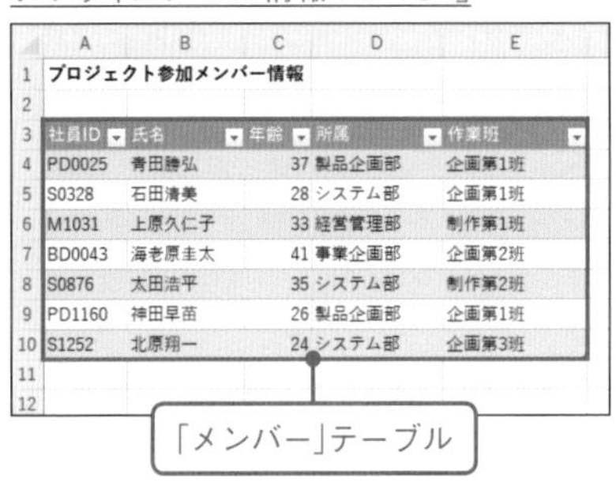

プロジェクト参加メンバー情報

社員ID	氏名	年齢	所属	作業班
PD0025	青田勝弘	37	製品企画部	企画第1班
S0328	石田清美	28	システム部	企画第1班
M1031	上原久仁子	33	経営管理部	制作第1班
BD0043	海老原圭太	41	事業企画部	企画第2班
S0876	太田浩平	35	システム部	制作第2班
PD1160	神田早苗	26	製品企画部	企画第1班
S1252	北原翔一	24	システム部	企画第3班

PROGRAM sample070_1.py

```
import os
import win32com.client
pname = os.path.dirname(__file__)
fname = os.path.join(pname, 'メンバー情報11.xlsx')
xlApp = win32com.client.Dispatch('Excel.Application')
wb = xlApp.Workbooks.Open(fname)
xlApp.Visible = True
tbl = wb.ActiveSheet.ListObjects('メンバー')
nrow = tbl.ListRows.Add()
rval = ['BD1243', '山本雄二', 27, '経営管理部','企画第3班']
nrow.Range.Value = rval
wb.Close(SaveChanges=True)
xlApp.Quit()
```

実行例

	A	B	C	D	E
1	プロジェクト参加メンバー情報				
2					
3	社員ID	氏名	年齢	所属	作業班
4	PD0025	青田勝弘	37	製品企画部	企画第1班
5	S0328	石田清美	28	システム部	企画第1班
6	M1031	上原久仁子	33	経営管理部	制作第1班
7	BD0043	海老原圭太	41	事業企画部	企画第2班
8	S0876	太田浩平	35	システム部	制作第2班
9	PD1160	神田早苗	26	製品企画部	企画第1班
10	S1252	北原翔一	24	システム部	企画第3班
11	BD1243	山本雄二	27	経営管理部	企画第3班
12					

作成済みのテーブルに行を追加してデータを入力する操作は、openpyxlよりもpywin32を使って、VBAと同様の方法で実行するのが効率的です。Excelのアプリケーションを起動し、実行中のスクリプトファイルと同じフォルダーにある「メンバー情報11.xlsx」を表すブックを開いて、そのアクティブシートの「メンバー」というテーブルを表す「ListObject」オブジェクトを取得し、変数tblに代入します。そのテーブルに行を追加し、戻り値として新行を表す「ListRow」オブジェクトを取得して、変数nrowに代入します。

この行に入力したいデータは、テーブルの1行分のセル数と合わせてリスト化し、変数rvalに代入します。テーブルの新行を表すオブジェクトの「Range」でそのセル範囲を表す「Range」オブジェクトを取得し、その「Value」にリストを代入して、1行分のセル範囲に一括でデータを入力します。その後、ブックを保存して閉じ、Excelを終了します。

なお、Excelの通常の操作では、テーブルの最下行の下の行のセルにデータを入力するだけで、その行までテーブルが自動拡張されます。そのため、現在のテーブルのサイズがわかっている場合は、その行のセル範囲に直接入力するだけで、テーブルを拡張してデータを追加できます。たとえば、上のプログラムで追加されるセル範囲がA11:E11だとわかっている場合は、次のようなコードでもテーブルに追加できます。

PROGRAM | sample070_2.py(一部)

```
rval = ['BD1243', '山本雄二', 27, '経営管理部','企画第3班']
wb.ActiveSheet.Range('A11:E11').Value = rval
```

同様の処理をopenpyxlで実行した場合、Excelを起動していないため、テーブルの自動拡張機能は働かず、単にテーブルの下にデータが入力されるだけです。

ピボットテーブルを作成しよう

ピボットテーブルとは、セル範囲やテーブルに記録された表データから、クロス集計表を作成する機能です。ここでは、テーブルに記録した販売データからピボットテーブルを作成し、そのまま画面表示するプログラムを紹介します。

▫ピボットテーブルを作成する

　ピボットテーブルを利用すれば、テーブルやリスト形式のデータから、その各列(フィールド)の項目に基づくクロス集計表を作成することができます。ここでは、ブック「販売記録03.xlsx」の「記録」シートの「販売データ」テーブルから、作成済みの「集計」シートにピボットテーブルを作成します。その内容は、「販売データ」テーブルの「商品分類」の各データを行のラベル、「都道府県」の各データを列のラベルとして、それぞれの項目に該当する「金額」の集計結果を求めたクロス集計表です。さらに、「性別」をフィルターに設定し、「女性」だけの集計結果を表示させてみましょう。

ブック「販売記録03.xlsx」

	A	B	C	D	E	F	G	H
1	販売記録							
2								
3	商品分類	性別	年齢	都道府県	金額			
4	指輪	女性	29	東京都	¥28,000			
5	ネックレス	女性	33	神奈川県	¥34,000			
6	指輪	男性	34	東京都	¥145,000			
7	イヤリング	男性	48	東京都	¥62,000			
8	イヤリング	女性	31	東京都	¥38,000			
9	ネックレス	女性	46	埼玉県	¥220,000			
10	ブローチ	男性	27	神奈川県	¥90,000			
11	指輪							
12	指輪							
13	ブローチ	女性	30	埼玉県	¥28,000			
14	イヤリング	女性	28	東京都	¥36,000			

「記録」シートの「販売データ」テーブル

PROGRAM ▶sample071_1.py

```
import os
import win32com.client
pname = os.path.dirname(__file__)
fname = os.path.join(pname, '販売記録03.xlsx')
xlApp = win32com.client.Dispatch('Excel.Application')
wb = xlApp.Workbooks.Open(fname)
xlApp.Visible = True
pc = wb.PivotCaches().Create(SourceType=1, SourceData='販売データ')
```

```
pt = pc.CreatePivotTable(TableDestination=wb.Sheets('集計').Range('B2'), ⏎
                         TableName='販売集計')
pt.PivotFields('商品分類').Orientation = 1
pt.PivotFields('都道府県').Orientation = 2
pt.PivotFields('金額').Orientation = 4
pt.PivotFields('性別').Orientation = 3
pt.PivotFields('性別').CurrentPage = '女性'
wb.Close(SaveChanges=True)
xlApp.Quit()
```

実行例

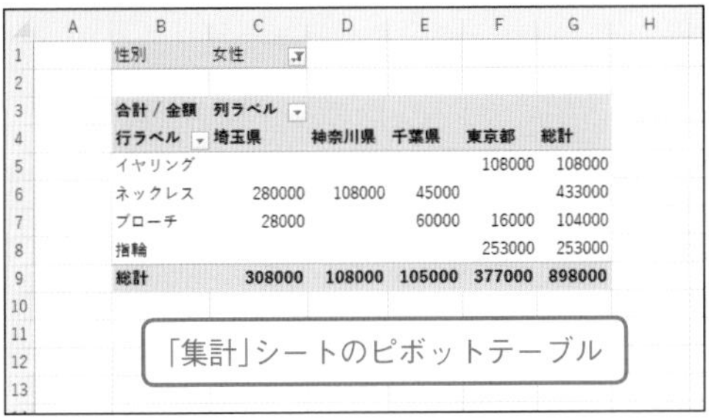

性別	女性				
合計 / 金額	列ラベル				
行ラベル	埼玉県	神奈川県	千葉県	東京都	総計
イヤリング				108000	108000
ネックレス	280000	108000	45000		433000
ブローチ	28000		60000	16000	104000
指輪				253000	253000
総計	308000	108000	105000	377000	898000

「集計」シートのピボットテーブル

この処理にもpywin32を利用します。プログラムでピボットテーブルを作成する場合、まず元データを指定してピボットテーブルのキャッシュメモリを表すオブジェクトを作成し、そのオブジェクトから、作成先を指定してピボットテーブルを作成します。これに、元データの各項目（列）を意味する「フィールド」を「行」「列」「値」に設定していきます。さらに、「フィルター」を指定して、集計対象のデータをさらに絞り込むことができます。

このプログラムでは、これまでのpywin32のプログラムと同様に、まずこのスクリプトファイルと同じフォルダーにある「販売記録03.xlsx」を開き、そのブックを表すオブジェクトを変数wbに収めます。ブックのオブジェクトの「PivotCaches」で、すべてのピボットキャッシュを表すオブジェクトを取得し、その「Create」で新しいピボットキャッシュを作成します。その引数SourcyTypeに、ピボットテーブルの元データの種類を指定します。ここでは、VBAで使用可能な、内容を表す定数は使用できないため、テーブルやリストの範囲を意味する「1」を直接指定します。そして、引数SourceDataに、元データのテーブル名またはセル範囲の参照を表す文字列を指定します。PivotCachesのCreateは、戻り値として、作成されたピボットテーブルのキャッシュメモリを表すオブジェクトを返すので、これを変数pcに代入します。

このオブジェクトの「CreatePivotTable」で、このキャッシュメモリに基づいてピボットテーブルを作成します。引数TableDestinationでは、ピボットテーブルの作成場所として、ブックを表すオブジェクトの後の「Sheets」で「集計」というシート名を指定し、さらに「Range」でセルB2の参照を指定しています。また、引数TableNameで、「販売集計」というピボットテーブル名を指定しています。この操作でも、作成されたピボットテーブルがオブジェクトとして返されるので、変数ptに代入します。

このオブジェクトの「PivotFields」にフィールド名を指定してフィールドを表すオブジェクトを取得し、その「Orientation」に1～4の番号を代入することで、作成されたピボットテーブルの各ボックス(要素)に、そのフィールドを配置する操作になります。「1」が「行」、「2」が「列」、「3」が「フィルター」、「4」が「値」の各ボックスを表します。

さらに、「フィルター」ボックスに配置したフィールドのオブジェクトの「CurrentPage」にそのフィールドのデータを指定することで、集計対象をそのデータだけに絞り込みます。ここでは「女性」を設定し、「性別」が「女性」であるデータだけを集計しています。

□ピボットテーブルの構成を変更する

次に、作成されたピボットテーブルの構成を、Pythonのプログラムで変更します。ここでは、「都道府県」の各データを行のラベルに、「性別」の各データを列のラベルに配置し、「年齢」の平均を求めるクロス集計表にします。現在「性別」が設定されているフィルターは、何のフィールドも設定されていない状態にします。

PROGRAM | sample071_2.py

```
import os
import win32com.client
pname = os.path.dirname(__file__)
fname = os.path.join(pname, '販売記録03.xlsx')
xlApp = win32com.client.Dispatch('Excel.Application')
wb = xlApp.Workbooks.Open(fname)
xlApp.Visible = True
pt = wb.Sheets('集計').PivotTables('販売集計')
pt.ClearTable()
pt.PivotFields('都道府県').Orientation = 1
pt.PivotFields('性別').Orientation = 2
pt.PivotFields('年齢').Orientation = 4
pt.DataFields(1).Function = -4106
wb.Close(SaveChanges=True)
xlApp.Quit()
```

実行例

	A	B	C	D	E	F	G
1							
2							
3		平均 / 年齢	列ラベル				
4		行ラベル	女性	男性	総計		
5		埼玉県	41.25		41.25		
6		神奈川県	42.33333333	32	38.2		
7		千葉県	36.5	29	34		
8		東京都	32.57142857	34.8	33.5		
9		総計	37.0625	33.375	35.83333333		
10							
11							
12							
13							
14							

ワークシートを表すオブジェクトの「PivotTables」に、インデックスとしてピボットテーブル名の文字列を指定して、そのピボットテーブルを表すオブジェクトを取得し、変数ptに代入します。

ここで、前のプログラム同様に目的のフィールドを各ボックスに配置していこうとすると、すでに配置されているフィールドが邪魔になります。最初に、ピボットテーブルの「ClearTable」を実行することで、配置済みのフィールドがクリアされます。

なお、すべてではなく一部のボックスのフィールドだけを変更したい場合は、そのフィールドを表すオブジェクトを指定し、Orientationに「0」を指定すれば、そのボックスから解除されます。ただし、PivotFieldsにフィールド名を指定する方法の場合、「値」ボックスに配置したフィールドの操作がうまくいきません。そのフィールド名は、「金額」ではなく、「合計 / 金額」などのように指定する必要があるためです。

ここでは、まず「都道府県」「性別」「年齢」の各フィールドを「行」「列」「値」の各ボックスに配置します。そして、PivotFieldsではなく「DataFields」に「1」という番号を指定して、「値」ボックスに配置されたフィールドを表すオブジェクトを取得しています。その「Function」に「-4106」を指定することで、集計方法を「平均」に変更しています。なお、集計方法を「合計」にしたい場合は「-4157」、「最大値」は「-4136」、「最小値」は「-4139」、「データの個数」は「-4112」を、同様にFunctionに設定します。

楕円や四角形を作成しよう

Excelの描画機能で、ワークシート上にいくつかの図形を作成するプログラムを紹介しましょう。左上端の位置、縦と横のサイズを指定して楕円を作成したり、指定したセル範囲の位置とサイズに合わせて四角形を作成したりします。

□ 位置とサイズを指定して楕円を作成する

ここでは、作業用のブック「作図用01.xlsx」のアクティブシート上に、位置とサイズを指定して楕円を作成します。

ブック「作図用01.xlsx」

	A	B	C	D	E	F	G	H
1	作図用キャンバス							
2								
3								

PROGRAM | sample072_1.py

```
import os
import win32com.client
pname = os.path.dirname(__file__)
fname = os.path.join(pname, '作図用01.xlsx')
xlApp = win32com.client.Dispatch('Excel.Application')
wb = xlApp.Workbooks.Open(fname)
xlApp.Visible = True
ws = wb.ActiveSheet
ws.Shapes.AddShape(9, 30, 50, 150, 100)
wb.Close(SaveChanges=True)
xlApp.Quit()
```

実行例

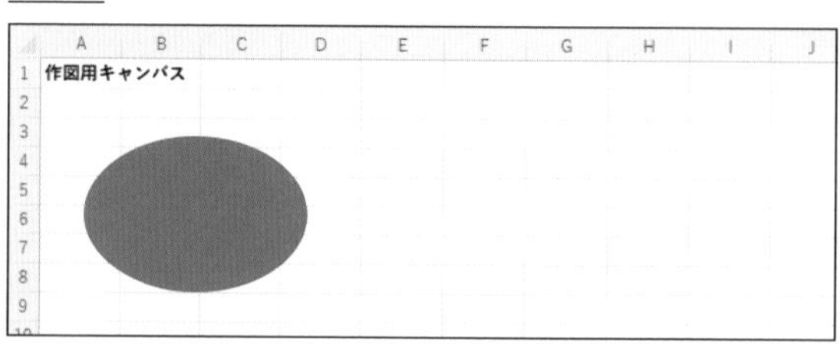

長方形や楕円などの図形を作成する操作にも、openpyxlではなくpywin32を使用します。対象ブックのアクティブシートを表すオブジェクトの「Shapes」でシート上のすべての図形を表すオブジェクトを取得し、その「AddShape」で図形を作成します。その第1引数に、図形の種類を表す番号を指定します。「長方形/正方形」は「1」、「楕円」は「9」などです。以下の各引数に、左位置、上位置、幅、高さを、ポイント単位で指定します。

□ セルに合わせて図形を作成する

次の角丸四角形は、セル範囲F3:H6の位置とサイズに合わせて作成してみましょう。

PROGRAM ▶sample072_2.py

```
import os
import win32com.client
pname = os.path.dirname(__file__)
fname = os.path.join(pname, '作図用01.xlsx')
xlApp = win32com.client.Dispatch('Excel.Application')
wb = xlApp.Workbooks.Open(fname)
xlApp.Visible = True
ws = wb.ActiveSheet
rng = ws.Range('F3:H6')
ws.Shapes.AddShape(5, rng.Left, rng.Top, rng.Width, rng.Height)
wb.Close(SaveChanges=True)
xlApp.Quit()
```

実行例

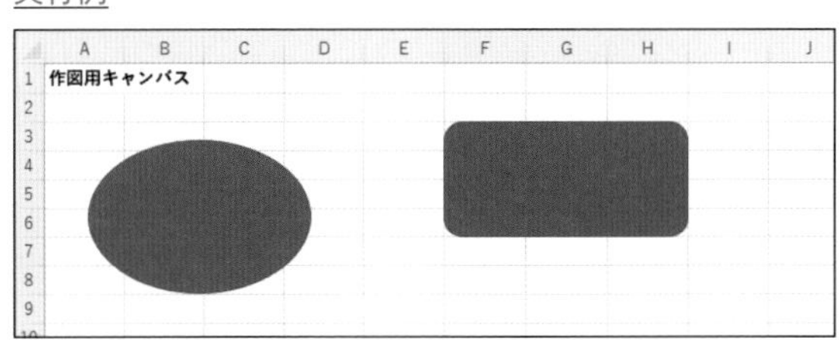

対象のセル範囲の「Left」「Top」「Width」「Height」でそれぞれ左位置、上位置、幅、高さの値を取得し、それぞれAddShapeの第2～第5引数に指定しています。

図形の書式を変更しよう

ワークシート上に作成した図形に対して、塗りつぶしや枠線などの書式を変更することが可能です。ここでは、アクティブシート上の2つの図形に対し、それぞれ塗りつぶしの色と枠線の太さと色を設定してみましょう。

□ 図形の塗りつぶしを設定する

アクティブシート上に2つの図形が作成されたブック「作図用02.xlsx」を対象に、その1番目の図形の塗りつぶしの色を薄い緑に変更します。

ブック「作図用02.xlsx」

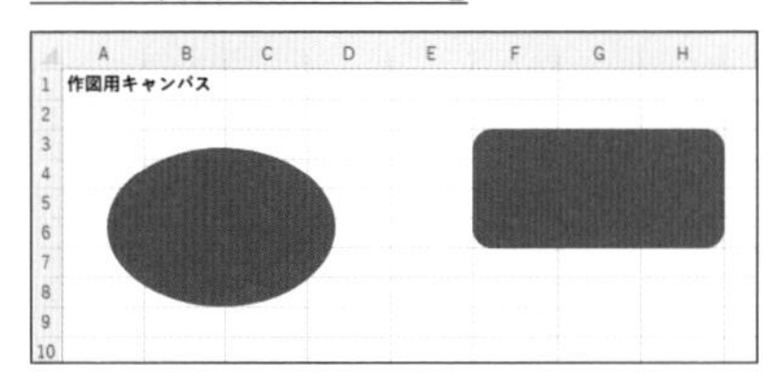

PROGRAM ▶ sample073_1.py

```
import os
import win32com.client
pname = os.path.dirname(__file__)
fname = os.path.join(pname, '作図用02.xlsx')
xlApp = win32com.client.Dispatch('Excel.Application')
wb = xlApp.Workbooks.Open(fname)
xlApp.Visible = True
ws = wb.ActiveSheet
ws.Shapes(1).Fill.ForeColor.RGB = 5296274
wb.Close(SaveChanges=True)
xlApp.Quit()
```

実行例

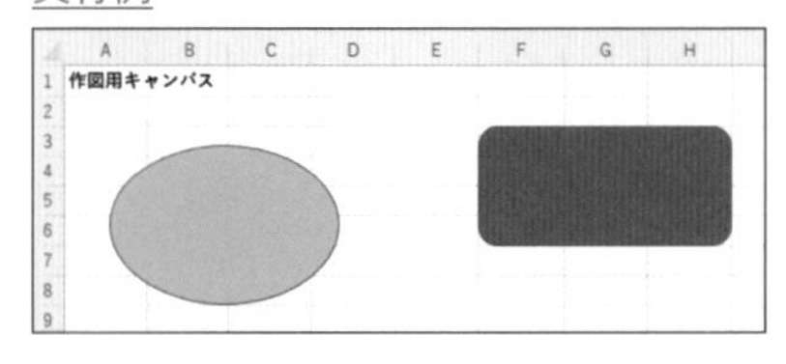

アクティブシートを表すオブジェクトの「Shapes」で、シート上のすべての図形を表すオブジェクトを取得し、さらに「1」を指定して最初に作成された図形を取得します。このオブジェクトに、塗りつぶしの設定を表す「Fill」、前景色を意味する「ForeColor」、色を表すRGB値を設定する「RGB」を続け、「5296274」というRGB値を指定して、薄い緑に変更します。

▫ 図形の枠線の書式を設定する

次に、対象のワークシートの2番目の図形の枠線の太さと色を変更します。

PROGRAM ▶ sample073_2.py

```
import os
import win32com.client
pname = os.path.dirname(__file__)
fname = os.path.join(pname, '作図用02.xlsx')
xlApp = win32com.client.Dispatch('Excel.Application')
wb = xlApp.Workbooks.Open(fname)
xlApp.Visible = True
ws.Shapes(2).Line.Weight = 6
ws.Shapes(2).Line.ForeColor.RGB = 192
wb.Close(SaveChanges=True)
xlApp.Quit()
```

実行例

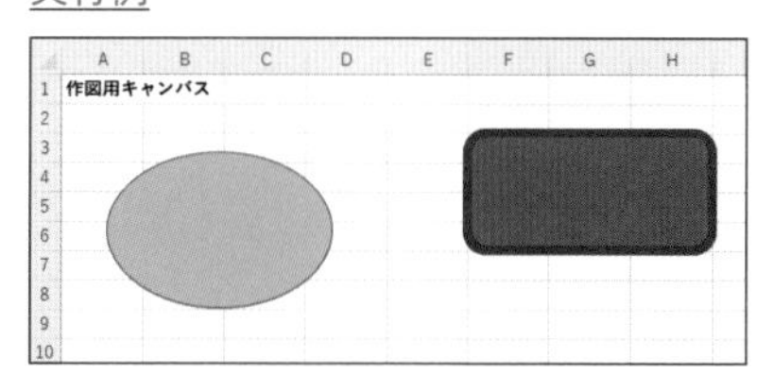

Shapesに「2」を指定して2番目に作成された図形を取得し、その枠線の設定を表す「Line」、太さを表す「Weight」を続けて、「5」という値を設定します。同じ図形の「Line」に、塗りつぶしと同様の色の設定で「192」というRGB値を指定して、濃い赤に変更しています。

図形に文字列を入力しよう

Excelの図形の多くは、内部に文字列を入力することができます。テキストボックスも、いわば最初から文字の編集状態になっている長方形です。ここでは、作成済みの図形に、文字列を入力するプログラムを紹介しましょう。

□ 楕円に文字列を入力する

まず、「作図用03.xlsx」のアクティブシートに作成されている「楕円 1」という図形の中に、「Excel 2019」という文字列を入力します。

ブック「作図用03.xlsx」

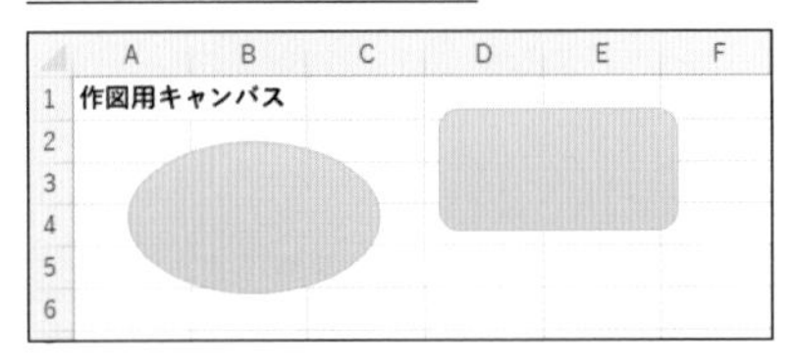

PROGRAM | ▶ sample074_1.py

```
import os
import win32com.client
pname = os.path.dirname(__file__)
fname = os.path.join(pname, '作図用03.xlsx')
xlApp = win32com.client.Dispatch('Excel.Application')
wb = xlApp.Workbooks.Open(fname)
xlApp.Visible = True
ws = wb.ActiveSheet
ws.Shapes('楕円 1').TextFrame2.TextRange.Text = 'Excel 2019'
wb.Close(SaveChanges=True)
xlApp.Quit()
```

実行例

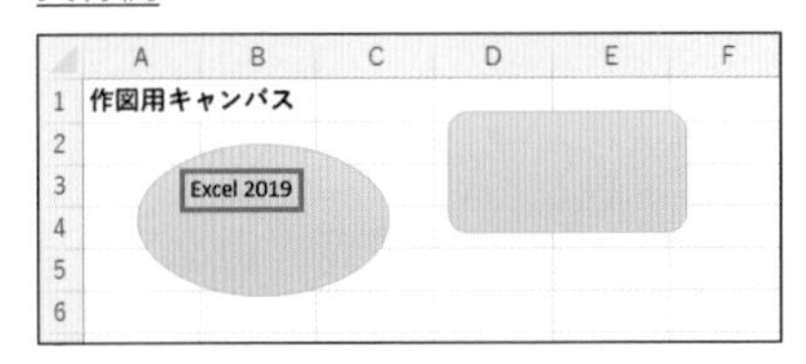

ワークシートを表すオブジェクトの「Shapes」でそのシートのすべての図形を表すオブジェクトを取得します。P.206の例ではその後のカッコの中に作成順を表す番号で図形を特定しましたが、カッコの中に図形の名前を指定して、その図形を表すオブジェクトを取得することも可能です。ここでは「楕円 1」という図形を指定し、その「TextFrame2」で文字列の入力枠を、その「TextRange」で文字範囲を、さらにその「Text」で実際の文字列を表します。ここに文字列データを代入することで、対象の図形にそれを入力するという操作になります。

□ 入力済みの文字列を置換する

図形に入力された文字列を修正したい場合、pywin32でVBAの機能を利用すれば、文字範囲を表すオブジェクトの機能として、文字列の一部を置換できます。ここでは、「楕円 1」に入力された「Excel 2019」の「2019」を「2021」に置換してみましょう。

PROGRAM | sample074_2.py

```
import os
import win32com.client
pname = os.path.dirname(__file__)
fname = os.path.join(pname, '作図用03.xlsx')
xlApp = win32com.client.Dispatch('Excel.Application')
wb = xlApp.Workbooks.Open(fname)
xlApp.Visible = True
ws = wb.ActiveSheet
ws.Shapes('楕円 1').TextFrame2.TextRange.Replace('2019', '2021')
wb.Close(SaveChanges=True)
xlApp.Quit()
```

実行例

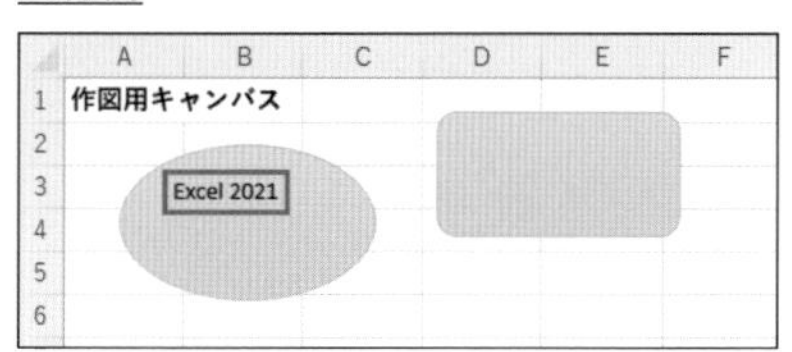

取得した図形を表すオブジェクトに「TextFrame2.TextRange」を指定し、その「Replace」で、第1引数の文字列を、第2引数の文字列と置換することができます。

表からグラフを作成しよう

Excelでは、ワークシートに入力された表のデータに基づいて、各種のグラフを作成することができます。ここでは、複数の店舗の売り上げを記録した表から、縦棒グラフと円グラフをプログラムで作成してみましょう。

集合縦棒グラフを作成する

まず、ブック「売上記録01.xlsx」のアクティブシートに入力された各店舗の商品分類別の売上額を記録した表から、openpyxlで集合縦棒グラフを作成します。

PROGRAM ▶sample075_1.py

```
import openpyxl
from openpyxl.chart import BarChart, Reference
fname = '売上記録01.xlsx'
wb = openpyxl.load_workbook(fname)
ws = wb.active
data = Reference(ws, min_col=2, max_col=ws.max_column, ⏎
                 min_row=3, max_row=ws.max_row)
cats = Reference(ws, min_col=1, max_col=1, min_row=4, ⏎
                 max_row=ws.max_row)
chart = BarChart()
chart.type = 'col'
chart.style = 2
chart.title = '売上記録'
chart.y_axis.title = '円'
chart.x_axis.title = '店名'
chart.add_data(data, titles_from_data=True)
chart.set_categories(cats)
ws.add_chart(chart, 'F3')
wb.save(fname)
```

実行例（ブック「売上記録01.xlsx」）

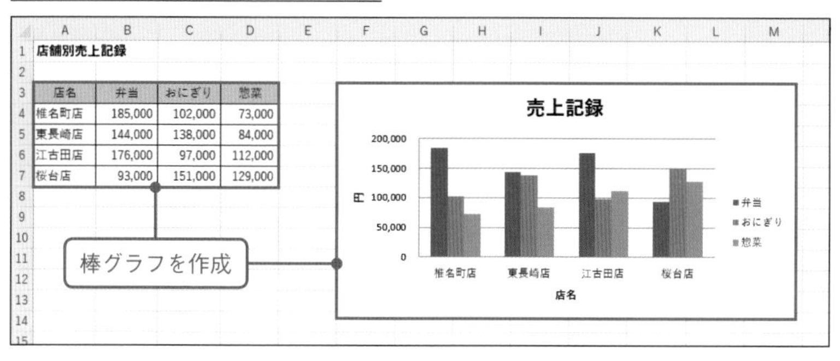

棒グラフを作成するには「BarChart」、またグラフの元データの範囲を指定するために「Reference」というクラスを使用します。

ブック「売上記録01.xlsx」のアクティブシートを表すオブジェクトを取得して、変数wsに収めます。次にReferenceクラスを使用し、グラフの元データの範囲を表すオブジェクトを作成して変数dataに、項目軸の元データの範囲を表すオブジェクトを作成して変数catsに、それぞれ代入します。第1引数にはワークシートのオブジェクトを指定し、引数min_col、max_col、min_row、max_rowでそれぞれ開始列、終了列、開始行、終了行を指定します。対象の表の大きさに応じて自動的に指定したい場合は、シートの入力済みの最終列を表す「ws.max_column」や、最終行を表す「ws.max_row」を指定します。

そして、BarChartクラスを使用してグラフの設定を表すオブジェクトを作成し、変数chartに代入します。グラフの種類はその「type」で指定し、ここでは集合縦棒を表す「col」を代入します。また、グラフのスタイルの設定として、その「style」にここでは「2」を代入しています。同様に、グラフタイトルを「title」、縦軸（数値軸）のラベルを「y_axis.title」、横軸（項目軸）のラベルを「x_axis.title」でそれぞれ設定します。

「add_data」で、引数に変数dataを指定して、グラフの元データにそのセル範囲を設定します。また、第2引数の「titles_from_data=True」で、その範囲の1行目を凡例に設定します。「set_categories」では、項目時の元データとして変数catsを指定します。

ワークシートの「add_chart」に、この変数chartを指定することで、グラフを作成します。作成する位置は第2引数にセル参照で設定し、ここでは「F3」を指定しています。

□ 円グラフを作成する

次に、ブック「売上記録02.xlsx」のデータから、円グラフを作成します。

PROGRAM | sample075_2.py

```
import openpyxl
from openpyxl.chart import PieChart, Reference
fname = '売上記録02.xlsx'
wb = openpyxl.load_workbook(fname)
ws = wb.active
data = Reference(ws, min_col=2, max_col=2, ⏎
                 min_row=4, max_row=ws.max_row)
cats = Reference(ws, min_col=1, max_col=1, min_row=4, ⏎
                 max_row=ws.max_row)
chart = PieChart()
chart.style = 3
chart.title = '商品分類別売上'
chart.add_data(data, titles_from_data=False)
chart.set_categories(cats)
ws.add_chart(chart, 'D3')
wb.save(fname)
```

実行例（ブック「売上記録02.xlsx」）

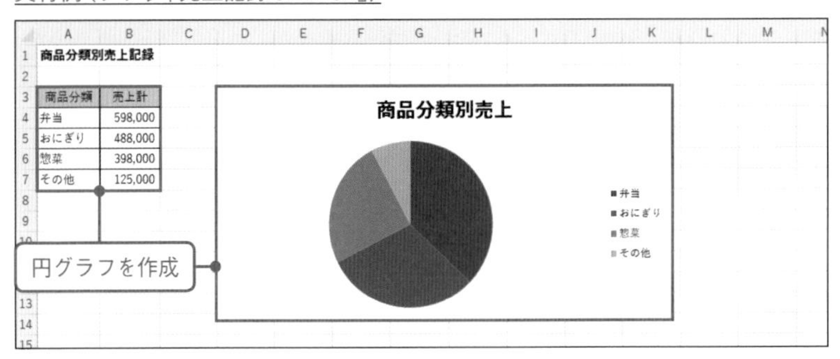

円グラフを作成する手順も棒グラフと同様ですが、BarChartクラスの代わりに「PieChart」クラスを使用します。元データの範囲に表の見出し行は含めず、add_dataの引数titles_from_dataもFalseにします。また、円グラフなので縦軸と横軸のラベルは不要です。

□ 縦横のサイズを指定して円グラフを作成

openpyxlでは、グラフのサイズなど細かい指定はできません。ここではpywin32を使って、サイズを指定してグラフを作成する例を紹介します。

PROGRAM | sample075_3.py

```
import os
import win32com.client
pname = os.path.dirname(__file__)
fname = os.path.join(pname, '売上記録03.xlsx')
xlApp = win32com.client.Dispatch('Excel.Application')
wb = xlApp.Workbooks.Open(fname)
xlApp.Visible = True
ws = wb.ActiveSheet
chart = ws.Shapes.AddChart2(Style=-1, XlChartType=5, Left=180, Top=30, ⮐
                            Width=250, Height=200).Chart
chart.SetSourceData(Source=ws.Range('A4:B7'))
chart.ChartTitle.Caption = '商品分類別売上'
wb.Close(SaveChanges=True)
xlApp.Quit()
```

実行例（ブック「売上記録03.xlsx」）

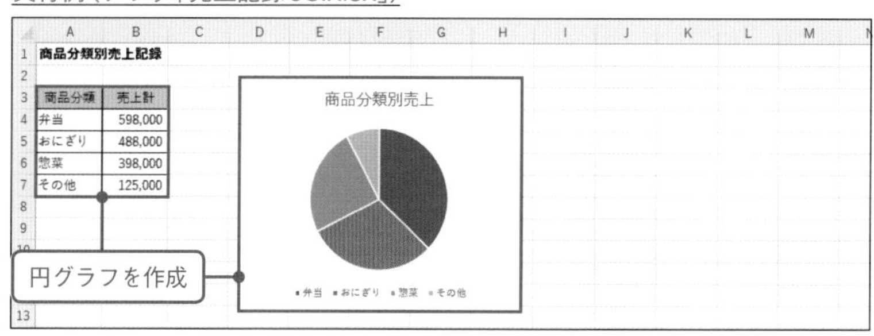

Shapesで対象のワークシートのすべての描画オブジェクト（図形やグラフなど）を表すオブジェクトを取得し、「AddChart2」でグラフを作成します。引数Styleにはグラフのスタイルを指定し、「-1」は各グラフの既定のスタイルです。引数XlChartTypeにグラフの種類を指定し、集合縦棒は「51」、円グラフは「5」で指定できます。引数Left、Top、Width、Heightで、それぞれ左位置、上位置、幅、高さをポイント単位で指定します。作成された描画オブジェクトの「Chart」でグラフのオブジェクトを取得し、変数chartに代入します。

グラフを表すオブジェクトの「SetSourceData」でグラフの元データの範囲を指定します。セル範囲は、対象のワークシートを表すオブジェクトの「Range」で指定できます。さらに、「ChartTitle.Caption」で、グラフタイトルにしたい文字列を指定します。

グラフの位置とサイズを変更しよう

Excelのグラフは、図形と同様、ワークシート上の位置や、縦横のサイズを自由に変更することが可能です。ここでは、作成済みの縦棒グラフの位置とサイズを、プログラムで変更してみましょう。

□ グラフの配置を変更する

今回の作例ブック「店舗別01.xlsx」のアクティブシートでは、4つの店舗の3カ月分の販売数のデータから、集合縦棒グラフが作成されています。

まず、このグラフ全体の位置とサイズを変更してみましょう。位置とサイズを数値で指定することも可能ですが、ここではセル範囲F3:K14の位置とサイズに合わせてグラフを配置することにします。

PROGRAM ▶sample076_1.py

```
import os
import win32com.client
pname = os.path.dirname(__file__)
fname = os.path.join(pname, '店舗別01.xlsx')
xlApp = win32com.client.Dispatch('Excel.Application')
wb = xlApp.Workbooks.Open(fname)
xlApp.Visible = True
ws = wb.ActiveSheet
cobj = ws.ChartObjects(1)
rng = ws.Range('F3:K14')
cobj.Left = rng.Left
cobj.Top = rng.Top
cobj.Width = rng.Width
cobj.Height = rng.Height
wb.Close(SaveChanges=True)
xlApp.Quit()
```

ブック「店舗別01.xlsx」

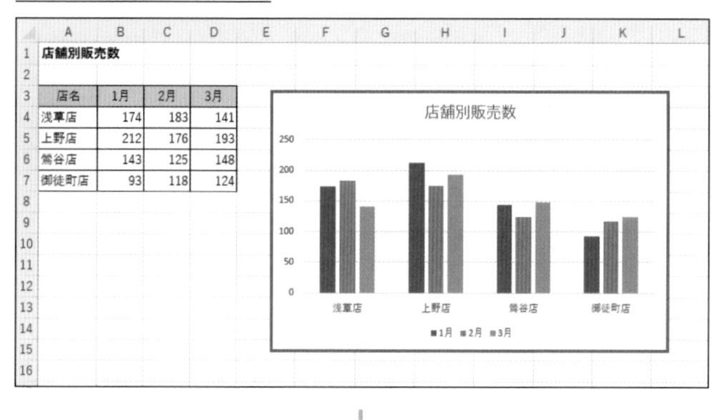

実行例

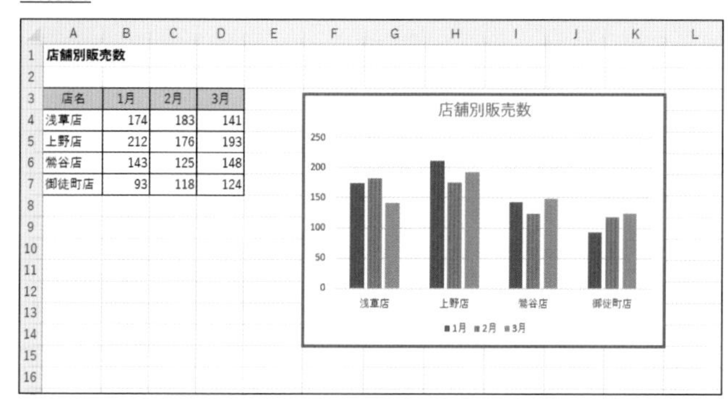

まず、対象のブックを開き、そのアクティブシートの「ChartObjects」で、シート中のすべての埋め込みグラフを表すオブジェクトを取得し、さらに「1」を指定して、最初に作成されたグラフオブジェクトを取得して、変数cobjに代入します。さらに、セル範囲F3:K14を表すオブジェクトを変数rngに代入します。

そして、変数cobjの左位置、上位置、幅、高さを表す「Left」「Top」「Width」「Height」に、それぞれ変数rngの「Left」「Top」「Width」「Height」の値を代入することで、セル範囲に合わせてグラフを配置することができます。

なお、ここで操作しているグラフオブジェクトは、ワークシート上に配置された描画オブジェクトを意味する「ChartObject」であり、描画オブジェクト全般を表す「Shape」と同レベルのオブジェクトです。「ChartObjects」の代わりに「Shapes」を使用し、インデックスを指定して取得しても、同様に位置とサイズを設定することが可能です。グラフの機能を操作するにはさらに「Chart」を指定して「Chart」オブジェクトに変換する必要があります。

グラフ要素の書式を変更しよう

Excelのグラフは、複数の要素によって構成されています。グラフの書式は、その各要素の書式を設定するという操作で変更できます。ここでは、作成済みの縦棒グラフの書式をプログラムで変更してみましょう。

□ グラフの各要素の書式を設定する

ここでは、ブック「店舗別02.xlsx」のアクティブシートのグラフのタイトルのフォントサイズを「18」に変更し、フォントを「メイリオ」に変更します。また、グラフ全体(グラフエリア)の背景色を薄い緑にして、現在グラフの下側に表示されている凡例をグラフの右側に配置します。

PROGRAM | ▸sample077_1.py

```
import os
import win32com.client
pname = os.path.dirname(__file__)
fname = os.path.join(pname, '店舗別02.xlsx')
xlApp = win32com.client.Dispatch('Excel.Application')
wb = xlApp.Workbooks.Open(fname)
xlApp.Visible = True
chart = wb.ActiveSheet.ChartObjects(1).Chart
tfnt = chart.ChartTitle.Format.TextFrame2.TextRange.Font
tfnt.Size = 18
tfnt.NameFarEast = 'メイリオ'
chart.ChartArea.Format.Fill.ForeColor.RGB = 14218471
chart.Legend.Position =  -4152
wb.Close(SaveChanges=True)
xlApp.Quit()
```

ブック「店舗別02.xlsx」

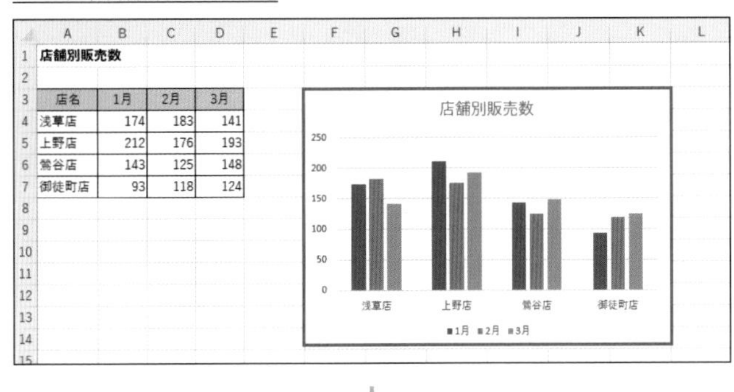

店舗別販売数

店名	1月	2月	3月
浅草店	174	183	141
上野店	212	176	193
鶯谷店	143	125	148
御徒町店	93	118	124

実行例

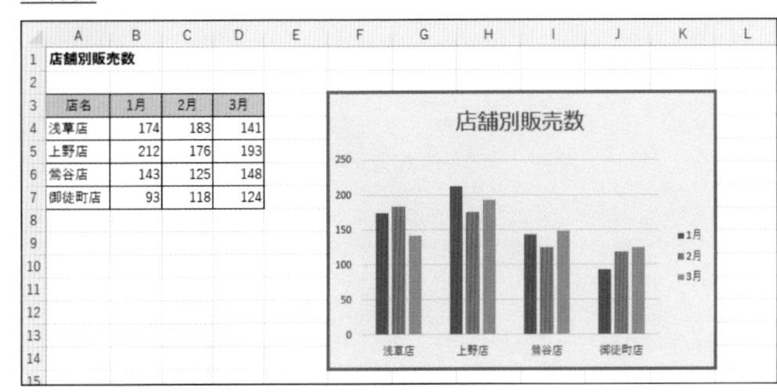

店舗別販売数

店名	1月	2月	3月
浅草店	174	183	141
上野店	212	176	193
鶯谷店	143	125	148
御徒町店	93	118	124

ChartObjectsに「1」というインデックスを指定して1番目のグラフオブジェクトを取得し、さらにChartを続けてグラフ機能を表すオブジェクトを取得して、変数chartに代入します。

その「ChartTitle」で、グラフタイトルを表すオブジェクトを取得できます。さらに「.Format.TextFrame2.TextRange.Font」という4階層のオブジェクトを経由して、グラフタイトルのフォントの書式を設定するオブジェクトを取得し、変数tfntに代入します。その「Size」に「18」を代入することで、フォントサイズを18に変更します。また、描画オブジェクトのフォントを設定する場合、英数字用と日本語用にそれぞれフォントを指定できます。「Name」が英数字用、「NameFarEast」が日本語用のフォントの指定です。ここでは日本語用のフォントのみ、「メイリオ」を設定しています。

グラフを表すオブジェクトの「ChartArea」で、グラフエリアを表すオブジェクトを取得できます。さらに「Format.Fill.ForeColor.RGB」という何階層ものオブジェクトを経由して、その塗りつぶしの色を表すRGB値を設定できます。

グラフを表すオブジェクトの「Legend」で、グラフの凡例を表すオブジェクトを取得できます。凡例の表示位置はその「Position」で設定できます。グラフの右側に配置する場合は「-4152」、下側に配置する場合は「-4107」を指定すればOKです。

複数のグラフを作成しよう

ワークシートの中に作成した複数の表から、それぞれ対応するグラフを作成するプログラムを作成しましょう。元データの表の範囲はあらかじめすべてわかっているものという前提で、それぞれに対応する位置にグラフを作成します。

□ 複数の表からグラフを作成する

ここでは、ブック「売上記録05.xlsx」のアクティブシートで4つの店舗の商品分類別の売上高を記録した表から、それぞれの右側に円グラフを作成しましょう。

PROGRAM ▸ sample078_1.py

```
import os
import win32com.client
pname = os.path.dirname(__file__)
fname = os.path.join(pname, '売上記録05.xlsx')
xlApp = win32com.client.Dispatch('Excel.Application')
wb = xlApp.Workbooks.Open(fname)
xlApp.Visible = True
ws = wb.ActiveSheet
srcs = ['A1', 'A8', 'F1', 'F8']
for src in srcs:
    srng = ws.Range(src)
    chart = ws.Shapes.AddChart2(Style=-1, XlChartType=5, ⮐
                                Left=srng.Left + 120, ⮐
                                Top=srng.Top + 10, ⮐
                                Width=130, ⮐
                                Height=110).Chart
    chart.SetSourceData(Source=srng.Range('A3:B6'))
    chart.HasTitle = False
wb.Close(SaveChanges=True)
xlApp.Quit()
```

ブック「売上記録05.xlsx」

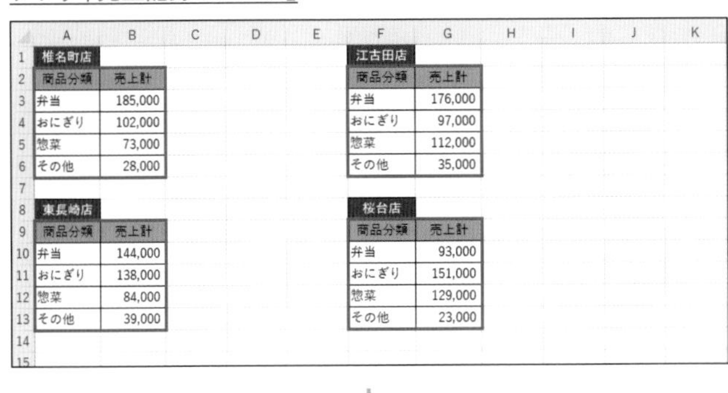

椎名町店

商品分類	売上計
弁当	185,000
おにぎり	102,000
惣菜	73,000
その他	28,000

江古田店

商品分類	売上計
弁当	176,000
おにぎり	97,000
惣菜	112,000
その他	35,000

東長崎店

商品分類	売上計
弁当	144,000
おにぎり	138,000
惣菜	84,000
その他	39,000

桜台店

商品分類	売上計
弁当	93,000
おにぎり	151,000
惣菜	129,000
その他	23,000

実行例

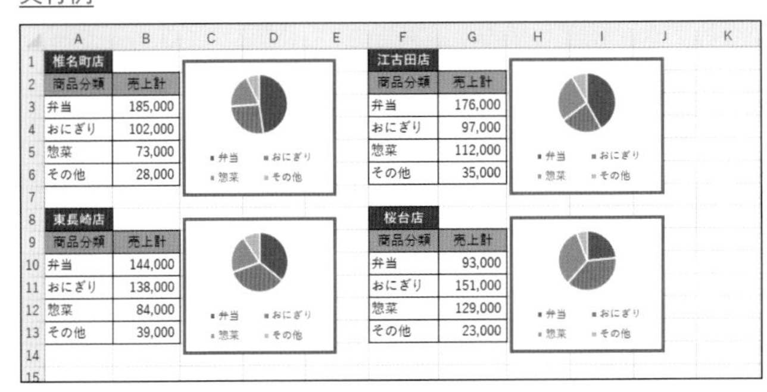

椎名町店

商品分類	売上計
弁当	185,000
おにぎり	102,000
惣菜	73,000
その他	28,000

江古田店

商品分類	売上計
弁当	176,000
おにぎり	97,000
惣菜	112,000
その他	35,000

東長崎店

商品分類	売上計
弁当	144,000
おにぎり	138,000
惣菜	84,000
その他	39,000

桜台店

商品分類	売上計
弁当	93,000
おにぎり	151,000
惣菜	129,000
その他	23,000

この処理もpywin32を使用して、VBAと同様のプログラムで実現します。対象のブックを開いて、そのアクティブシートを表すオブジェクトを変数wsに代入します。また、各表のタイトルを入力した左上側のセルの参照を要素とするリストを作成し、変数srcsに代入します。この変数をfor文の対象として、各タイトルのセル参照を表す文字列を変数srcに代入し、以降の処理を繰り返します。

変数srcの値は文字列であり、ワークシートを対象としたRangeの引数に指定することで、その文字列が表すセル参照に変換し、変数srngに代入します。そして、その基準セルの左位置＋120ポイントの位置を左位置、基準セルの上位置＋10ポイントの位置を上位置、幅を130ポイント、高さを110ポイントとする円グラフを作成し、そのグラフを表すオブジェクトを変数chartに代入します。

このグラフの元データには、基準をセルA1とした場合の相対的なA3:B6の範囲を設定します。最初の基準はセルA1なのでそのままセル範囲A3:B6ですが、基準がセルA8の場合はセル範囲A10:B13が、セルF1の場合はセル範囲F3:G6が、セルF8の場合はセル範囲F10:G13が、それぞれグラフの元データとなります。このグラフはサイズが小さいため、「HasTitle」にFalseを代入して、グラフタイトルを非表示にします。

複数のグラフの書式を変更しよう

ワークシート上に作成済みの複数の円グラフのサイズや書式を、プログラムで一括変更しましょう。幅と高さを少しずつ大きくし、グラフスタイルを変更して、凡例を消去します。さらに、グラフの色の組み合わせを変更します。

□複数のグラフの書式を変更する

ブック「売上記録06.xlsx」のアクティブシート上に、複数の表のデータに基づいて作成した複数の円グラフがあります。各円グラフには、それぞれデータラベルと凡例が表示されています。すべての円グラフの縦と横のサイズを10ポイントずつ広げ、データラベルの文字色を白にして、凡例を非表示にする操作を、プログラムで実行してみましょう。

PROGRAM ▶sample079_1.py

```
import os
import win32com.client
pname = os.path.dirname(__file__)
fname = os.path.join(pname, '売上記録06.xlsx')
xlApp = win32com.client.Dispatch('Excel.Application')
wb = xlApp.Workbooks.Open(fname)
xlApp.Visible = True
for cobj in wb.ActiveSheet.ChartObjects():
    cobj.Width = cobj.Width + 10
    cobj.Height = cobj.Height + 10
    chart = cobj.Chart
    dlabel = chart.FullSeriesCollection(1).DataLabels()
    fnt = dlabel.Format.TextFrame2.TextRange.Font
    fnt.Fill.ForeColor.RGB = 16777215
    chart.HasLegend = False
wb.Close(SaveChanges=True)
xlApp.Quit()
```

ブック「売上記録06.xlsx」

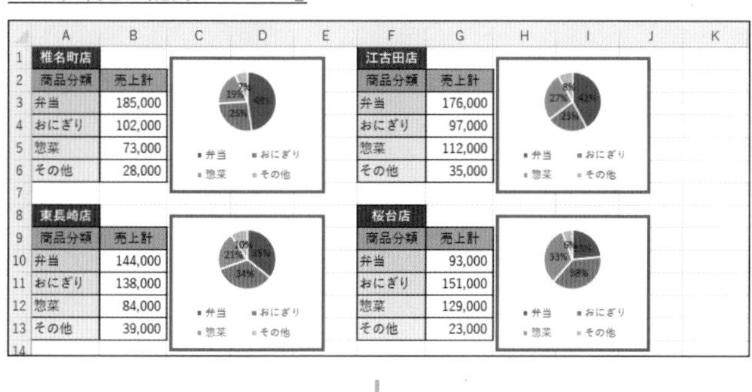

実行例

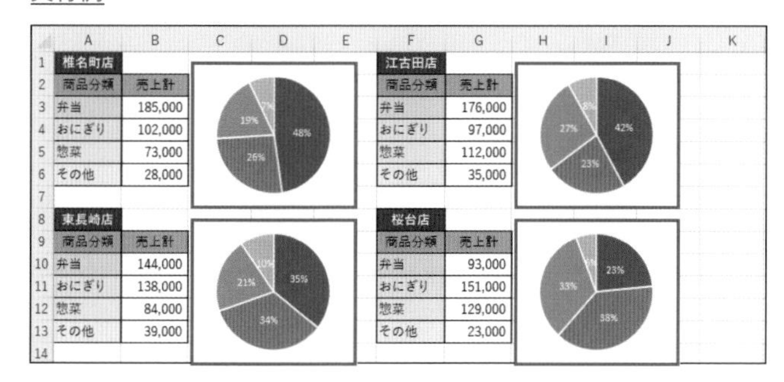

対象のブックを開き、「ChartObjects」でそのアクティブシート上のすべてのグラフを表すオブジェクトを取得して、for文の対象に指定します。これで、各グラフのオブジェクトが変数cobjに代入され、以降の処理が繰り返されます。なお、このChartObjectsはメソッドであり、末尾に「()」が必要です。

変数cobjのWidthでグラフの現在の幅を取得し、それに10ポイントを足した値を同じグラフの幅に設定します。同様に、グラフの高さも現在の値より10ポイント増やします。

ここまでのオブジェクトは描画オブジェクトとしてのグラフでしたが、グラフ固有の機能を利用するために「Chart」を指定して、変数chartに代入します。ここから3行がデータラベルのフォントの色の設定ですが、その設定のためのオブジェクトの階層が深いため、オブジェクトを取得するプロパティやメソッドを複数行に分けて設定しています。多くはプロパティですが、「FullSeriesCollection」と「DataLabels」はプロパティではなくメソッドなので、必ず「()」を付ける必要があります。さらに、chartの「HasLegend」にFalseを代入して、凡例を非表示にします。

なお、凡例を非表示にしてもグラフの各パイがどの商品分類を表しているかわかるように、元データの表の各商品分類の背景色を、あらかじめ各パイの色に合わせて変更しています。

テーブルから複数のグラフを作成しよう

複数の表からグラフを作成する場合、それぞれの表の位置が事前にはわかっていない可能性もあります。ここでは、ワークシート上の表をすべてテーブルに変換しているという前提で、それらに基づいてプログラムでグラフを作成します。

◻ 複数のテーブルからグラフを作成する

ここでは、ブック「商品別推移01.xlsx」のアクティブシートに作成された4つのテーブルを元データとし、そのセル範囲のサイズを基準として、4行下の位置にそれぞれ折れ線グラフを作成するプログラムを紹介します。

PROGRAM ▶sample080_1.py

```
import os
import win32com.client
pname = os.path.dirname(__file__)
fname = os.path.join(pname, '商品別推移01.xlsx')
xlApp = win32com.client.Dispatch('Excel.Application')
wb = xlApp.Workbooks.Open(fname)
xlApp.Visible = True
ws = wb.ActiveSheet
for tbl in ws.ListObjects:
    crng = tbl.Range
    chart = ws.Shapes.AddChart2(Style=-1, XlChartType=4, ⏎
                                Left=crng.Left, ⏎
                                Top=crng.Range('A5').Top, ⏎
                                Width=crng.Width, ⏎
                                Height=112.5).Chart
    chart.SetSourceData(Source=crng)
    chart.PlotBy = 1
    chart.HasTitle = False
    chart.HasLegend = False
wb.Close(SaveChanges=True)
xlApp.Quit()
```

ブック「商品別推移01.xlsx」

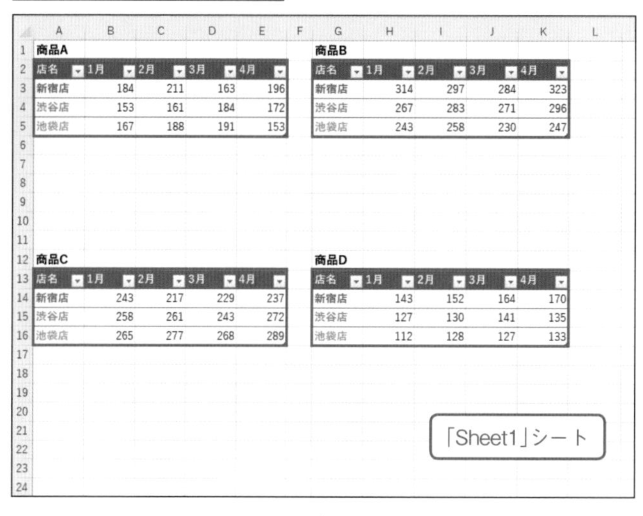

商品A

店名	1月	2月	3月	4月
新宿店	184	211	163	196
渋谷店	153	161	184	172
池袋店	167	188	191	153

商品B

店名	1月	2月	3月	4月
新宿店	314	297	284	323
渋谷店	267	283	271	296
池袋店	243	258	230	247

商品C

店名	1月	2月	3月	4月
新宿店	243	217	229	237
渋谷店	258	261	243	272
池袋店	265	277	268	289

商品D

店名	1月	2月	3月	4月
新宿店	143	152	164	170
渋谷店	127	130	141	135
池袋店	112	128	127	133

実行例

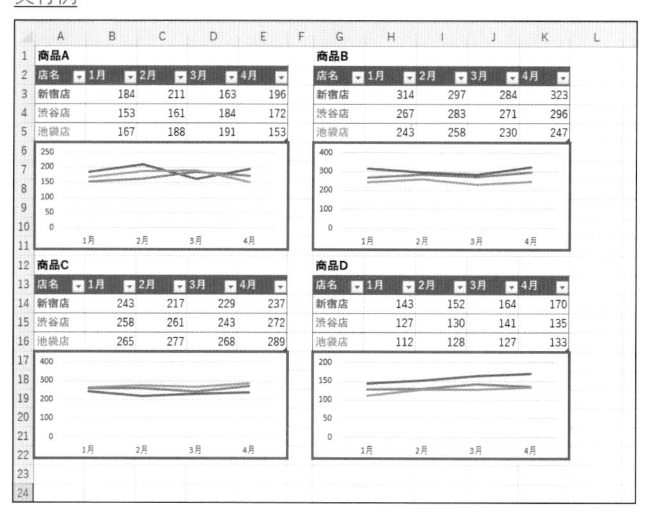

商品A

店名	1月	2月	3月	4月
新宿店	184	211	163	196
渋谷店	153	161	184	172
池袋店	167	188	191	153

商品B

店名	1月	2月	3月	4月
新宿店	314	297	284	323
渋谷店	267	283	271	296
池袋店	243	258	230	247

商品C

店名	1月	2月	3月	4月
新宿店	243	217	229	237
渋谷店	258	261	243	272
池袋店	265	277	268	289

商品D

店名	1月	2月	3月	4月
新宿店	143	152	164	170
渋谷店	127	130	141	135
池袋店	112	128	127	133

この処理でもopenpyxlではなく、pywin32を使用します。対象のブックを開き、そのアクティブシートを表すオブジェクトを変数wsに代入します。その「ListObjects」で、シート上のすべてのテーブルを表すオブジェクトを取得し、for文の対象とすることで、各テーブルを表すオブジェクトを変数tblに代入し、以降の処理を繰り返します。

その「Range」で、テーブルが設定されたセル範囲を表すRangeオブジェクトを取得し、変数crngに収めます。

次に、アクティブシートのすべての描画オブジェクトを表すオブジェクトのAddChart2でグラフを作成し、その左位置、上位置、幅、高さを指定します。まず、左位置は、変数crngに代入したセル範囲の左端と同じにします。上位置は、このRangeオブジェクトを基準とした「Range」に、引数として「A5」を指定することで、テーブルの左上端を基準（A1）とする相対的なA5の位置、つまり4行下の位置のセルを取得し、その上位置と同じにしています。なお、VBAでは、このようにずらした位置のセルを取得する操作には通常「Offset」を使用しますが、このプログラムではうまく機能しないため、Rangeを使っています。そして、グラフの幅はテーブルの横幅と同じにし、高さには直接「112.5」（標準的な高さの行の5行分）という値を指定しています。

作成されたグラフを表す変数chartのSetSourceDataで、グラフの元データとして各テーブルの範囲を代入した変数crngを指定します。また、この表から折れ線グラフを作成すると、各店名がグラフの横軸（項目軸）になってしまうため、「PlotBy」に「1」を指定することでテーブルの列見出しの「1月」〜「4月」が横軸になるように設定します。なお、各店名をグラフの横軸にする場合のPlotByの値は「2」です。

さらに、「HasTitle」と「HasLegend」にFalseを代入することで、タイトルと凡例を非表示にします。凡例がなくても各折れ線の色がどの店を表しているかわかるように、テーブルの各店名の文字色を、あらかじめ各線の色に合わせて変更しています。

このプログラムを、異なる形でテーブルが並んだ別のシートにも適用してみましょう。ブック「商品別推移01.xlsx」の「Sheet2」を開いた状態で保存して閉じ、このスクリプトファイルを実行します。

実行例

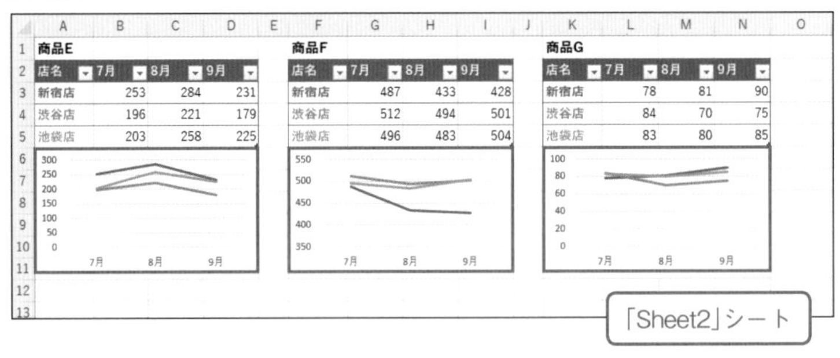

商品E

店名	7月	8月	9月
新宿店	253	284	231
渋谷店	196	221	179
池袋店	203	258	225

商品F

店名	7月	8月	9月
新宿店	487	433	428
渋谷店	512	494	501
池袋店	496	483	504

商品G

店名	7月	8月	9月
新宿店	78	81	90
渋谷店	84	70	75
池袋店	83	80	85

ピボットグラフを作成しよう

テーブルやリスト形式のデータからは、ピボットテーブルと同時に「ピボットグラフ」を作成することも可能です。簡単にいうと、ピボットテーブルを元データとしてグラフを作成すれば、ピボットグラフになります。

ピボットグラフを作成する

P.200でテーブルからピボットテーブルを作成するプログラムを紹介しましたが、その処理にグラフを作成する操作を追加するだけで、ピボットグラフが作成できます。また、ピボットテーブルの「行」や「列」、「値」にフィールドを設定する操作が、そのままグラフの各軸を決める操作になります。ここでは、P.200の例と同じ内容の「販売記録04.xlsx」の「販売データ」テーブルからピボットグラフを作成してみましょう。ただし、ピボットテーブルは「集計」シートに作成しますが、ピボットグラフは元データの「販売データ」テーブルと同じ「記録」シートに、このテーブルと並べて配置します。

PROGRAM sample081_1.py

```
import os
import win32com.client
pname = os.path.dirname(__file__)
fname = os.path.join(pname, '販売記録04.xlsx')
xlApp = win32com.client.Dispatch('Excel.Application')
wb = xlApp.Workbooks.Open(fname)
xlApp.Visible = True
ws = wb.ActiveSheet
pc = wb.PivotCaches().Create(SourceType=1, SourceData='販売データ')
pt = pc.CreatePivotTable(TableDestination=⏎
                         wb.Sheets('集計').Range('B2'),⏎
                         TableName='販売集計')
chart = ws.Shapes.AddChart2(Style=-1, XlChartType=51,⏎
                            Left=320, Top=30,⏎
                            Width=350, Height=280).Chart
chart.SetSourceData(Source=pt.TableRange1)
chart.HasTitle = True
chart.ChartTitle.Caption = '販売データ集計'
pt.PivotFields('都道府県').Orientation = 1
pt.PivotFields('商品分類').Orientation = 2
pt.PivotFields('金額').Orientation = 4
```

```
    wb.Close(SaveChanges=True)
    xlApp.Quit()
```

実行例（ブック「販売記録04.xlsx」）

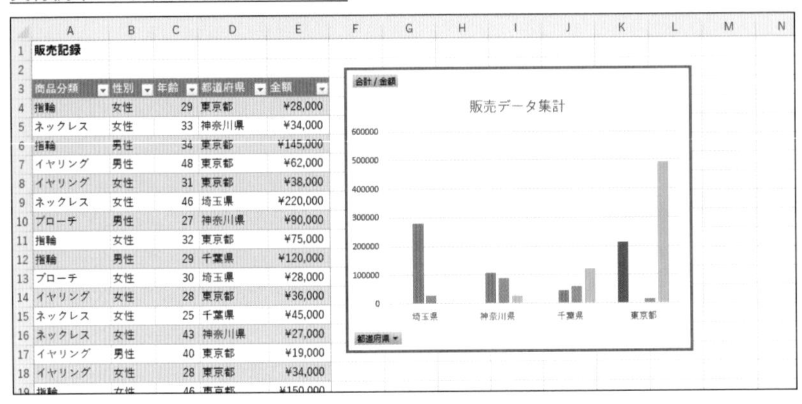

販売記録

商品分類	性別	年齢	都道府県	金額
指輪	女性	29	東京都	¥28,000
ネックレス	女性	33	神奈川県	¥34,000
指輪	男性	34	東京都	¥145,000
イヤリング	男性	48	東京都	¥62,000
イヤリング	女性	31	東京都	¥38,000
ネックレス	女性	46	埼玉県	¥220,000
ブローチ	男性	27	神奈川県	¥90,000
指輪	女性	32	東京都	¥75,000
指輪	男性	29	千葉県	¥120,000
ブローチ	女性	30	埼玉県	¥28,000
イヤリング	女性	28	東京都	¥36,000
ネックレス	女性	25	千葉県	¥45,000
ネックレス	女性	43	神奈川県	¥27,000
イヤリング	男性	40	東京都	¥19,000
イヤリング	女性	28	東京都	¥34,000
指輪	女性	46	東京都	¥150,000

　ピボットテーブルのキャッシュメモリを作成し、そこからピボットテーブルを作成する手順は、P.200で解説した処理とまったく同じです。ピボットテーブルの作成後、P.210と同様の手順で、「販売データ」テーブルの右側に集合縦棒グラフを作成します。集合縦棒グラフの場合、Shapesの「AddChart2」の引数XlChartTypeには「51」を指定します。

　そして、作成したピボットテーブルを表す変数ptの「TableRange1」でフィルター部分を除くピボットテーブル全体のセル範囲を表すオブジェクトを取得し、作成したグラフを表すオブジェクトの「SetSourceData」で、グラフの元データとして設定します。

　さらに、このピボットグラフの「HasTitle」にTrueを指定してグラフタイトルを確実に表示し、「ChartTitle.Caption」でタイトルとして「販売データ集計」を設定します。そして、「都道府県」フィールドを「行」、「商品分類」フィールドを「列」、「金額」フィールドを「値」の各ボックスに配置しています。

面倒な反復処理を自動化!
シートとブックを操作しよう

ブックにワークシートを追加しよう

Excelのブックには、必要に応じて複数のワークシートを作成し、データの内容に応じて入力するシートを使い分けることができます。ここではPythonのプログラムで、指定したブックの中に新しいワークシートを追加してみましょう。

□ ブックの末尾にシートを追加する

ここでは、ブック「成績記録01.xlsx」の末尾に「6月成績」という名前の新しいワークシートを追加します。

ブック「成績記録01.xlsx」

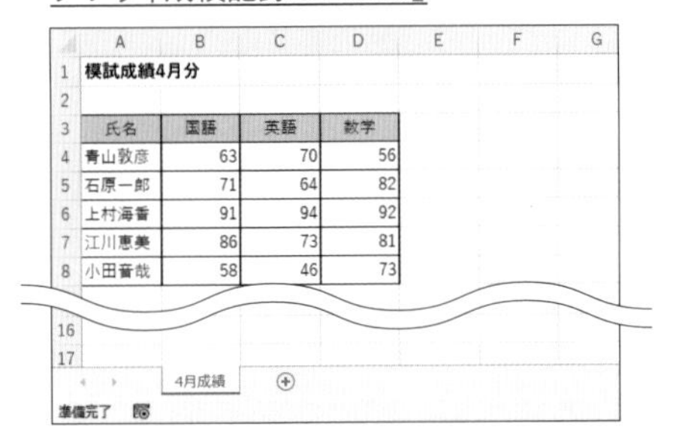

	A	B	C	D
1	模試成績4月分			
2				
3	氏名	国語	英語	数学
4	青山敦彦	63	70	56
5	石原一郎	71	64	82
6	上村海香	91	94	92
7	江川恵美	86	73	81
8	小田蒼哉	58	46	73

PROGRAM | ▶sample082_1.py

```
import openpyxl
fname = '成績記録01.xlsx'
wb = openpyxl.load_workbook(fname)
wb.create_sheet(title='6月成績')
wb.save(fname)
```

実行例

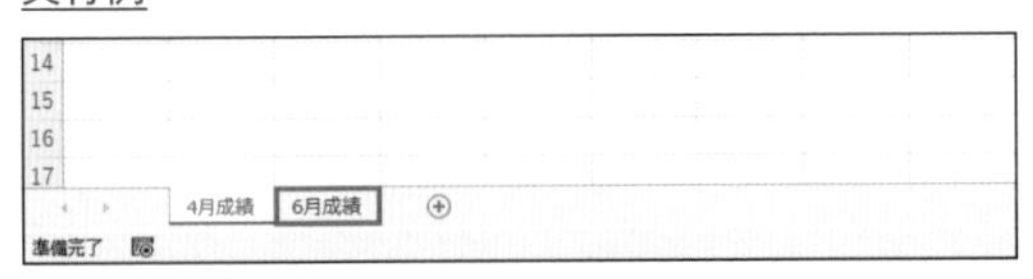

このスクリプトファイルと同じフォルダーにある「成績記録01.xlsx」というブックを開き、そのオブジェクトを変数wbに収めます。

その「create_sheet」で、このブックに新しいワークシートを追加します。引数titleで、そのシート名を指定できます。ここでは挿入位置を指定していないため、新しいシートはブックの末尾に追加されます。

□位置を指定してシートを追加する

「6月成績」シートを追加した「成績記録01.xlsx」に、さらに「5月成績」シートを追加してみましょう。今回はブックの末尾ではなく、左から2番目の位置に挿入します。

PROGRAM | sample082_2.py

```
import openpyxl
fname = '成績記録01.xlsx'
wb = openpyxl.load_workbook(fname)
wb.create_sheet(title='5月成績', index=1)
wb.save(fname)
```

実行例

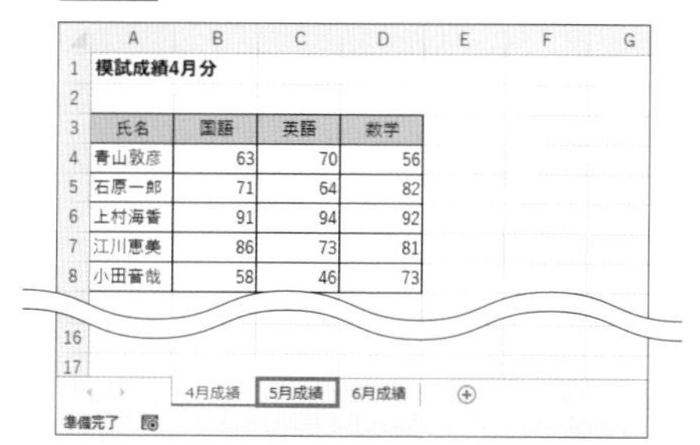

模試成績4月分

氏名	国語	英語	数学
青山敦彦	63	70	56
石原一郎	71	64	82
上村海香	91	94	92
江川恵美	86	73	81
小田音哉	58	46	73

create_sheetに引数indexを指定することで、新しいワークシートを挿入する位置を指定することができます。ブックの先頭に挿入したい場合は「0」で、2番目、つまり先頭のシートの右側に挿入したい場合は「1」を指定します。

シート名を変更しよう

ここでは、作成済みのワークシートの名前を、Pythonのプログラムで変更する方法を解説します。対象のシートはアクティブシートの他、シート名およびシートの位置で指定します。また、現在のシート名の一部を変更する方法も紹介しましょう。

□ アクティブシートの名前を変更する

まずはシンプルに、ブック「店舗別03.xlsx」のアクティブシートの名前を「販売数1月」に変更するプログラムを紹介しましょう。

PROGRAM ▶sample083_1.py

```
import openpyxl
fname = '店舗別03.xlsx'
wb = openpyxl.load_workbook(fname)
ws = wb.active
ws.title = '販売数1月'
wb.save(fname)
```

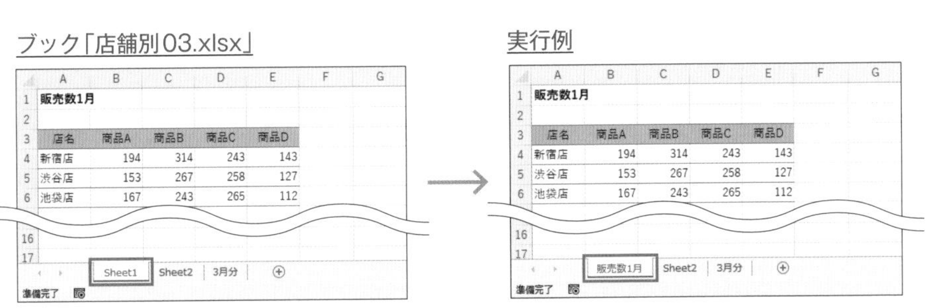

ブック「店舗別03.xlsx」を開き、そのアクティブシートを変数wsに代入します。その「title」に文字列を代入することで、対象のシート名をその文字列に変更できます。

□指定したシートの名前を変更する

次の例は、対象のブックの中の2つのシートを指定し、それぞれの名前を変更するプログラムです。シートの指定方法としては、「Sheet2」というシート名と、先頭(左端)から3番目という位置でそれぞれ指定します。「Sheet2」シートは「販売数2月」に変更します。また、3番目のシートは「販売数」の後に元のシート名の先頭から2文字分を結合した文字列を、シート名に設定します。3番目のシート名は「3月分」なので、結果として「販売数3月」になります。

PROGRAM | ▶sample083_2.py

```
import openpyxl
fname = '店舗別03.xlsx'
wb = openpyxl.load_workbook(fname)
wb['Sheet2'].title = '販売数2月'
ws = wb.worksheets[2]
ws.title = '販売数' + ws.title[:2]
wb.save(fname)
```

実行例

13	
14	
15	
16	
17	

販売数1月 | 販売数2月 | 販売数3月

準備完了

シートをその名前で指定するには、ブックを表すオブジェクトの後に「[ ]」を付け、そのシート名を指定します。ここではそれを変数に収めず直接「title」を続け、「販売数2月」という文字列を代入しています。

また、シートを先頭からの位置で指定するには、ブックを表すオブジェクトの「worksheets」ですべてのワークシートを取得し、その「[ ]」にインデックスを指定します。インデックスの最小値は0なので、3番目のシートは「2」を指定して取得できます。ここではそのシートを表すオブジェクトを変数wsに代入し、そのtitleで現在のシート名を取り出して、「[:2]」とすることで先頭から2文字分を取り出します。その前に「販売数」を結合し、改めて同じシートのtitleに代入しています。

シートを一時的に隠そう

ブックの中の特定のワークシートを、一時的に非表示にすることが可能です。ここでは、Pythonのプログラムで、名前と位置で指定したシートを非表示にする方法と、非表示のシートを再び表示させる方法を紹介します。

□ 特定のシートを非表示にする

ブック「店舗別04.xlsx」の「販売数2月」シートと、このブックの末尾のシートを非表示にしてみましょう。

ブック「店舗別04.xlsx」

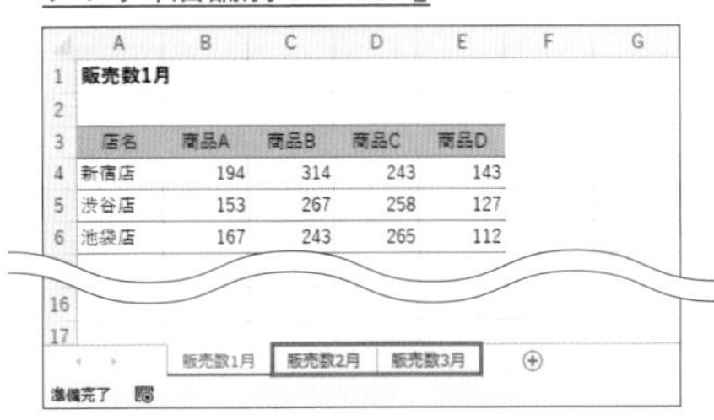

販売数1月

店名	商品A	商品B	商品C	商品D
新宿店	194	314	243	143
渋谷店	153	267	258	127
池袋店	167	243	265	112

PROGRAM | sample084_1.py

```
import openpyxl
fname = '店舗別04.xlsx'
wb = openpyxl.load_workbook(fname)
wb['販売数2月'].sheet_state = 'hidden'
wb.worksheets[-1].sheet_state = 'hidden'
wb.save(fname)
```

実行例

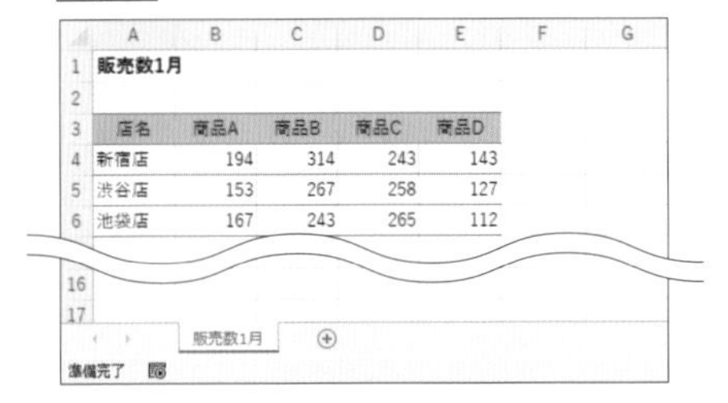

販売数1月

店名	商品A	商品B	商品C	商品D
新宿店	194	314	243	143
渋谷店	153	267	258	127
池袋店	167	243	265	112

ブック「店舗別04.xlsx」を開き、そのブックを表すオブジェクトを変数wbに代入します。そのオブジェクトに「[ ]」を付け、シート名を表す文字列を指定して、そのシートを表すオブジェクトを取得します。その「sheet_state」に「hidden」という文字列を代入することで、対象のワークシートを非表示にできます。

同様に、対象のブックのすべてのワークシートを「worksheets」で取得し、その「[-1]」で末尾から1番目のシートを表すオブジェクトを取得して、やはりsheet_stateにhiddenを設定することで、そのワークシートを非表示にしています。

なお、Excelの通常の操作やExcel VBAでは、すべてのワークシートを非表示にすることはできず、最後に1つ残ったシートを非表示にしようとするとエラーが発生します。

openpyxlによる操作の場合、実行時にもエラーが表示されますが、ファイル自体も変更されてしまい、正常に開くことができなくなります。必ずブックの中で最低1つのシートは表示された状態を保つように注意してください。

□ 非表示のシートを再表示する

上の操作で非表示にした2つのシートを、再び表示させましょう。

PROGRAM | ▶ sample084_2.py

```
import openpyxl
fname = '店舗別04.xlsx'
wb = openpyxl.load_workbook(fname)
wb['販売数2月'].sheet_state = 'visible'
wb.worksheets[-1].sheet_state = 'visible'
wb.save(fname)
```

実行例

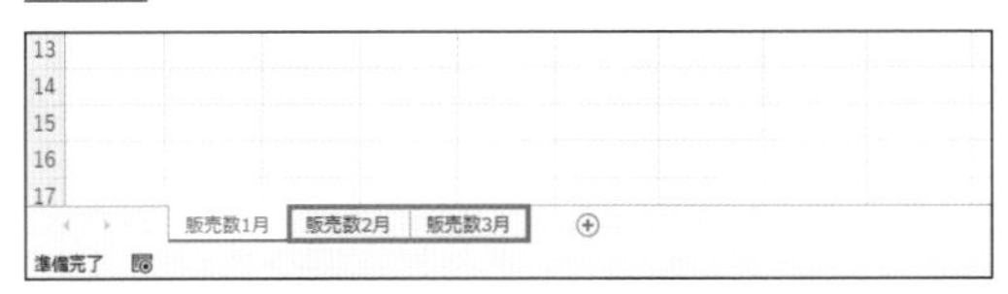

やはりそれぞれのシートを表すオブジェクトを取得し、そのsheet_stateに「visible」という文字列を代入すればOKです。

特定のシートを削除しよう

特定のワークシートが必要なくなった場合、ブックの中から削除してしまうことも可能です。削除の場合、非表示にするのとは違って、消したシートを復活させることはできないので注意が必要です。

□ 特定のシートを削除する

ここではまず、ブック「店舗別05.xlsx」の「4月分」シートをプログラムで削除します。

ブック「店舗別05.xlsx」

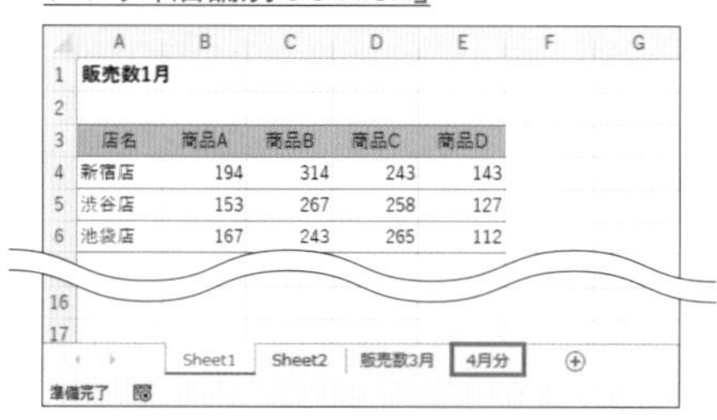

販売数1月

店名	商品A	商品B	商品C	商品D
新宿店	194	314	243	143
渋谷店	153	267	258	127
池袋店	167	243	265	112

PROGRAM | sample085_1.py

```
import openpyxl
fname = '店舗別05.xlsx'
wb = openpyxl.load_workbook(fname)
wb.remove(wb['4月分'])
wb.save(fname)
```

実行例

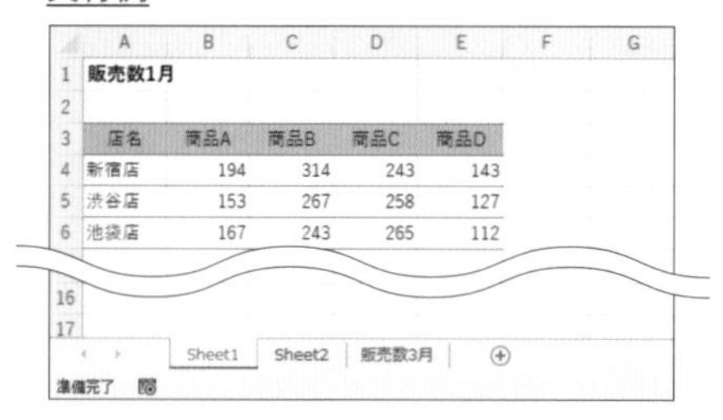

販売数1月

店名	商品A	商品B	商品C	商品D
新宿店	194	314	243	143
渋谷店	153	267	258	127
池袋店	167	243	265	112

対象のブックを開いて、そのオブジェクトを変数wbに代入し、その「remove」で、ブッ

クの中のシートを削除することができます。その引数として、変数wb + [シート名]などで取得した、シートを表すオブジェクトを指定します。

なお、Excelの通常の操作やExcel VBAでは、すべてのワークシートを削除することはできず、最後に1つ残ったシートを削除しようとするとエラーが発生します。

openpyxlによる操作の場合、実行時にもエラーが表示されますが、ファイル自体も変更されてしまい、正常に開くことができなくなります。必ずブックの中に最低1つのシートは残すように注意してください。

▫「Sheet」で始まるシートのみ削除する

ブック「店舗別05.xlsx」の中のすべてのワークシートをチェックし、そのシート名が「Sheet」で始まる場合に、そのシートを削除するプログラムを考えてみましょう。

PROGRAM | ▸sample085_2.py

```
import openpyxl
fname = '店舗別05.xlsx'
wb = openpyxl.load_workbook(fname)
for ws in wb.worksheets:
    if ws.title[:5] == 'Sheet':
        wb.remove(ws)
wb.save(fname)
```

実行例

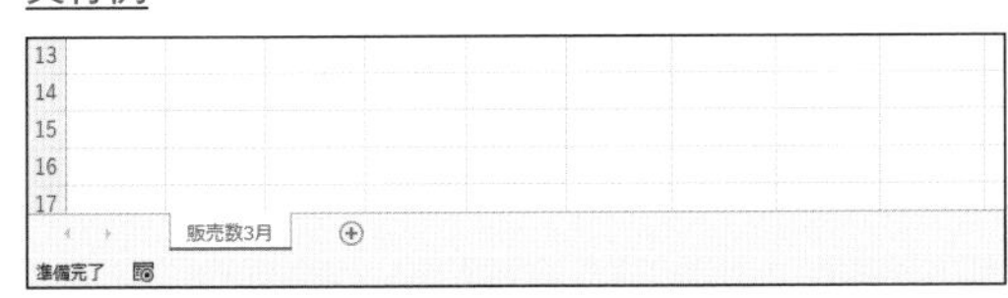

for文の対象にブックのworksheetsを指定することで、すべてのワークシートを表すオブジェクトを変数wsに代入し、以降の処理を繰り返します。さらに、titleで取得したそのシート名の文字列から先頭の5文字分を取り出し、if文でそれが「Sheet」かどうかを判定して、Trueだった場合にそのシートを削除しています。

SECTION 086 シートを保護して間違った改変を防ごう

シートの中の数式や重要なデータを改変されないようにするには、あらかじめ編集可能にしたいセルのロックをオフにしたうえで、シートの保護を実行します。ここでは、セルのロックをオフにする設定と、シートの保護を実行するプログラムを紹介します。

ロックをオフにして保護を実行する

ブック「入荷予定07.xlsx」のアクティブシートの表で、「ID」「入荷予定日」「数量」の各列のみ編集を可能にして、ワークシートを保護します。

PROGRAM | sample086_1.py

```
import openpyxl
from openpyxl.styles import Protection
fname = '入荷予定07.xlsx'
wb = openpyxl.load_workbook(fname)
ws = wb.active
for area in [ws['A4:A8'], ws['C4:C8'], ws['E4:E8']]:
    for row in area:
        for cell in row:
            cell.protection = Protection(locked=False)
ws.protection.password = 'excel'
ws.protection.enable()
wb.save(fname)
```

ブック「入荷予定07.xlsx」

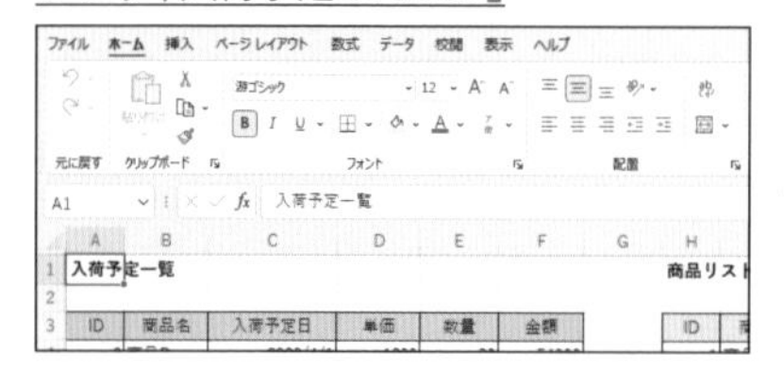

実行例

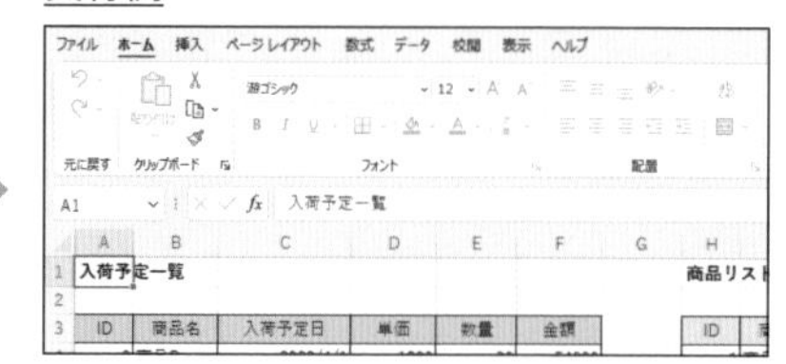

まず、「ID」「入荷予定日」「数量」の各列のセル範囲について、それぞれロックをオフにし、シートの保護の実行時にセルの編集が可能になるようにします。セルのロックの設定には、stylesに含まれるProtectionクラスを使用します。

これまでと同様の手順でブック「入荷予定07.xlsx」のアクティブシートを表すオブジェクトを取得し、変数wsに収めます。そのセル範囲A4:A8、C4:C8、E4:E8を表す各オブジェクトをリストに入れて、これを対象としたfor文で繰り返しを実行します。その各行、さらにその各行の各セルについて3重の繰り返しを実行し、各セルの「protection」に、Protectionクラスの引数lockedにFalseを指定して取得したオブジェクトを設定することで、各セルのロックをオフにします。

ワークシートをパスワード付きで保護するには、まずシートを表すオブジェクトの「protection」の「password」に文字列を代入して、その文字列をパスワードとして設定します。ここでは、「excel」という文字列をパスワードに指定しています。

そして、やはりシートを表すオブジェクトの「protection」の「enable」を実行すると、対象のシートが保護されます。

□ シートの保護を解除する

設定されたシートの保護を解除する方法も紹介しておきましょう。

PROGRAM | sample086_2.py

```
import openpyxl
fname = '入荷予定07.xlsx'
wb = openpyxl.load_workbook(fname)
ws = wb.active
ws.protection.password = 'excel'
ws.protection.disable()
wb.save(fname)
```

対象のシートを表すオブジェクトのprotectionの「disable」を実行します。パスワードを設定している場合は、やはり事前にpasswordを指定しておきます。

シートの並び順を変更しよう

ここでは、複数のワークシートが含まれているブックで、シート見出しが並んでいる位置を変更します。具体的には、Pythonのプログラムでブック内における特定のシートをそのシート名や現在の位置で指定し、その位置を移動させます。

□特定のシートを移動する

まず、ブック「店舗別06.xlsx」の「販売数2月」シートのシート見出しの位置を、現在よりも1つ右に移動してみましょう。

ブック「店舗別06.xlsx」

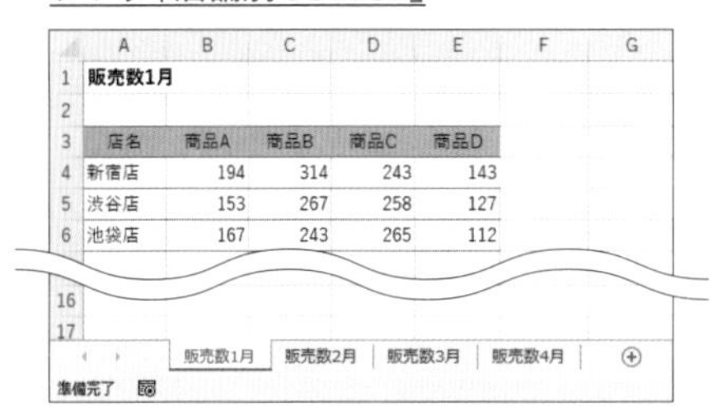

販売数1月

店名	商品A	商品B	商品C	商品D
新宿店	194	314	243	143
渋谷店	153	267	258	127
池袋店	167	243	265	112

PROGRAM | sample087_1.py

```
import openpyxl
fname = '店舗別06.xlsx'
wb = openpyxl.load_workbook(fname)
ws = wb['販売数2月']
wb.move_sheet(ws, offset=1)
wb.save(fname)
```

実行例

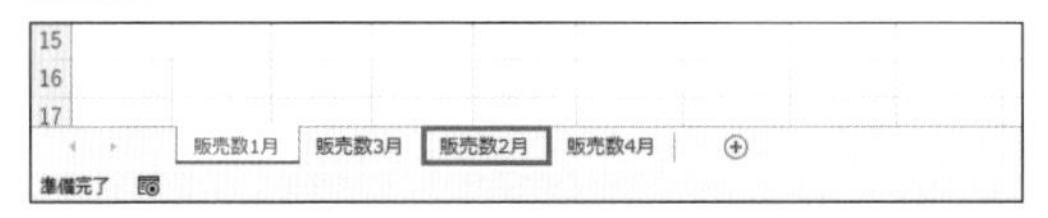

ブック「店舗別06.xlsx」を開き、変数wbに収めます。それにインデックスとして「販売数2月」というシート名を指定し、「販売数2月」シートを表すオブジェクトを取得して、変数wsに収めます。

シートの移動は、ブックを表すオブジェクトの「move_sheet」で実行し、対象のシートはその第1引数に指定します。移動する量は引数「offset」に指定し、正の数では右方向へ、負の数は左方向への移動になります。「1」を指定すると、右方向に1つ移動します。

□ 特定の位置のシートを移動する

次に、同じブックの中で末尾にあるシートを2つ左に移動させてみましょう。

PROGRAM | sample087_2.py

```
import openpyxl
fname = '店舗別06.xlsx'
wb = openpyxl.load_workbook(fname)
ws = wb.worksheets[-1]
wb.move_sheet(ws, offset=-2)
wb.save(fname)
```

実行例

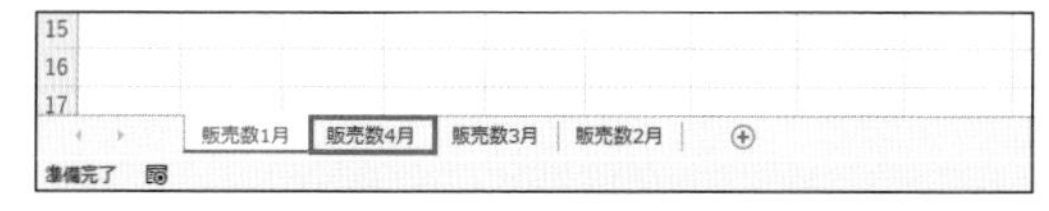

シートを位置で指定したい場合は、ブックを表すオブジェクトの「worksheets」にインデックスで指定します。インデックスの最小値は0なので、先頭のシートは「0」、2番目のシートは「1」です。また、末尾(右端)から数えて1番目のシートは「-1」、2番目のシートは「-2」で指定できます。ここでは「-1」で末尾のシートを指定し、ブックを表すオブジェクトの引数offsetに「-2」を指定して、2つ左側に移動させています。

特定のシートをコピーしよう

ブックの中の特定のシートをコピーしてみましょう。同一ブック内での複製であればopenpyxlで実行できますが、別のブックにコピーしたい場合、openpyxlでは不可能なので、ここではpywin32を利用する方法を紹介します。

□ シートをブック内でコピーする

ここでは、ブック「店舗別07.xlsx」の「販売数2月」シートをコピーし、そのシート名を「予備データ」に変更します。

ブック「店舗別07.xlsx」

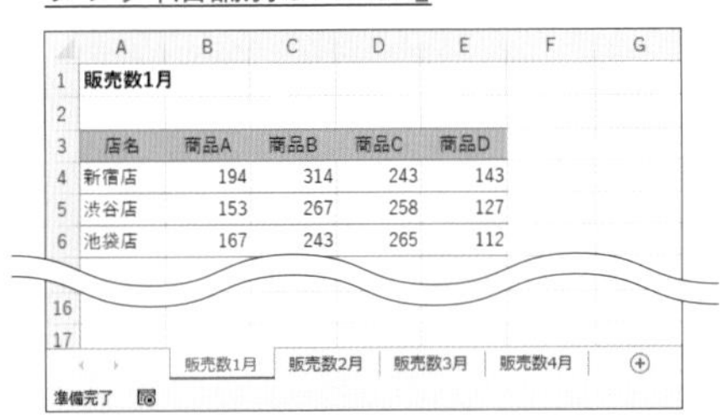

	A	B	C	D	E
1	販売数1月				
2					
3	店名	商品A	商品B	商品C	商品D
4	新宿店	194	314	243	143
5	渋谷店	153	267	258	127
6	池袋店	167	243	265	112

PROGRAM ▶ sample088_1.py

```
import openpyxl
fname = '店舗別07.xlsx'
wb = openpyxl.load_workbook(fname)
ws = wb.copy_worksheet(wb['販売数2月'])
ws.title = '予備データ'
wb.save(fname)
```

実行例

販売数1月 販売数2月 販売数3月 販売数4月 予備データ
準備完了

ブックを開いて変数wbに代入し、その「copy_worksheet」で指定したシートをコピーします。引数にはシートを表すオブジェクトを指定しますが、今回は対象のシートを事前に変数には収めず、ブックを表す変数wbのインデックスに「販売数2月」というシート名を指定し、オブジェクトとして取得しています。この操作の結果がシートを表すオブジェクトとして返されるので、それを変数wsに代入しています。

コピーされたシートのシート名は自動的に「販売数2月 copy」などになります。ここでは変数wsの「title」に「予備データ」を設定することで、シート名を変更しています。

▫シートを他ブックにコピーする

特定のシートを別のブックにコピーする操作を、pywin32を使用して実行しましょう。

PROGRAM ▶sample088_2.py

```
import os
import win32com.client
pname = os.path.dirname(__file__)
fname1 = os.path.join(pname, '店舗別07.xlsx')
fname2 = os.path.join(pname, '販売数前月分.xlsx')
xlApp = win32com.client.Dispatch('Excel.Application')
wb1 = xlApp.Workbooks.Open(fname1)
wb2 = xlApp.Workbooks.Open(fname2)
xlApp.Visible = True
wb1.Sheets('販売数1月').Copy(Before=wb2.Sheets(1))
wb2.Close(SaveChanges=True)
xlApp.Quit()
```

ブック「店舗別07.xlsx」と「販売数前月分.xlsx」をそれぞれ開いて別の変数に代入し、コピー元のブックの「販売数1月」シートを表すオブジェクトの「Copy」で、引数「Before」にコピー先のブックの特定のシートの前にコピーしています。最後に変更した「販売数前月分.xlsx」だけを保存して閉じ、Excelを終了しています。

印刷用のページ設定を変更しよう

指定したブックのページ設定を変更するPythonのプログラムを紹介します。具体的には、用紙サイズ、印刷の向き、印刷範囲、ヘッダー／フッターといった印刷に関連する設定をまとめて変更しましょう。

ページ設定を変更する

次のようなブック「入荷予定08.xlsx」のアクティブシートのページ設定を変更します。

ブック「入荷予定08.xlsx」

	A	B	C	D	E	F	G	H	I	J	K	L	M	N	O
1	入荷予定一覧							商品リスト							
2															
3	ID	商品名	入荷予定日	単価	数量	金額		ID	商品名	価格					
4	2	商品B	2022/4/1	1800	30	54000		1	商品A	1500					
5	5	商品E	2022/4/3	3000	20	60000		2	商品B	1800					
6								3	商品C	2200					
7								4	商品D	2500					
8								5	商品E	3000					
9				合計	50	114000		6	商品F	3300					
10								7	商品G	3500					
11								8	商品H	3700					
12															

現在のページ設定と、その実際の印刷時のイメージ（印刷プレビュー）は、「ファイル」タブの「印刷」画面で確認できます。

「印刷」画面

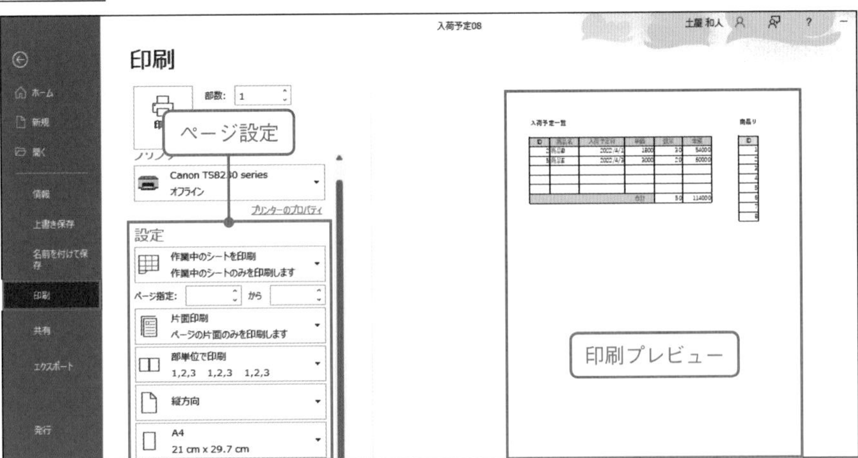

現在、すべてのページ設定は初期設定の状態です。すなわち、印刷の向きは縦方向で、用紙サイズはA4です。

プログラムでは、まず左側の表が入力されたセル範囲A1:F9を「印刷範囲」に設定して、この範囲だけが印刷されるようにします。次に、ページの中央フッターに印刷日が印刷されるようにします。さらに、印刷の向きを横方向に、用紙サイズをB5に変更します。

PROGRAM | sample089_1.py

```
import openpyxl
fname = '入荷予定08.xlsx'
wb = openpyxl.load_workbook(fname)
ws = wb.active
ws.print_area = 'A1:F9'
ws.oddFooter.center.text = '&D'
ws.oddFooter.size = 14
ws.oddFooter.font = 'メイリオ'
ws.page_setup.orientation = 'landscape'
ws.page_setup.paperSize = 13
wb.save(fname)
```

実行例

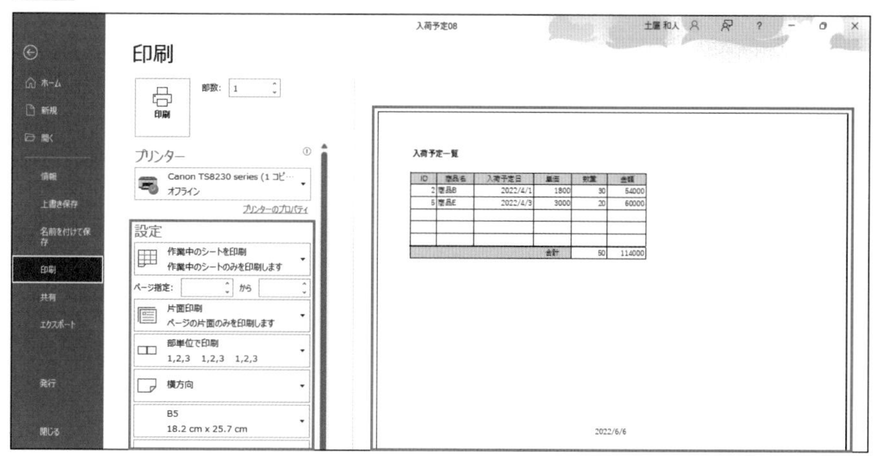

対象のブックを開き、そのアクティブシートを表すオブジェクトを変数wsに代入します。その「print_area」にセル範囲を表す文字列を代入することで、その範囲がこのシートの印刷範囲に設定されます。なお、印刷範囲を設定するのは、対象の範囲に「Print_Area」という名前を付けるのと同じ操作になります。

ワークシートを表すオブジェクトの「oddHeader」でヘッダー、「oddFooter」でフッターの印刷を設定できます。それぞれの後に「left」「center」「right」を指定することで、左、中央、右のヘッダーまたはフッターを設定できます。印刷する文字列を直接指定することもできますが、情報を表示する書式コードも利用可能です。下にその一例を示します。

書式コード	印刷される内容
&D	今日の日付
&T	現在の時刻
&F	ファイル名
&A	シート名
&P	ページ番号
&N	総ページ数

ここでは、中央フッターに「&D」を設定し、今日の日付を印刷させています。

また、oddHeaderの後に「size」を続けてフォントサイズを、「font」を続けてフォントを設定できます。ここではフォントサイズを「14」に、フォントを「メイリオ」に変更しています。

シートを表すオブジェクトの「page_setup」でページ設定を表すオブジェクトを取得し、その「orientation」で印刷の向きを、「paperSize」で用紙サイズを設定します。orientationに設定できるのは、縦方向を表す「portrait」、横方向を表す「landscape」という文字列です。ここでは「landscape」を設定しています。

また、paperSizeに設定できるのは用紙サイズを表す数値です。主な用紙サイズの例を下表に示します。

設定値	用紙サイズ
1	レター
5	リーガル
8	A3
9	A4
11	A5
12	B4
13	B5
43	はがき
69	往復はがき

ここでは、「B5」を表す「13」を設定しています。

ワークシートを印刷しよう

ページ設定を変更したら、対象のワークシートを自動的に印刷しましょう。ただし、この操作もopenpyxlでは実行できないため、pywin32を利用します。また、直接印刷を実行するのではなく、事前に印刷プレビューで確認するコードも紹介します。

□シートの印刷を実行する

ここでは、ブック「店舗別08.xlsx」のアクティブシートを、Pythonのプログラムで印刷します。

PROGRAM | sample090_1.py

```
import os
import win32com.client
pname = os.path.dirname(__file__)
fname = os.path.join(pname, '店舗別08.xlsx')
xlApp = win32com.client.Dispatch('Excel.Application')
xlApp.Visible = True
wb = xlApp.Workbooks.Open(fname)
wb.ActiveSheet.PrintOut()
xlApp.Quit()
```

win32comでExcelを開き、指定したブックを開いて変数wbに収めます。その「ActiveSheet」でアクティブシートを表すオブジェクトを取得し、そのPrintOutで印刷を実行します。最後にExcelを終了しますが、開いたままでよければ「xlApp.Quit()」の行を削除します。

□ 印刷プレビューを表示する

印刷を実行する前に印刷プレビューを表示し、印刷結果に近いイメージを確認することができます。今回はアクティブシートではなく、「販売数2月」というシート名を指定して、その印刷プレビューを表示させてみましょう。

PROGRAM | sample090_2.py

```
import os
import win32com.client
pname = os.path.dirname(__file__)
fname = os.path.join(pname, '店舗別08.xlsx')
xlApp = win32com.client.Dispatch('Excel.Application')
xlApp.Visible = True
wb = xlApp.Workbooks.Open(fname)
wb.Sheets('販売数2月').PrintPreview()
```

実行例

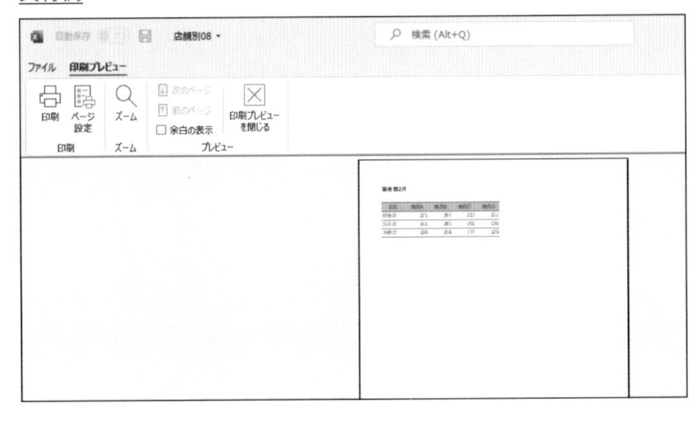

ここで印刷プレビューを確認し、「印刷」をクリックすると、印刷が実行されます。

なお、この画面はExcelの以前のバージョンで使用されていた印刷プレビューの画面で、最近のバージョンでは「ファイル」タブの「印刷」画面で印刷プレビューを確認するようになっています。

このプログラムでは「Sheets」にインデックスとしてシート名を指定し、そのシートを表すオブジェクトを取得します。その「PrintPreview」で印刷プレビューを表示させています。この画面をユーザーに確認させる必要があるので、このプログラムでは最後にExcelを終了させず、開いたままにしています。

ワークシートをPDFに出力しよう

Excelでは、印刷を実行するのと同様の感覚で、ページ設定に従ってワークシートをPDFファイルに出力することが可能です。この操作をPythonのプログラムで実行する場合も、openpyxlではなくpywin32を利用します。

□ シートをPDFに出力する

ここでは、ブック「店舗別09.xlsx」のアクティブシートを、PythonのプログラムでPDFに出力します。

ブック「店舗別09.xlsx」

	A	B	C	D	E	F	G
1	販売数1月						
2							
3	店名	商品A	商品B	商品C	商品D		
4	新宿店	194	314	243	143		
5	渋谷店	153	267	258	127		
6	池袋店	167	243	265	112		
7							
8							
9							

PROGRAM ▶sample091_1.py

```
import os
import win32com.client
pname = os.path.dirname(__file__)
fname = os.path.join(pname, '店舗別09.xlsx')
pfname = fname[:-4] + 'pdf'
xlApp = win32com.client.Dispatch('Excel.Application')
xlApp.Visible = True
wb = xlApp.Workbooks.Open(fname)
wb.ActiveSheet.ExportAsFixedFormat(Type=0, Filename=pfname)
xlApp.Quit()
```

実行例（Adobe Acrobat Readerで開いた）

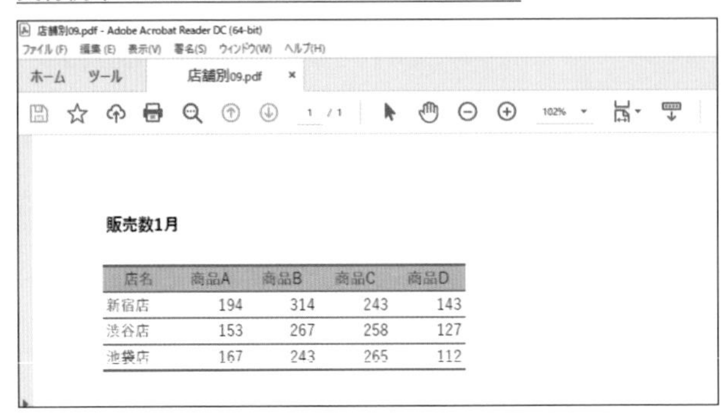

店名	商品A	商品B	商品C	商品D
新宿店	194	314	243	143
渋谷店	153	267	258	127
池袋店	167	243	265	112

ここでは、最初にこのスクリプトファイルと同じフォルダーにある「店舗別09.xlsx」のフルパスを表す文字列を変数fnameに収めていますが、「fname[:-4]」でその末尾4文字分、つまり「xlsx」を除いた文字列を取り出し、「pdf」を結合しています。これが、目的のブックと同じフォルダーに、PDFとして保存するファイル名になります。

印刷と同様にアクティブシートを表すオブジェクトを取得し、そのExportAsFixedFormatでPDFファイルなどへの出力を実行します。これはXPS形式での出力も可能ですが、引数Typeに0を指定するとPDFへの出力になります。そして、引数Filenameに、保存するファイル名を指定します。

□ ファイル名を指定して出力する

tkinterの入力画面（P.78参照）を使用して、出力するPDFのファイル名を指定できるようにした例も紹介しておきましょう。

PROGRAM | sample091_2.py

```
import os
import win32com.client
import tkinter
from tkinter import simpledialog
pname = os.path.dirname(__file__)
fname = os.path.join(pname, '店舗別09.xlsx')
root = tkinter.Tk()
root.withdraw()
pdf = simpledialog.askstring('ファイル名', ⏎
                             '保存するPDFファイル名を入力してください')
```

```
if pdf:
    pfname = os.path.join(pname, pdf + '.pdf')
    xlApp = win32com.client.Dispatch('Excel.Application')
    xlApp.Visible = True
    wb = xlApp.Workbooks.Open(fname)
    wb.ActiveSheet.ExportAsFixedFormat(Type=0, Filename=pfname)
    xlApp.Quit()
```


実行例

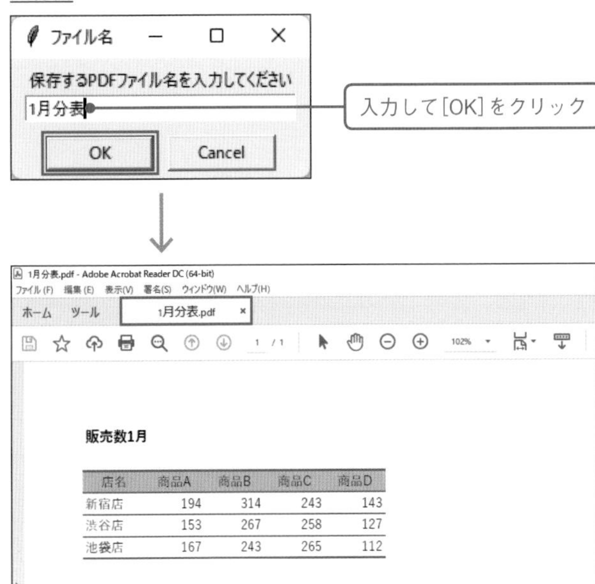

tkinterに含まれる「simpledialog」の「askstring」で、文字列データの入力を受け付ける入力ボックスが表示されます。ここでユーザーがファイル名を入力して[OK]をクリックすると、その戻り値が変数pdfに入ります。

Ifで変数pdfに値が代入されていること、つまり[キャンセル]ではなかったことを確認して、以下、前の例と同様のコードでPDFファイルに出力します。

SECTION 092 ブックを新規作成しよう

Excelのブックを新規作成し、名前を付けて保存する一連の操作を、Pythonのプログラムで実行してみましょう。空白のブックをそのまま保存しても意味がないので、サンプルのデータを入力する操作も加えます。

□ブックを作成して保存する

ここでは、新規ブックを作成し、セルA1に「サンプル」と入力して、スクリプトファイルと同じフォルダーに「作成見本.xlsx」というファイル名で保存しましょう。

PROGRAM | sample092_1.py

```
import openpyxl
wb = openpyxl.Workbook()
ws = wb.active
ws['A1'].value = 'サンプル'
wb.save('作成見本.xlsx')
```

実行例

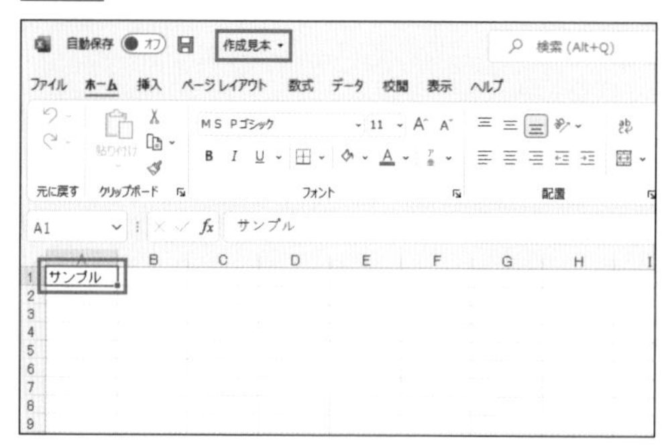

openpyxlの「Workbook」クラスを実行することで、新しいブックが作成されます。そのブックを表すオブジェクトが返されるので、変数wbに代入します。そのブックのアクティブシートを変数wsに代入し、セルA1に「サンプル」という文字列を入力します。

最後に、ブックを表すオブジェクトの「save」で、引数に「作成見本.xlsx」という文字列を指定し、このファイル名で保存します。なお、openpyxlで作成したブックは、標準フォントが「MS Pゴシック」になるなど、以前のバージョンの仕様になっています。

ブックを別名で保存しよう

作成済みのブックに名前を付け、別のブックとして保存してみましょう。ブックに名前を付けて保存する操作はこれまでも説明してきましたが、要するに、読み込んだときと異なるファイル名で保存すれば、名前を付けて保存という操作になります。

▫ブックを別名で保存する

ここでは、ブック「作成見本.xlsx」を、そのファイル自体とは別に、同じフォルダーの中に「変更見本.xlsx」というファイル名で保存し直してみましょう。

PROGRAM ▶sample093_1.py

```
import openpyxl
wb = openpyxl.load_workbook('作成見本.xlsx')
wb.save('変更見本.xlsx')
```

実行例

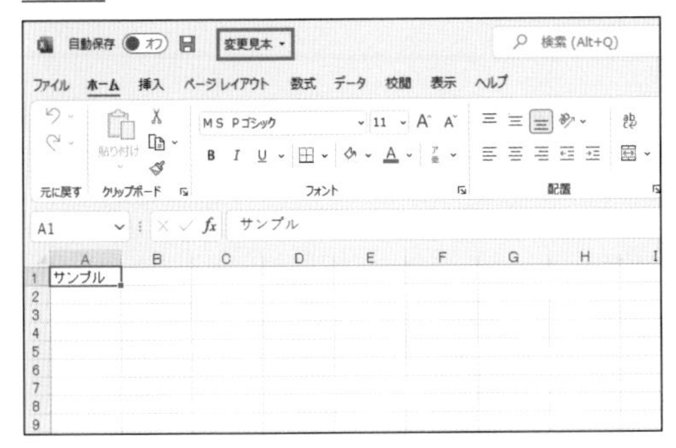

これまで説明してきた通り、openpyxlの「load_workbook」で「作成見本.xlsx」を開き、変数wbに収めます。その「save」で、引数に「変更見本.xlsx」という文字列を指定して、このファイル名で保存します。

作成済みのブックの情報を調べよう

ここでは、すでにさまざまなデータが入力された状態のブックを対象に、そのシート構成や各シート名、その入力済みのセル数などの情報を調べてみましょう。調べた情報はShell画面に出力します。

ブックの情報を調べる

ここでは、ブック「店舗別10.xlsx」を対象に、その全シート数と、各シートの名前、および入力済みのセル数をShell画面に出力するプログラムを紹介します。

ブック「店舗別10.xlsx」

	A	B	C	D	E	F	G
1	販売数1月						
2							
3	店名	商品A	商品B	商品C	商品D		
4	新宿店	194	314	243	143		
5	渋谷店	153	267	258	127		
6	池袋店	167	243	265	112		
7							
8							
9							

PROGRAM | sample094_1.py

```
import openpyxl
wb = openpyxl.load_workbook('店舗別10.xlsx')
print('シート数', len(wb.worksheets))
for i, ws in enumerate(wb.worksheets):
    cnum = 0
    for row in ws.iter_rows():
        for cell in row:
            if cell.value != None:
                cnum += 1
    print(i + 1, ws.title + ':入力セル数', cnum)
```

実行例

```
>>>
==== RESTART: C:/Users/clayh/Documents/Works/ExcelPython/6章作例/sample094_1.py
===
シート数 4
1 販売数1月：入力セル数 21
2 販売数2月：入力セル数 21
3 販売数3月：入力セル数 21
4 販売数4月：入力セル数 21
>>>
```

指定したブックを開き、そのブックを表すオブジェクトを変数wbに収めたら、まずその「worksheets」ですべてのワークシートを取得し、「len」でその数を求めて、print関数で出力します。

次にfor文の繰り返しを実行しますが、iとwsという2つの変数を指定し、「enumerate」に繰り返し可能なオブジェクトを指定することで、何回目の繰り返しかを表す数値が最初の変数iに、オブジェクトの各要素が変数wsに収められます。ここでは対象のブックのワークシートの数だけ繰り返しが実行され、その各シートを表すオブジェクトが変数wsに代入され、以降の処理が繰り返されます。

変数cnumは、各シートの入力済みのセル数をカウントするための変数です。シートごとに最初は0に設定し、さらにfor文を二重に使用して、各行の各セルについて繰り返しを実行します。if文で各セルの値が空白（None）でないかどうかを判定し、空白でなければ変数cnumの値を1増やしています。

入力済みのセル数をカウントし終わったら、print関数で各シートの情報を出力します。変数iの初期値は0なので1を加えて1から始まるシート番号にします。また、「ws.title」でシート名を取得します。「,」で区切って並べて指定していくと、出力時には半角スペースが空きます。逆に、シート名と「：入力セル数」の間はスペースを空けたくないので「+」で結合しています。最後に、やはりスペースを空けて、変数cnumに収めた各シートのセル数を続けています。

ブックを保護して シート構成の変更を防ごう

シートの保護を実行する方法はP.236で紹介しましたが、Excelではブックを保護することもできます。ブックの保護とは、シートの増減や並び順などを変更できないようにするもので、パスワードを設定することも可能です。

ブックをパスワード付きで保護する

ブックを保護することで、シートの追加や削除、移動、シート名の変更といった操作ができなくなります。以前のバージョンのExcelでは、ウィンドウの表示／非表示やサイズ変更なども禁止できましたが、最近のバージョンはこの操作はサポートされていません。

ここでは、ブック「店舗別11.xlsx」をパスワード付きで保護しましょう。パスワードは「excel2021」とします。

PROGRAM | sample095_1.py

```
import openpyxl
from openpyxl.workbook.protection import WorkbookProtection
fname = '店舗別11.xlsx'
pword = 'excel2021'
wb = openpyxl.load_workbook(fname)
wb.security = WorkbookProtection()
wb.security.lockStructure = True
wb.security.workbook_password = pword
wb.save(fname)
```

このプログラムを実行後、ブック「店舗別11.xlsx」を開くと、ブックの保護が設定され、シートの構成を変更する操作ができなくなっています。ブックの保護を解除するには、[校閲]タブの[保護]グループの[ブックの保護]を実行します。ただし、このプログラムでパスワードを設定しているため、保護を解除するにはパスワードの入力が必要です。

ブック保護の解除時

ブック保護の解除 ? ×
パスワード(P):
OK キャンセル

openpyxlでブックの保護を実行するには、まずその中の「WorkbookProtection」クラスをインポートします。

そして、ファイル名とパスワードの文字列をそれぞれ変数に代入し、ブックを開きます。対象のブックの「security」に、WorkbookProtectionクラスから作成したオブジェクトを代入します。その「lockStructure」に「True」を設定することで、シートの構成が保護されます。さらに、「workbook_password」に文字列を代入することで、そのパスワードが設定されます。

▫ブックの保護を解除する

このブック「店舗別11.xlsx」に設定した保護を、パスワードを指定して解除する方法も紹介しておきます。

PROGRAM | ▶sample095_2.py

```
import openpyxl
from openpyxl.workbook.protection import WorkbookProtection
fname = '店舗別11.xlsx'
pword = 'excel2021'
wb = openpyxl.load_workbook(fname)
wb.security = WorkbookProtection()
wb.security.workbook_password = pword
wb.security.lockStructure = False
wb.save(fname)
```

やはりWorkbookProtectionクラスを使用して「workbook_password」にパスワードを設定し、「lockStructure」にFalseを指定すれば、ブックの保護が解除されます。

SECTION 096

すべてのワークシートのデータを処理しよう

ここからは、繰り返し処理（P.64参照）を利用して、複数のシートやブックに対し、同じ処理をまとめて実行する方法を紹介していきます。まず、指定したブックに含まれるすべてのシートの特定のセルの値を変更する操作を紹介しましょう。

□ 全シートのセルA１にシート名を入力する

まず、指定したブックに含まれるすべてのワークシートのセルA1の値を、その各シートのシート名と同じになるように変更してみましょう。

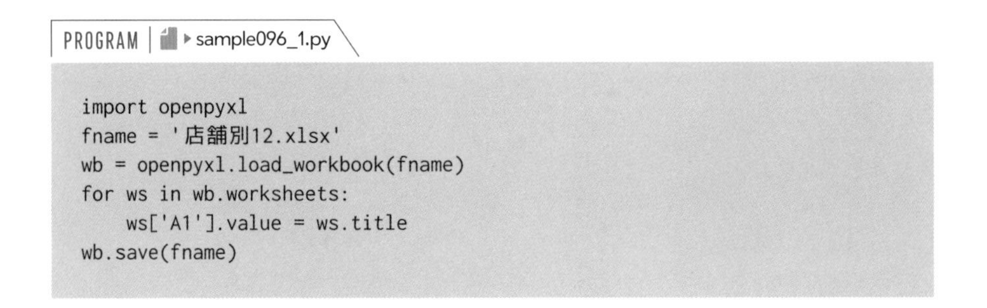

PROGRAM ▸sample096_1.py

```
import openpyxl
fname = '店舗別12.xlsx'
wb = openpyxl.load_workbook(fname)
for ws in wb.worksheets:
    ws['A1'].value = ws.title
wb.save(fname)
```

実行例

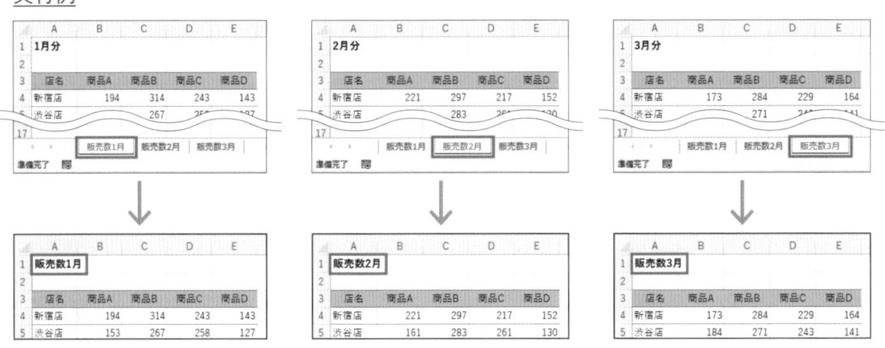

対象のブックを開いて変数wbに収め、その「worksheets」でそのブックに含まれている各ワークシートを対象とした繰り返しを実行します。変数wsに収められた各シートのセルA1の「value」に、「title」で求めたそのシート名を代入することで、シート名をそのままセルA1に入力しています。

□各セルの同じセルの値に加算する

次に、対象のブックに含まれるすべてのワークシートのセルB4に入力された数値を、それぞれ現在の値に10を加えた値に変更してみましょう。

PROGRAM ▶sample096_2.py

```
import openpyxl
fname = '店舗別12.xlsx'
wb = openpyxl.load_workbook(fname)
for ws in wb.worksheets:
    ws['B4'].value += 10
wb.save(fname)
```

実行例

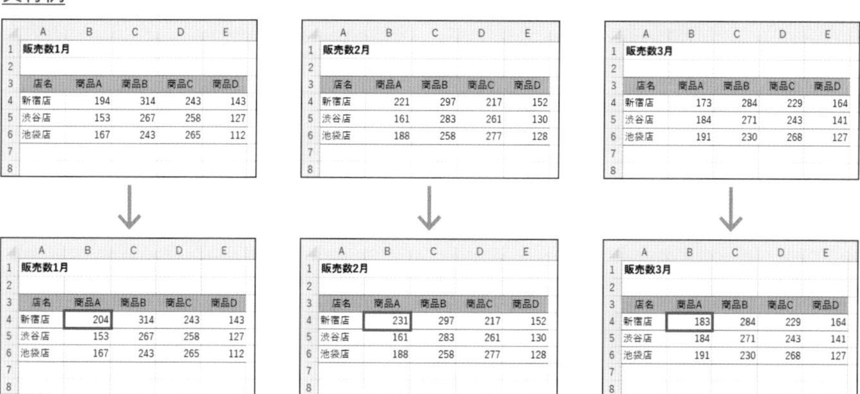

販売数1月（実行前）

店名	商品A	商品B	商品C	商品D
新宿店	194	314	243	143
渋谷店	153	267	258	127
池袋店	167	243	265	112

販売数2月（実行前）

店名	商品A	商品B	商品C	商品D
新宿店	221	297	217	152
渋谷店	161	283	261	130
池袋店	188	258	277	128

販売数3月（実行前）

店名	商品A	商品B	商品C	商品D
新宿店	173	284	229	164
渋谷店	184	271	243	141
池袋店	191	230	268	127

↓

販売数1月（実行後）

店名	商品A	商品B	商品C	商品D
新宿店	204	314	243	143
渋谷店	153	267	258	127
池袋店	167	243	265	112

販売数2月（実行後）

店名	商品A	商品B	商品C	商品D
新宿店	231	297	217	152
渋谷店	161	283	261	130
池袋店	188	258	277	128

販売数3月（実行後）

店名	商品A	商品B	商品C	商品D
新宿店	183	284	229	164
渋谷店	184	271	243	141
池袋店	191	230	268	127

複合代入演算子の「+=」などは、セルの値に代入する操作に対しても使用できます。これを利用して、現在のセルB4の値に10を加えた値を、改めて同じセルB4に代入しています。

全ブックの1つのシートのデータを処理しよう

1つのフォルダーに保存されているすべてのExcelブックを対象として、繰り返し処理を実行することも可能です。ここでは、全ブックの特定のシートの同じセルに対し、同じ処理を実行するプログラムを紹介します。

□ 全ブックのアクティブシートに入力する

次のプログラムでは、実行中のスクリプトファイルと同じフォルダーに保存されている拡張子「.xlsx」のファイル、つまり全ブックを対象として、そのアクティブシートのセルD1に「作業中」と入力します。

「WorkData097」フォルダー

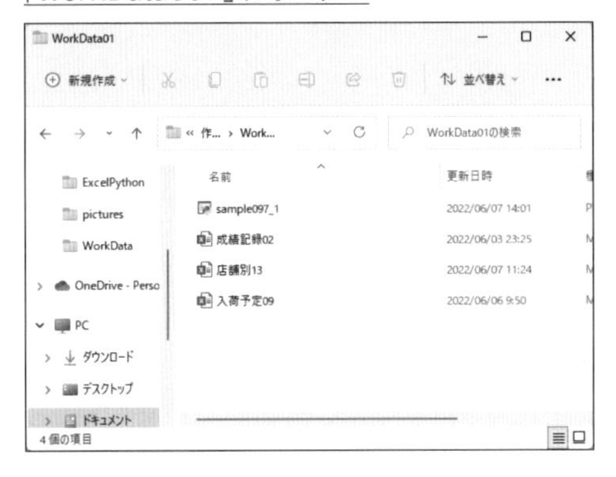

PROGRAM | sample097_1.py

```
import glob
import openpyxl
bfiles = glob.glob('./*.xlsx')
for fname in bfiles:
    wb = openpyxl.load_workbook(fname)
    ws = wb.active
    ws['D1'].value = '作業中'
    wb.save(fname)
```

実行例

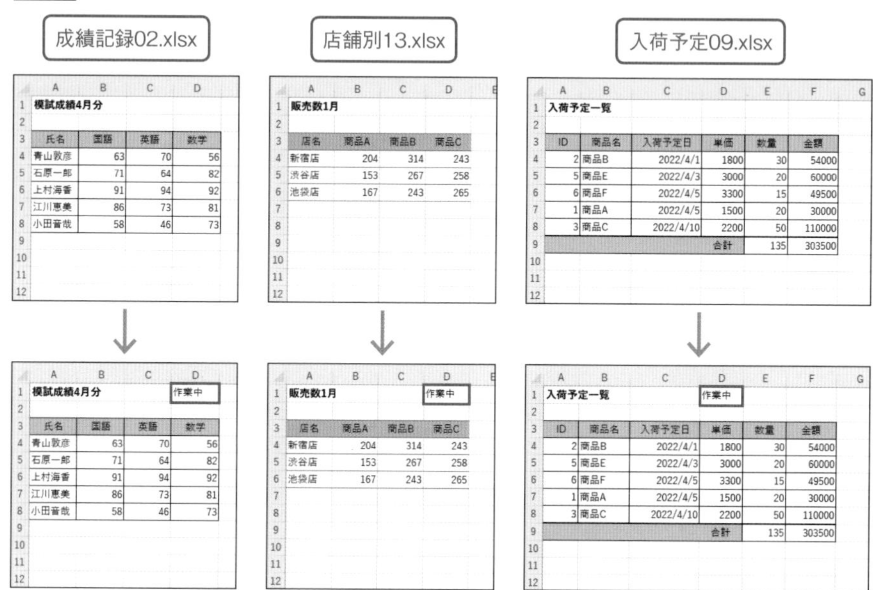

模試成績4月分

氏名	国語	英語	数学
青山敦彦	63	70	56
石原一郎	71	64	82
上村海香	91	94	92
江川恵美	86	73	81
小田音哉	58	46	73

販売数1月

店名	商品A	商品B	商品C
新宿店	204	314	243
渋谷店	153	267	258
池袋店	167	243	265

入荷予定一覧

ID	商品名	入荷予定日	単価	数量	金額
2	商品B	2022/4/1	1800	30	54000
5	商品E	2022/4/3	3000	20	60000
6	商品F	2022/4/5	3300	15	49500
1	商品A	2022/4/5	1500	20	30000
3	商品C	2022/4/10	2200	50	110000
			合計	135	303500

指定したフォルダー内のすべてのブックの中で、対象となるファイル（Excelブック）を絞り込むための方法として、ここでは標準ライブラリの「glob」を使用しています。その「glob」に引数としてワイルドカードを使ったパスの文字列を指定して、それに該当するファイルの一覧をリストとして取得し、変数bfilesに収めています。この例の場合、「./」でこのスクリプトファイルと同じフォルダーを表し、「*.xlsx」は拡張子が「.xlsx」であるすべてのファイルを表します。この例は相対パスですが、「/Users/ユーザー名/Documents/」のような絶対パスで指定することも可能です。

取得したファイル名のリストをfor文の対象に指定し、各ファイル名を変数fnameに収めて、以降の処理を繰り返します。各ファイルに対する処理はこれまでと同様で、そのブックを開いて変数wbに代入し、そのアクティブシートを変数wsに代入して、そのD1セルに「作業中」と入力し、そのブックを保存しています。

全ブックの全シートのデータを処理しよう

ここまで、1つのブックの中の全ワークシートを対象とした繰り返し、1つのフォルダーの中の全ブックを対象とした繰り返しの処理を説明していきました。これらを組み合わせることで、全ブックの全ワークシートを対象とした繰り返しが実行できます。

□全ブックの全シートに入力する

実行中のスクリプトファイルと同じフォルダーに保存されている拡張子「.xlsx」のファイル、つまり全ブックを対象として、その全シートのセルD1に「作業完了」と入力します。すでにそのセルに何か入力されていた場合は、そのデータに上書きします。

「WorkData098」フォルダー

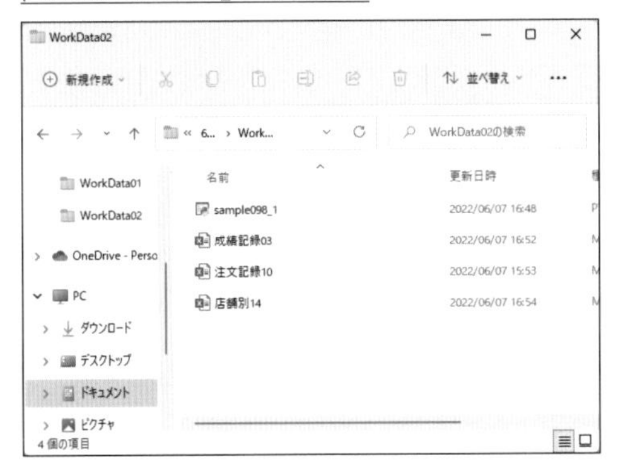

PROGRAM | sample098_1.py

```
import glob
import openpyxl
bfiles = glob.glob('./*.xlsx')
for fname in bfiles:
    wb = openpyxl.load_workbook(fname)
    for ws in wb.worksheets:
        ws['D1'].value = '作業完了'
    wb.save(fname)
```

実行例

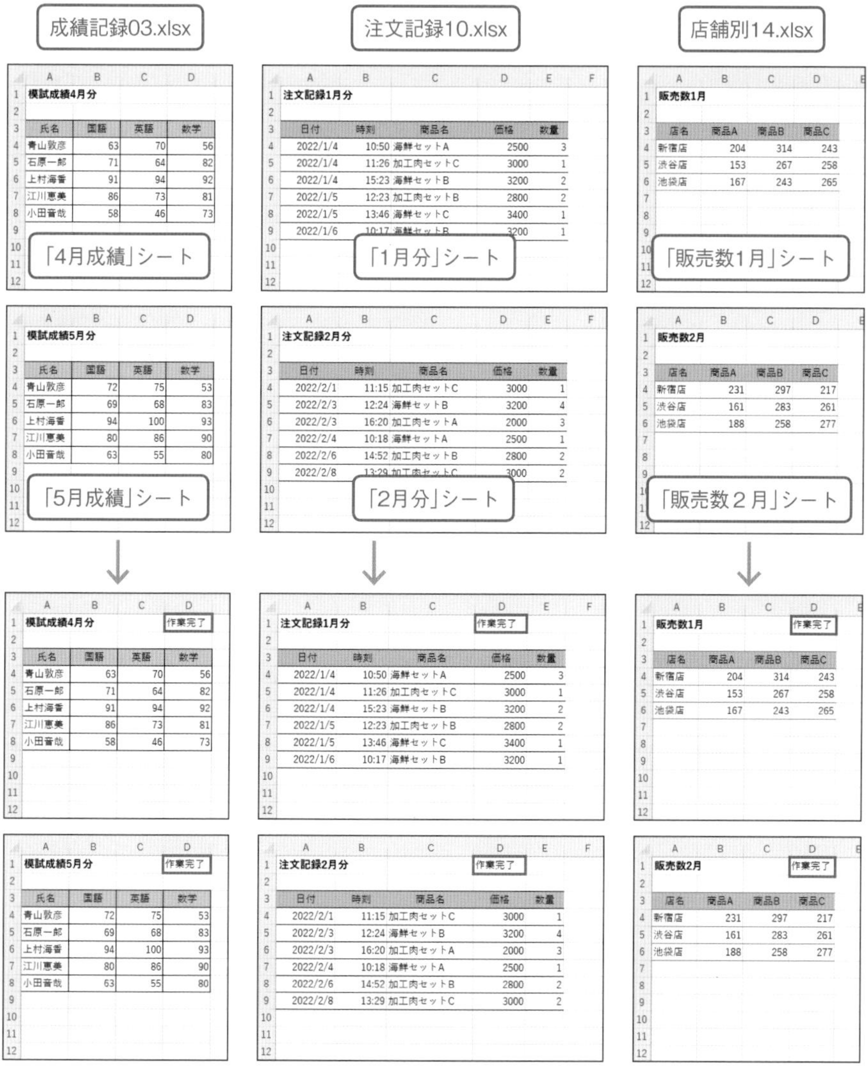

成績記録03.xlsx

模試成績4月分

氏名	国語	英語	数学
青山敦彦	63	70	56
石原一郎	71	64	82
上村海香	91	94	92
江川恵美	86	73	81
小田音哉	58	46	73

「4月成績」シート

模試成績5月分

氏名	国語	英語	数学
青山敦彦	72	75	53
石原一郎	69	68	83
上村海香	94	100	93
江川恵美	80	86	90
小田音哉	63	55	80

「5月成績」シート

↓

模試成績4月分 作業完了

氏名	国語	英語	数学
青山敦彦	63	70	56
石原一郎	71	64	82
上村海香	91	94	92
江川恵美	86	73	81
小田音哉	58	46	73

模試成績5月分 作業完了

氏名	国語	英語	数学
青山敦彦	72	75	53
石原一郎	69	68	83
上村海香	94	100	93
江川恵美	80	86	90
小田音哉	63	55	80

注文記録10.xlsx

注文記録1月分

日付	時刻	商品名	価格	数量
2022/1/4	10:50	海鮮セットA	2500	3
2022/1/4	11:26	加工肉セットC	3000	1
2022/1/4	15:23	海鮮セットB	3200	2
2022/1/5	12:23	加工肉セットB	2800	2
2022/1/5	13:46	海鮮セットC	3400	1
2022/1/6	10:17	海鮮セットB	3200	1

「1月分」シート

注文記録2月分

日付	時刻	商品名	価格	数量
2022/2/1	11:15	加工肉セットC	3000	1
2022/2/3	12:24	海鮮セットB	3200	4
2022/2/3	16:20	加工肉セットA	2000	3
2022/2/4	10:18	海鮮セットA	2500	1
2022/2/6	14:52	加工肉セットB	2800	2
2022/2/8	13:29	加工肉セットC	3000	2

「2月分」シート

↓

注文記録1月分 作業完了

日付	時刻	商品名	価格	数量
2022/1/4	10:50	海鮮セットA	2500	3
2022/1/4	11:26	加工肉セットC	3000	1
2022/1/4	15:23	海鮮セットB	3200	2
2022/1/5	12:23	加工肉セットB	2800	2
2022/1/5	13:46	海鮮セットC	3400	1
2022/1/6	10:17	海鮮セットB	3200	1

注文記録2月分 作業完了

日付	時刻	商品名	価格	数量
2022/2/1	11:15	加工肉セットC	3000	1
2022/2/3	12:24	海鮮セットB	3200	4
2022/2/3	16:20	加工肉セットA	2000	3
2022/2/4	10:18	海鮮セットA	2500	1
2022/2/6	14:52	加工肉セットB	2800	2
2022/2/8	13:29	加工肉セットC	3000	2

店舗別14.xlsx

販売数1月

店名	商品A	商品B	商品C
新宿店	204	314	243
渋谷店	153	267	258
池袋店	167	243	265

「販売数1月」シート

販売数2月

店名	商品A	商品B	商品C
新宿店	231	297	217
渋谷店	161	283	261
池袋店	188	258	277

「販売数２月」シート

↓

販売数1月 作業完了

店名	商品A	商品B	商品C
新宿店	204	314	243
渋谷店	153	267	258
池袋店	167	243	265

販売数2月 作業完了

店名	商品A	商品B	商品C
新宿店	231	297	217
渋谷店	161	283	261
池袋店	188	258	277

前項と同様の手順で、まず実行中のスクリプトファイルと同じフォルダーにあるすべてのExcelブックのファイル名のリストを取得し、for文でその各ファイル名を対象とした繰り返し処理を実行します。その各ブックを開いて変数wbに収め、for文でそのブックの全ワークシートを対象とした繰り返し処理を実行します。その各シートのセルD1に「作業完了」という文字列を入力します。すべてのワークシートに対する処理の終了後、このブックを保存しています。

全ブックの全シートからデータを検索しよう

指定したフォルダーに含まれるすべてのブックのすべてのワークシートの入力済みのセルの中から、指定したデータが入力されているセルを検索してみましょう。該当するすべてのセルは、そのブック名とシート名、およびセル番地を出力します。

□全ブックの全シートを検索する

ここでは、実行中のスクリプトファイルと同じフォルダーの中にあるExcelブックのすべてのワークシートを対象に「商品B」と入力されているセルを検索し、見つかったセルの情報をShell画面に出力するプログラムを作成します。

「WorkData099」フォルダー

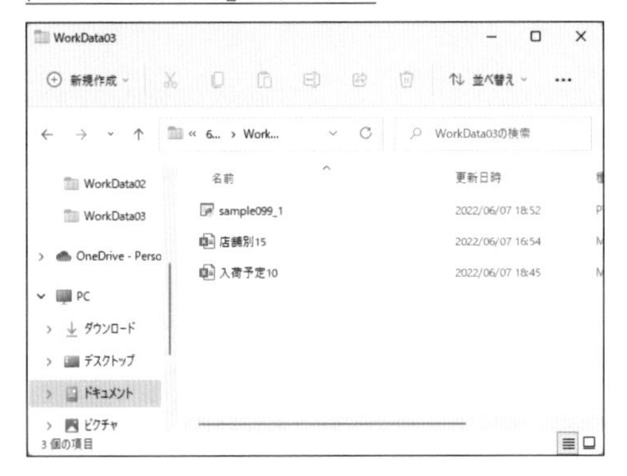

店舗別15.xlsx

販売数1月

店名	商品A	商品B	商品C	商品D
新宿店	204	314	243	143
渋谷店	153	267	258	127
池袋店	167	243	265	112

「販売数1月」シート

販売数2月

店名	商品A	商品B	商品C	商品D
新宿店	231	297	217	152
渋谷店	161	283	261	130
池袋店	188	258	277	128

「販売数2月」シート

入荷予定10.xlsx

入荷予定一覧

ID	商品名	入荷予定日	単価	数量	金額
2	商品B	2022/4/1	1800	30	54000
5	商品E	2022/4/3	3000	20	60000
6	商品F	2022/4/5	3300	15	49500
1	商品A	2022/4/5	1500	20	30000
3	商品C	2022/4/10	2200	50	110000
			合計	135	303500

「4月入荷」シート

PROGRAM | sample099_1.py

```
import glob
import os
import openpyxl
bfiles = glob.glob('./*.xlsx')
for fname in bfiles:
    wb = openpyxl.load_workbook(fname)
    bname = os.path.basename(fname)
    for ws in wb.worksheets:
        for row in ws.iter_rows():
            for cell in row:
                if cell.value == '商品B':
                    print(bname, ws.title, cell.coordinate)
```

実行例

```
= RESTART: C:¥Users¥clayh¥Documents¥Works¥ExcelPython¥6章作例¥WorkData03¥sample0
99_1.py
入荷予定10.xlsx 4月入荷 B4
店舗別15.xlsx 販売数1月 C3
店舗別15.xlsx 販売数2月 C3
>>> |
```

globを使用して取り出したファイル名はパス情報が付いているので、ブック名だけを取り出すため、標準ライブラリの「os」を使用します。

対象のフォルダーに含まれるすべての拡張子「.xlsx」のファイルを対象にfor文で繰り返し処理を実行し、そのファイルを開いて変数wbに収めたら、さらにそのパス付きのファイル名を「os.path.basename」の引数に指定することで、パスを取り除いたファイル名だけを取り出し、変数bnameに収めます。

このブックに含まれるすべてのワークシートを対象に繰り返しを実行し、さらにそのシートの各行、その各行の各セルというようにfor文をネストし、入力済みのセル範囲のすべてのセルを1つずつチェックしていきます。if文でその各セルの値が「商品B」かどうかを判定し、その結果がTrueだった場合は、print関数でファイル名、シート名、セル番地を出力しています。

全ブックの全シートのデータを置換しよう

これまで解説してきた処理を、さらに組み合わせて応用しましょう。特定のフォルダーの中にあるすべてのブックのすべてのシートについて、セルに特定の文字列が含まれていた場合、それを別の文字列と置換します。

□ 全ブックの全シートを置換する

ここでは、実行中のスクリプトファイルと同じフォルダーにある全ブックの全シートについて、その入力済みの各セルに「商品」という文字列が含まれていた場合、その「商品」を「製品」と置換します。変更したセルが1つでもあった場合、そのブックを上書き保存します。

「WorkData100」フォルダー

店舗別16.xlsx

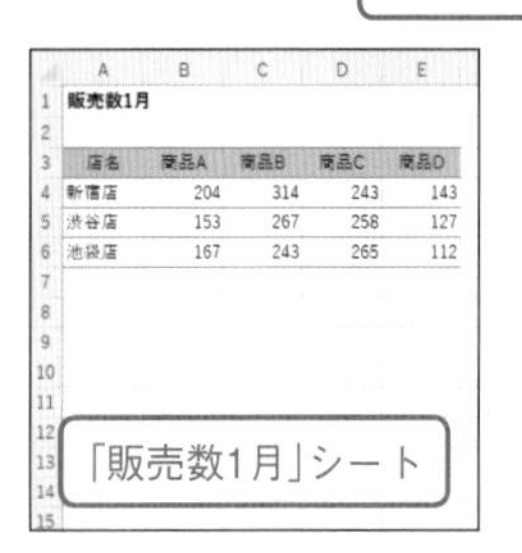

販売数1月

店名	商品A	商品B	商品C	商品D
新宿店	204	314	243	143
渋谷店	153	267	258	127
池袋店	167	243	265	112

「販売数1月」シート

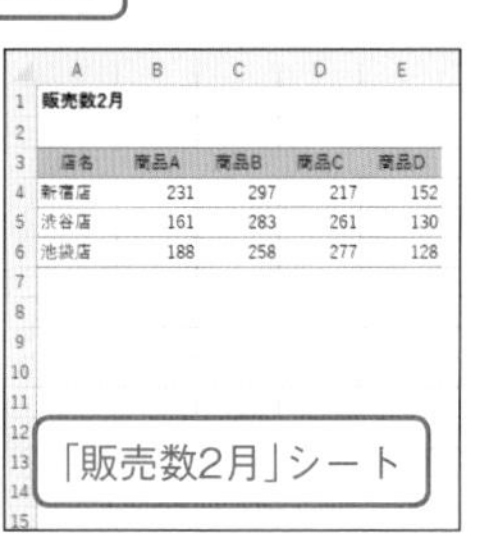

販売数2月

店名	商品A	商品B	商品C	商品D
新宿店	231	297	217	152
渋谷店	161	283	261	130
池袋店	188	258	277	128

「販売数2月」シート

入荷予定11.xlsx

入荷予定一覧

ID	商品名	入荷予定日	単価	数量	金額
2	商品B	2022/4/1	1800	30	54000
5	商品E	2022/4/3	3000	20	60000
6	商品F	2022/4/5	3300	15	49500
1	商品A	2022/4/5	1500	20	30000
3	商品C	2022/4/10	2200	50	110000
			合計	135	303500

「4月入荷」シート

PROGRAM ▸sample100_1.py

```
import glob
import openpyxl
bfiles = glob.glob('./*.xlsx')
for fname in bfiles:
    change = False
    wb = openpyxl.load_workbook(fname)
    for ws in wb.worksheets:
        for row in ws.iter_rows():
            for cell in row:
                cval = cell.value
                if isinstance(cval, str):
```

```
                if '商品' in cval:
                    cell.value = cval.replace('商品', '製品')
                    change = True
    if change:
        wb.save(fname)
```

実行例

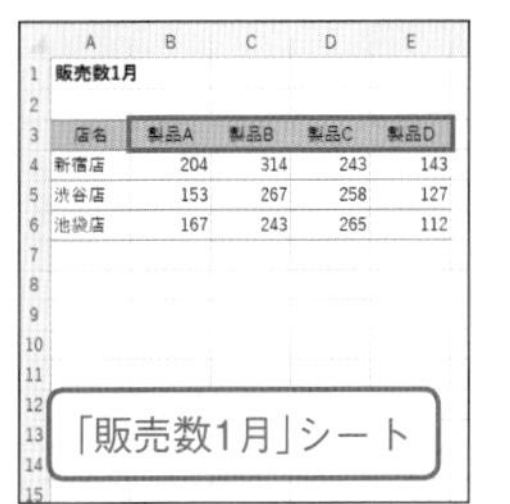

販売数1月

店名	製品A	製品B	製品C	製品D
新宿店	204	314	243	143
渋谷店	153	267	258	127
池袋店	167	243	265	112

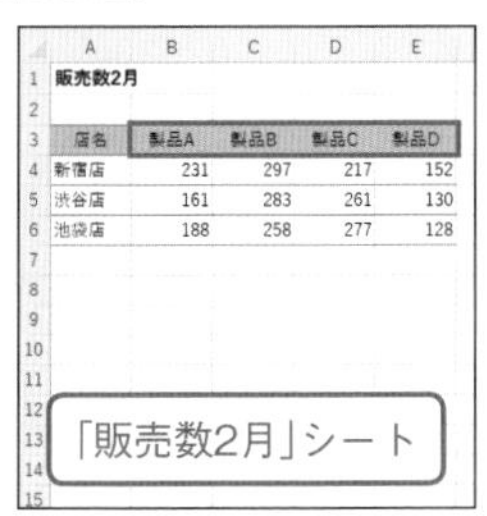

販売数2月

店名	製品A	製品B	製品C	製品D
新宿店	231	297	217	152
渋谷店	161	283	261	130
池袋店	188	258	277	128

入荷予定一覧

ID	製品名	入荷予定日	単価	数量	金額
2	製品B	2022/4/1	1800	30	54000
5	製品E	2022/4/3	3000	20	60000
6	製品F	2022/4/5	3300	15	49500
1	製品A	2022/4/5	1500	20	30000
3	製品C	2022/4/10	2200	50	110000
			合計	135	303500

「4月入荷」シート

これまでの例と同様、実行中のスクリプトファイルと同じフォルダーにある拡張子「.xlsx」を対象とした繰り返し処理を実行します。各繰り返しでは、まず変更を確認するための変数changeにFalseを代入します。その後、ブックを開いてその各ワークシート、各ワークシートの各行、各行の各セルというようにfor文を重ねて使用し、繰り返し処理を実行します。各セルに対する処理では、まずそのセルの値を変数cvalに代入します。その値が文字列かどうかを「isinstance」で判定し、Trueだった場合は、さらに「in」を使ってその文字列に「商品」が含まれているかどうかを判定します。それもTrueだった場合は、「replace」を使って「商品」を「製品」に置換し、変数changeにTrueを代入します。

各ブックに対する処理の終了後、変数changeの値がTrueだった場合は、「save」でそのブックを保存します。

複数のブックのデータを1つにまとめよう

この章のまとめとして、やや複雑なプログラムになりますが、特定のフォルダーに保存された複数のブックの全シートの表のデータを1つにまとめてみましょう。ただし、表の構成はすべてのシートで共通で、その内容は最初からわかっているものとします。

□ 複数ブックの全シートのデータを1つにする

今回も、実行中のスクリプトファイルと同じフォルダーにあるすべてのブックが処理の対象となります。これらのブックは、1週間分の3種類の商品の販売数を月ごとにまとめたもので、いずれも同じフォーマットで作成されています。

「WorkData101」フォルダー

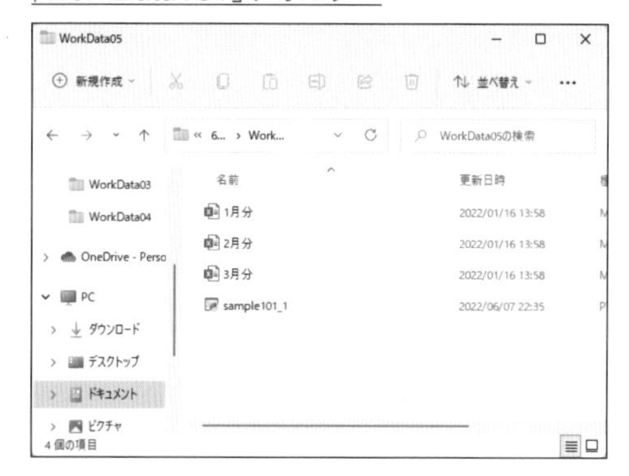

1月分.xlsx

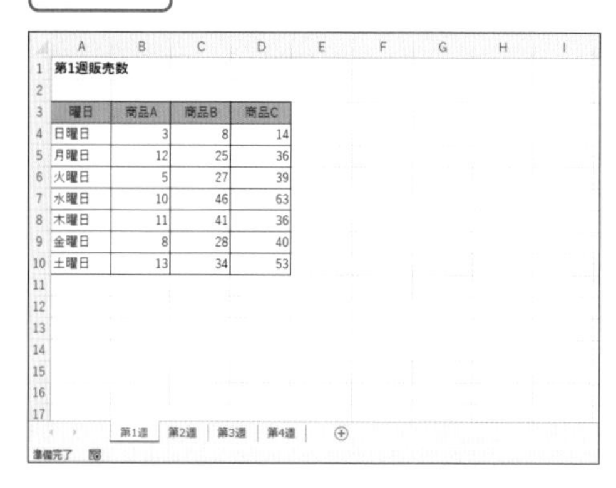

第1週販売数

曜日	商品A	商品B	商品C
日曜日	3	8	14
月曜日	12	25	36
火曜日	5	27	39
水曜日	10	46	63
木曜日	11	41	36
金曜日	8	28	40
土曜日	13	34	53

新しいブックを作成し、これらのブックのすべてのシートから表のデータを取り出して、新規ブックの中に転記します。取り出したデータだけでなく、各行の先頭にはそれぞれのブック名とシート名も自動入力します。

PROGRAM | sample101_1.py

```
import glob
import os
import openpyxl
from openpyxl.styles.borders import Border, Side
bfiles = glob.glob('./*.xlsx')
twb = openpyxl.Workbook()
tws = twb.active
tws['A1'].value = '販売数記録'
titles = ['ブック','シート','曜日','商品A','商品B','商品C']
for i, cell in enumerate(tws['A3:F3'][0]):
    cell.value = titles[i]
for fname in bfiles:
    wb = openpyxl.load_workbook(fname)
    bname = os.path.basename(fname)
    for ws in wb.worksheets:
        for row in ws.iter_rows(min_row=4):
            rval = []
            rval.append(bname)
            rval.append(ws.title)
            for cell in row:
                rval.append(cell.value)
            tws.append(rval)
for row in tws.iter_rows(min_row=3):
    sd = Side(style='thin', color='000000')
    for cell in row:
        cell.border = Border(top=sd, bottom=sd, left=sd, right=sd)
twb.save('販売数記録.xlsx')
```

実行例

販売数記録.xlsx

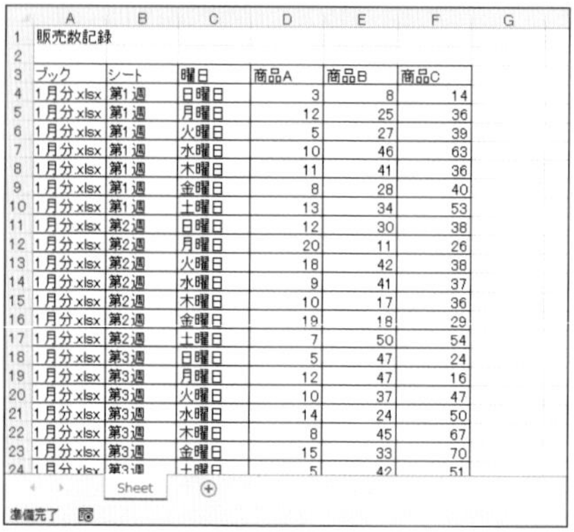

販売数記録

ブック	シート	曜日	商品A	商品B	商品C
1月分.xlsx	第1週	日曜日	3	8	14
1月分.xlsx	第1週	月曜日	12	25	36
1月分.xlsx	第1週	火曜日	5	27	39
1月分.xlsx	第1週	水曜日	10	46	63
1月分.xlsx	第1週	木曜日	11	41	36
1月分.xlsx	第1週	金曜日	8	28	40
1月分.xlsx	第1週	土曜日	13	34	53
1月分.xlsx	第2週	日曜日	12	30	38
1月分.xlsx	第2週	月曜日	20	11	26
1月分.xlsx	第2週	火曜日	18	42	38
1月分.xlsx	第2週	水曜日	9	41	37
1月分.xlsx	第2週	木曜日	10	17	36
1月分.xlsx	第2週	金曜日	19	18	29
1月分.xlsx	第2週	土曜日	7	50	54
1月分.xlsx	第3週	日曜日	5	47	24
1月分.xlsx	第3週	月曜日	12	47	16
1月分.xlsx	第3週	火曜日	10	37	47
1月分.xlsx	第3週	水曜日	14	24	50
1月分.xlsx	第3週	木曜日	8	45	67
1月分.xlsx	第3週	金曜日	15	33	70
1月分.xlsx	第3週	土曜日	5	42	51

Sheet

準備完了

まず「Workbook」クラスで新規ブックを作成し、そのアクティブシートのセルA1に「販売数記録」と入力します。次に、表の見出しとして6項目のリストを作成し、for文を使用してセル範囲A3:F3にそれぞれ入力します。繰り返しで使う変数を「i」と「cell」の2つ指定していますが、「enumerate」を使用することにより、変数iには繰り返しの回を表す数値(最小値は0)、変数cellには各セルを表すオブジェクトを代入されます。

この新規ブックを開いた状態のまま、これまでと同様、このスクリプトファイルと同じフォルダーにあるすべてのブックを対象とした繰り返しを実行します。開いたブックを表すオブジェクトを変数wbに代入し、パスをカットしたブック名だけの文字列を取得して、変数bnameに収めます。

そのブックのすべてのワークシートを対象とした繰り返しを実行し、さらにその4行目以降(各シートの表の見出し行を除いたデータ行)を対象に繰り返しを実行します。その各繰り返しでは、最初に変数rvalに「[]」を代入して、空のリストを作成します。そして、まず変数bnameに収めたブック名を、次に「ws.title」で取得したシート名を、「append」でこの変数rvalのリストに追加します。さらに、各行に含まれる各セルを対象とした繰り返しで、そのセルの値をこの変数rvalのリストに追加していきます。1行分の繰り返し処理が終わったら、最初に作成したまとめ用ブックのアクティブシートの末尾に、この行全体を「append」で追加します。

すべてのデータの収集が終わったら、まとめ用ブックの3行目以降の各セルの四辺に罫線を設定し、表の範囲を格子の罫線にします。その後、すべてのブックのデータを転記したこの新規ブックに、「販売数記録.xlsx」という名前を付けて保存します。

第7章

データの活用法が広がる! Excelデータと外部データを連携しよう

ファイルの一覧をシートに入力しよう

特定のフォルダーの中に収められている複数のファイルの一覧を取得し、新規作成したブックのアクティブシートに自動的に入力してみましょう。ここでは、実行中のスクリプトファイルのあるフォルダーのファイル一覧を作成します。

ブックにファイル一覧を入力する

特定のフォルダーのファイル一覧を取得し、新規作成したブックに自動的に入力します。フォルダーは絶対パスで指定することもできますが、ここでは実行中のスクリプトファイルと同じ「WorkData102」フォルダーにあるファイルの一覧を作成します。

「WorkData102」フォルダー

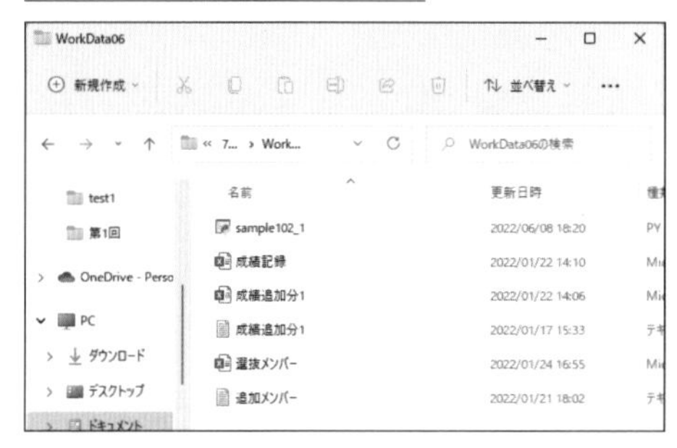

PROGRAM | sample102_1.py

```
import openpyxl
import glob
import os
wb = openpyxl.Workbook()
ws = wb.active
fpath = os.path.abspath('.')
ws['A1'].value = fpath
bfiles = glob.glob('./*')
for i, pname in enumerate(bfiles):
    fname = os.path.basename(pname)
    line = [i + 1, fname]
    ws.append(line)
wb.save('ファイル一覧.xlsx')
```

実行例(ブック「ファイル一覧.xlsx」)

	A	B	C	D	E	F	G	H
1	C:¥Users¥clayh¥Documents¥Works¥ExcelPython¥7章作例¥WorkData06							
2	1	sample102_1.py						
3	2	成績記録.xlsx						
4	3	成績追加分1.csv						
5	4	成績追加分1.txt						
6	5	追加メンバー.txt						
7	6	選抜メンバー.xlsx						
8								
9								
10								

Excelの操作をするためのopenpyxlに加え、ファイルの一覧を取得するためのglob、ファイルのパスの操作をするためのosをインポートします。

まず、これまでの説明と同様、新規ブックを作成し、そのアクティブシートを表すオブジェクトを変数wsに代入します。

osの「path.abspath」に、引数として「.」を指定することで、このスクリプトファイルの保存場所が絶対パスに変換されます。これを変数fpathに収め、アクティブシートのA1セルにその文字列を代入します。なお、この絶対パスはシート上に表示することだけが目的で、ファイルの一覧の取得には使用していません。

次に、globの「glob」に、引数として「./*」を指定することで、このスクリプトファイルと同じフォルダーにあるすべてのファイルの一覧がリストとして取得されます。この指定方法は相対パスですが、絶対パスで特定のフォルダーを指定することも可能です。取得されたリストを、変数bfilesに代入します。

この変数bfilesを対象としたfor文の繰り返しを実行します。変数を2つ指定し、enumerateを使用することで、カウンターの値が変数iに、各ファイル名が変数pnameに、それぞれ代入されます。この変数pnameの文字列にはパスも含まれているので、「os.path.basename」の引数に指定してフォルダーまでのパス部分を除いたファイル名だけを取り出し、変数fnameに収めます。変数iの値は0から始まるので1を加え、変数fnameのファイル名と2要素のリストにして、変数lineに収めます。

この変数lineのリストを、アクティブシートを表すオブジェクトの「append」で、このシートの末尾に追加します。すべての繰り返しが終了したら、このブックに「ファイル一覧.xlsx」という名前を付けて保存します。

テキストファイルをシートに入力しよう

テキストファイルを読み込んで、Excelブックに入力するプログラムを作成します。ブックを新規作成して読み込むことも可能ですが、ここでは作成済みのブックのアクティブシートに番号付きで追加しましょう。

▫ブックにテキストを追加する

ここでは、「WorkData103」フォルダーの中にあるテキストファイル「追加メンバー.txt」を読み込み、同じフォルダーにあるブック「選抜メンバー01.xlsx」のアクティブシートの入力済みの行の末尾に、左側に番号を付けて追加します。番号は、現在の最下行の値を調べて、その続きからの連番にします。

「WorkData103」フォルダーの内容

追加メンバー.txt

斉藤雄太
吉岡弘道
水谷啓介
中村翠
竹内優香
朝倉亮二

選抜メンバー01.xlsx

	A	B	C	D	E	F	G	H
1	選抜メンバー一覧							
2								
3	番号	氏名						
4	1	伊藤祥子						
5	2	山田美奈						
6	3	野村創平						
7								

PROGRAM | sample103_1.py

```
import openpyxl
tname = '追加メンバー.txt'
bname = '選抜メンバー01.xlsx'
wb = openpyxl.load_workbook(bname)
ws = wb.active
mnum = ws.cell(ws.max_row, 1).value
with open(tname, mode='r') as f:
    for line in f:
        mnum += 1
        nline = [mnum, line.rstrip('¥n')]
        ws.append(nline)
wb.save(bname)
```

実行例（ブック「選抜メンバー01.xlsx」）

	A	B	C	D	E	F	G	H
1	**選抜メンバー一覧**							
2								
3	番号	氏名						
4	1	伊藤祥子						
5	2	山田美奈						
6	3	野村創平						
7	4	斉藤雄太						
8	5	吉岡弘道						
9	6	水谷啓介						
10	7	中村翠						
11	8	竹内優香						
12	9	朝倉亮二						
13								

追加されたデータ

「追加メンバー.txt」というテキストファイル名を変数tnameに、「選抜メンバー01.xlsx」というブック名を変数bnameに代入します。次に、変数bnameで指定したブックを開いて変数wbに収め、そのアクティブシートを変数wsに収めます。その「max_row」で入力済みの行の最大値を求め、その行の先頭（左端）のセルの値、つまり最下行のメンバーの番号を取り出します。

テキストファイルを開くには「open」を使用します。openの使い方はいくつかありますが、ここでは「with」の後にopenを指定し、その第1引数に変数tnameを、引数modeに読み込み用を意味する「r」を指定します。さらに「as f」と続けることで、読み込んだファイルを表すオブジェクトが変数fに代入されます。

for文の対象にこのファイルを表す変数fを指定することで、そのテキストを1行ずつ読み込んで変数lineに収め、以降の処理を繰り返します。各繰り返しでは、まず変数mnumに1を加算します。また、変数lineに収めた各行の文字列は、rstrip関数の引数に改行を表す「¥n」を指定することで、各行の末尾に付いている改行コードを取り除きます。変数mnumの値とこの文字列を、リストとして変数nlineに代入します。そして、この変数nlineを、appendで対象のワークシートの末尾に追加します。

最後に、このブックを上書き保存します。

複数のテキストファイルを1つのブックにまとめよう

前項と同様にテキストファイルを読み込んで、作成済みのExcelブックに追加入力するプログラムを作成します。今回は、読み込むファイルは1つだけではなく、同じフォルダーに存在するすべてのテキストファイルを対象とします。

ブックにテキストを追加する

複数のテキストファイルを参照し、その各行を、前項と同様のブック「選抜メンバー02.xlsx」の末尾に追加します。ここでは、このブックと次の3つのテキストファイルがいずれもスクリプトファイルと同じ「WorkData104」フォルダーにあるものとします。これらのファイルには、いずれも何人か分の氏名が、複数行に渡って入力されています。

「WorkData104」フォルダー内のファイル

追加メンバー1.txt

佐藤洋一
石田健太郎
中野裕美
沢田波留美

追加メンバー2.txt

水原亮太
川島夕貴
山本誠也

追加メンバー3.txt

鈴木日奈子
木村修平
大橋奈緒美
若林廉太郎
村上裕斗

PROGRAM | sample104_1.py

```
import openpyxl
import glob
bname = '選抜メンバー02.xlsx'
wb = openpyxl.load_workbook(bname)
ws = wb.active
mnum = ws.cell(ws.max_row, 1).value
bfiles = glob.glob('./*.txt')
for tname in bfiles:
    with open(tname, mode='r') as f:
        for line in f:
            mnum += 1
            nline = [mnum, line.rstrip('¥n')]
            ws.append(nline)
wb.save(bname)
```

実行例（ブック「選抜メンバー02.xlsx」）

	A	B	C	D	E	F	G	H
1	選抜メンバー一覧							
2								
3	番号	氏名						
4	1	伊藤祥子						
5	2	山田美奈						
6	3	野村創平						
7	4	佐藤洋一						
8	5	石田健太郎						
9	6	中野裕美						
10	7	沢田波留美						
11	8	水原亮太						
12	9	川島夕貴						
13	10	山本誠也						
14	11	鈴木日奈子						
15	12	木村修平						
16	13	大橋奈緒美						
17	14	若林廉太郎						
18	15	村上裕斗						
19								

追加されたデータ

対象のブック「選抜メンバー02.xlsx」を開き、そのアクティブシートを変数wsに代入します。そして、その最下行のA列のセルに入力された数値（連続番号）を変数mnumに代入します。

次に、globを使用して、実行中のスクリプトファイルと同じフォルダーにあるすべてのテキストファイルの名前をリストとして取得し、変数bfilesに代入します。

for文で、この変数bfilesを対象とした繰り返しを実行します。各繰り返しでは、各テキストファイルを開き、変数fに代入します。

さらに、その各ファイルを対象としたfor文で、ファイルから1行ずつ文字列を読み込みながら、以降の繰り返しを実行します。各繰り返しでは、まず先に取得した変数mnumに1を加算し、先頭からの連続番号の続きを求めます。この番号と、末尾の改行を削除した各行の文字列、つまり追加メンバーの氏名を2要素のリストにして、変数nlineに代入します。このリストを、appendでアクティブシートの末尾に追加しています。

すべてのファイルのすべての行をアクティブシートに追加したら、このブック「選抜メンバー02.xlsx」を保存します。

SECTION 105 シートのデータをテキストファイルに出力しよう

対象のワークシートの中のすべてのデータではなく、指定したセル範囲だけのデータをテキストファイルに保存したい場合もあるでしょう。ここでは、構成がわかっている表から、1列のセル範囲に入力されたデータをテキストファイルとして保存します。

□ セル範囲のデータをテキストファイルにする

選手名が入力されたブック「選抜メンバー03.xlsx」のセルB4以下、入力されているすべての「氏名」列のデータを、同じ「WorkData105」フォルダーの中に、「選手リスト.txt」というファイル名のテキストファイルとして保存します。

「WorkData105」フォルダー内のブック「選抜メンバー03.xlsx」

	A	B	C	D	E	F	G	H
1	選抜メンバー一覧							
2								
3	番号	氏名						
4	1	伊藤祥子						
5	2	山田美奈						
6	3	野村創平						
7	4	佐藤洋一						
8	5	石田健太郎						
9	6	中野裕美						
10	7	沢田波留美						
11	8	水原亮太						
12	9	川島夕貴						
13	10	山本誠也						
14	11	鈴木日奈子						
15	12	木村修平						
16	13	大橋奈緒美						
17	14	若林廉太郎						
18	15	村上裕斗						
19								

PROGRAM | sample105_1.py

```
import openpyxl
import glob
bname = '選抜メンバー03.xlsx'
tname = '選手リスト.txt'
wb = openpyxl.load_workbook(bname)
ws = wb.active
```

```
text = []
for row in ws.iter_rows(min_row=4):
    text.append(row[1].value)
with open(tname, mode='w') as f:
    f.write('¥n'.join(text))
```

実行例（テキストファイル「選手リスト.txt」）

```
伊藤祥子
山田美奈
野村創平
佐藤洋一
石田健太郎
中野裕美
沢田波留美
水原亮太
川島夕貴
山本誠也
鈴木日奈子
木村修平
大橋奈緒美
若林廉太郎
村上裕斗
```

今回、データを保存するテキストファイルは、実行前の段階では存在しません。このプログラムで作成し、データを書き込みます。

まず、対象のブック「選抜メンバー03.xlsx」を開き、そのアクティブシートを変数wsに収めます。そして、空のリストを変数textに代入します。

変数wsに収めたアクティブシートの4行目以降で、データが入力されているすべての行について、for文による繰り返しを実行します。各繰り返しでは、変数rowに収められた各行の2列目（B列）のセルの値を取り出し、変数textのリストにappendで追加します。この繰り返しで、この列に入力されたすべてのデータをリストとして取り出します。

「open」で「選手リスト.txt」というテキストファイルを開きます。このとき、引数「mode」に「w」と指定することで、書き込み用に開かれます。

変数textに取り出したすべてのデータのリストを、改行コードを対象とする「join」で、改行で区切った1つながりの文字列にします。これを、writeで対象のテキストファイルに書き込みます。

SECTION 106

CSVファイルのデータをシートに入力しよう

CSVファイルはテキストファイルの一種ですが、ここでは何らかの記号で項目(列)が区切られたデータ全般を、Excelのワークシートに取り込むプログラムを解説します。Pythonには、このような目的を実現するための方法がいろいろと用意されています。

□カンマ区切りのデータを読み込む

CSVは「comma-separated values」の略で、その言葉通り、カンマ(,)で区切られたデータを意味します。Excelのワークシートでいう「行」の区切りを改行で、「列」の区切りをカンマで表しています。区切られた各項目(数値や文字列)は「"」で囲んでも、囲まずそのままでもOKです。

基本的にはテキストデータですが、拡張子を「.csv」にしたファイルは、Windowsでは通常、Excelアプリケーションに関連付けられています。ダブルクリックすればExcelで開くことができますが、ここではそのデータをブックの中のデータとして処理するため、プログラムでExcelに取り込む方法を紹介しましょう。

まず、次のようなCSVファイル「追加店舗.csv」を、作成済みのブック「店舗リスト01.xlsx」に追加します。

「WorkData106」フォルダー内のファイル

```
渋谷店,大沢奈緒美,渋谷区渋谷0-4-4
中野店,森崎雄太,中野区中野0-5-5
練馬店,長谷川静香,練馬区練馬0-6-6
世田谷店,小林浩之,世田谷区世田谷0-7-7
```

	A	B	C	D	E	F	G
1	**店舗リスト**						
2							
3	店名	店長氏名	住所				
4	新宿店	鈴木圭太	新宿区新宿0-1-1				
5	池袋店	山下春香	豊島区池袋0-2-2				
6	高田馬場店	高橋英介	新宿区高田馬場0-3-3				
7							

店舗リスト01.xlsx

PROGRAM | sample106_1.py

```
import openpyxl
tname = '追加店舗.csv'
bname = '店舗リスト01.xlsx'
wb = openpyxl.load_workbook(bname)
ws = wb.active
with open(tname, mode='r') as f:
    lines = f.read().splitlines()
    for line in lines:
        nline = line.split(',')
        ws.append(nline)
wb.save(bname)
```

実行例(ブック「店舗リスト01.xlsx」)

	A	B	C	D	E	F	G
1	**店舗リスト**						
2							
3	店名	店長氏名	住所				
4	新宿店	鈴木圭太	新宿区新宿0-1-1				
5	池袋店	山下春香	豊島区池袋0-2-2				
6	高田馬場店	高橋英介	新宿区高田馬場0-3-3				
7	渋谷店	大沢奈緒美	渋谷区渋谷0-4-4				
8	中野店	森崎雄太	中野区中野0-5-5				
9	練馬店	長谷川静香	練馬区練馬0-6-6				
10	世田谷店	小林浩之	世田谷区世田谷0-7-7				
11							
12							
13							

まず、データを追加するブックを開いて、そのアクティブシートを変数wsに収めます。そして、対象のテキストファイルを読み込みモードで開いて、「read」でその全文を読み込み、「splitlines」で改行を区切りとするリストに変換して、変数linesに代入します。この操作で、各行の末尾の改行コードもなくなります。

この変数linesをfor文の対象とすることで、各行の文字列が変数lineに収められ、以降の処理を繰り返します。変数lineを対象とした「split」で、引数にカンマを指定することで、カンマの位置で各項目が区切られたリストに変換し、変数nlineに代入します。これをappendで対象のシートの末尾に追加しています。

最後に、データを追加したブックを保存します。

なお、列の項目をカンマの代わりにタブで区切れば、「TSV」(tab-separated values)と呼ばれるデータになります。タブやスペース、その他の記号などで区切られたデータも、同様のプログラムで処理することが可能です。

□数値を含むCSVファイルを読み込む

前の例では、各項目のデータはすべて文字列で、数値の項目は存在しませんでした。次のCSVファイル「成績追加分.csv」をブック「成績記録04.xlsx」に、前と同様のプログラムで、対象ファイル名だけを変更して実行してみましょう。

「WorkData106」フォルダー内のファイル

成績追加分.csv

```
川島和也,84,76,88
北村恭子,63,71,59
草壁久美,94,89,97
```

成績記録04.xlsx

	A	B	C	D	E	F	G	H	I
1	模試成績4月分								
2									
3	氏名	国語	英語	数学					
4	青山敦彦	63	70	56					
5	石原一郎	71	64	82					
6	上村海香	91	94	92					
7									
8									

PROGRAM | sample106_2.py(一部)

```
tname = '成績追加分.csv'
bname = '成績記録04.xlsx'
```

このようなデータの場合、数字も文字列のデータとして読み込まれるため、セルの左揃えになり、エラー(数字が文字列として入力されている)を意味する緑の三角形が表示されてしまいます。

実行例(ブック「成績記録04.xlsx」)

	A	B	C	D	E	F	G	H	I
1	模試成績4月分								
2									
3	氏名	国語	英語	数学					
4	青山敦彦	63	70	56					
5	石原一郎	71	64	82					
6	上村海香	91	94	92					
7	川島和也	84	76	88					
8	北村恭子	63	71	59					
9	草壁久美	94	89	97					
10									
11									

このようなデータでは、各項目を文字列型から数値型に変換してから、Excelのワークシートに追加する必要があります。ここでは整数型に変換するint関数を使用しますが、数値に変換できない項目の場合はエラーが発生してしまいます。ここでは小数や負の数は考慮せず、整数として判定できればint関数で変換します。

PROGRAM | ▶sample106_3.py

```
import openpyxl
tname = '成績追加分.csv'
bname = '成績記録04.xlsx'
wb = openpyxl.load_workbook(bname)
ws = wb.active
with open(tname, mode='r') as f:
    lines = f.read().splitlines()
    for line in lines:
        nline = line.split(',')
        for i, item in enumerate(nline):
            if item.isdigit():
                nline[i] = int(item)
        ws.append(nline)
wb.save(bname)
```

実行例（ブック「成績記録04.xlsx」）

	A	B	C	D	E	F	G	H	I
1	**模試成績4月分**								
2									
3	氏名	国語	英語	数学					
4	青山敦彦	63	70	56					
5	石原一郎	71	64	82					
6	上村海香	91	94	92					
7	川島和也	84	76	88					
8	北村恭子	63	71	59					
9	草壁久美	94	89	97					
10									

CSVファイルから全文を取り出してその各行を対象とした繰り返しを実行し、さらにそれをカンマで区切ってリスト化するところまでは、前のプログラムと同様です。for文で、2つの変数とenumerateを指定することで、カウンター変数と変数nlineに収められたリストの各要素を対象とした繰り返しが実行できます。

変数nlineに収めたリストのi番目の値が変数itemに収められ、if文とisdigitでその文字列が数字かどうかを判定します。数字だった場合はintで整数に変換し、変数nlineのリストの同じ位置の要素に代入しています。これをすべての項目について繰り返した後、このリストをワークシートの末尾に追加します。

□ csvモジュールを利用する

CSV形式のデータの処理には、専用の「csv」というモジュールを利用することも可能です。これを利用することで、CSVやその他の区切り文字で区切られた形式のファイルを読み込むことが容易になります。

CSVファイルの中には、各項目が「"」で囲まれた形式になっているものもあります。文字列のみ「"」で囲み、数値は囲んでいないという形式の場合もありますが、数値も含むすべての項目を「"」で囲んでいる場合もあります。いずれの場合も、ここまで紹介してきたようなプログラムでは、「"」が付いたままシートに入力されてしまいます。

ここでは、次のようなCSVファイル「販売数追加.csv」を、Excelブック「販売記録05.xlsx」に追加するプログラムを考えてみましょう。

「WorkData106」フォルダー内のファイル

```
"渋谷店","大沢奈緒美",114
"中野店","森崎雄太",76
"練馬店","長谷川静香",58
"世田谷店","小林浩之",60
```

販売数追加.csv

	A	B	C	D	E	F	G	H
1	**店舗別商品販売数**							
2								
3	店名	店長氏名	販売数					
4	新宿店	鈴木圭太	125					
5	池袋店	山下春香	94					
6	高田馬場店	高橋英介	63					
7								
8								

販売記録05.xlsx

PROGRAM ▶sample106_4.py

```
import openpyxl
import csv
tname = '販売数追加.csv'
bname = '販売記録05.xlsx'
wb = openpyxl.load_workbook(bname)
ws = wb.active
with open(tname, mode='r') as f:
    csvdata = csv.reader(f, quoting=csv.QUOTE_NONNUMERIC)
    for line in csvdata:
        ws.append(line)
wb.save(bname)
```

実行例（ブック「販売記録05.xlsx」）

	A	B	C	D	E	F	G	H
1	店舗別商品販売数							
2								
3	店名	店長氏名	販売数					
4	新宿店	鈴木圭太	125					
5	池袋店	山下春香	94					
6	高田馬場店	高橋英介	63					
7	渋谷店	大沢奈緒美	114					
8	中野店	森崎雄太	76					
9	練馬店	長谷川静香	58					
10	世田谷店	小林浩之	60					
11								

事前に「csv」をインポートします。これまでと同様にブックを開き、さらに指定したCSVファイルを開きます。このファイルからデータを読み込むとき、csvの「reader」を使用することで、「"」を取り除いて読み込むことができます。その第1引数に開いたファイルを指定しますが、さらに第2引数に「quoting=csv.QUOTE_NONNUMERIC」と指定することで、「"」で囲まれていない項目を数値と見なし、浮動小数点数型に変換されて読み込まれます。ただし、変換できない文字列が「"」に囲まれていない場合はエラーになるので注意が必要です。

読み込まれたデータは、行ごとに各項目がリスト化されたリストのリスト（2次元配列）になっているため、for文による繰り返し処理で、1行分のリストを対象のExcelブックの末尾に追加していきます。

なお、CSVファイル以外でも、この「csv.reader」の引数delimiterに区切り文字を指定することで、その文字で区切られたデータを同様に読み込むことが可能です。タブで区切られたファイル（TSVファイル）の場合は、「delimiter='¥t'」という引数を追加します。

□ pandasモジュールを利用する

pandasモジュールを利用して、CSVファイルから読み込み、Excelブックへ書き込むことも可能です。pandasモジュールは外部ライブラリなので、インストールしていない場合は次のコマンドでインストールしておきます（P.83参照）。

コマンド

```
py -m pip install pandas
```

ここでは、「売上データ.csv」というCSVファイルを読み込み、新規作成したExcelブックのワークシートに書き込んで、「販売記録06.xlsx」というファイル名で保存します。なお、ここでは1つのプログラムの中で読み込みと書き込みの両方を実行しますが、読み込みまたは書き込みのどちらかだけという使い方もあります。

「WorkData106」フォルダー内のファイル

```
"種類","単価","数量"
"おかか",150,15
"梅干し",150,11
"しゃけ",170,22
"たらこ",180,18
```

売上データ.csv

PROGRAM ▶ sample106_5.py

```
import pandas
fname = '売上データ.csv'
bname = '販売記録06.xlsx'
df = pandas.read_csv(fname, encoding='shift-jis')
df.to_excel(bname, index=False)
```

実行例（ブック「販売記録06.xlsx」）

	A	B	C
1	種類	単価	数量
2	おかか	150	15
3	梅干し	150	11
4	しゃけ	170	22
5	たらこ	180	18

販売記録06.xlsx

pandasは、事前にインストールしたうえで、最初にインポートします。

pandasの「read_csv」で、第1引数に指定したCSVファイルを読み込みます。ここでは対象のファイルの文字エンコードが「Shift-JIS」（ANSI）のため、第2引数に「encoding='shift-jis'」を指定しています。この引数を省略した場合、文字エンコードは「UTF-8」と見なされます。読み込んだデータは、「データフレーム」と呼ばれるpandasの処理に使われるデータ構造に変換されます。このデータフレームを変数dfに代入しています。

このデータフレームのデータの「to_excel」で、第1引数に保存したいファイル名を指定することで、ブックに書き込んでいます。データフレームのデータは、そのまま書き込むと左端に行番号（インデックス）が付けられますが、これが不要な場合は引数indexにFalseを指定します。

シートのデータをCSVファイルに出力しよう

Excelでは、作業中のワークシートのすべてのデータをそのままCSV形式で保存することができます。ここでは、すべてではなく、シート内の一部のデータだけをCSV形式で保存するPythonのプログラムを紹介しましょう。

□シートの一部をCSV形式で出力する

ここでは、次のようなブック「販売記録07.xlsx」の6行目から13行目までを、「記録テキスト01.csv」というファイル名のCSVファイルとして保存してみましょう。文字列の項目は「"」で囲み、数値の項目はそのまま書き込みます。

「WorkData107」フォルダー内のブック「販売記録07.xlsx」

	A	B	C	D	E	F	G	H
1	店舗別商品販売数							
2								
3	自	至						
4	2022/1/1	2022/1/31						
5								
6	店名	店長氏名	販売数					
7	新宿店	鈴木圭太	125					
8	池袋店	山下春香	94					
9	高田馬場店	高橋英介	63					
10	渋谷店	大沢奈緒美	114					
11	中野店	森崎雄太	76					
12	練馬店	長谷川静香	58					
13	世田谷店	小林浩之	60					
14		合計	590					
15								
16								
17								

PROGRAM | sample107_1.py

```
import openpyxl
import csv
bname = '販売記録07.xlsx'
tname = '記録テキスト01.csv'
wb = openpyxl.load_workbook(bname)
ws = wb.active
with open(tname, mode='w', newline='') as f:
    csvtext = csv.writer(f, quoting=csv.QUOTE_NONNUMERIC)
```

```
    for row in ws.iter_rows(min_row=6, max_row=13):
        line = [cell.value for cell in row]
        csvtext.writerow(line)
```

実行例(CSVファイル「記録テキスト01.csv」)

```
"店名","店長氏名","販売数"
"新宿店","鈴木圭太",125
"池袋店","山下春香",94
"高田馬場店","高橋英介",63
"渋谷店","大沢奈緒美",114
"中野店","森崎雄太",76
"練馬店","長谷川静香",58
"世田谷店","小林浩之",60
```

CSV形式での書き込みも、csvモジュールを利用すると手間を省けます。ここではまず対象のブックを開いてそのアクティブシートを表すオブジェクトを変数wsに収めます。

次にopenで、指定したファイル名の新規テキストファイルを、引数「mode='w'」で書き込み用に開きます。また、余分な改行が書き込まれないように、引数「newline="」を指定しています。

csvの「writer」で、引数に開いたファイルを表す変数fを指定することで、このファイルがCSVデータの書き込み先となり、その処理を表すオブジェクトが変数csvtextに代入されます。引数「quating= csv.QUOTE_NONNUMERIC)」は、文字列のデータの前後を「"」で囲む指定です。なお、数値も含めたすべてのデータを「"」で囲みたい場合は、この部分を「quating=csv.QUOTE_ALL」とします。

対象のブックのアクティブシートを表す変数wsの「iter_rows」で、入力済みの範囲を行単位で変数rowに代入し、以降の処理を繰り返します。iter_rowsの引数「min_row」に「6」を指定することで6行目以降、「max_row」に「13」とすることで13行目までが処理対象となります。

「[cell.value for cell in row]」の部分は「リスト内包表記」と呼ばれる書き方で、変数rowに収められたシートの各行からそのすべてのセルの値を取り出し、リストに追加していく処理です。取得された1行分のセルの値のリストを、変数csvtextに収めたオブジェクトの「writerow」で、CSV形式で対象のファイルに行単位で追記していきます。

▫pandasモジュールを利用する

CSVファイルから読み込んでExcelブックに書き込む処理と同様、Excelブックから読み込んでCSVファイルに書き出す処理にも、pandasモジュールを利用することが可能です。

上の例と同じ「販売記録07.xlsx」の6行目から、最終行の1行上、つまり13行目までを、「記録テキスト02.csv」というCSVファイルとして保存します。ただし、今回、各項目は「"」で囲まれません。また、文字エンコードはShift-JIS(ANSI)形式にします。

PROGRAM | sample107_2.py

```
import pandas
bname = '販売記録07.xlsx'
tname = '記録テキスト02.csv'
df = pandas.read_excel(bname, header=5, skipfooter=1)
df.to_csv(tname, index=False, encoding='shift-jis')
```

実行例(CSVファイル「記録テキスト02.csv」)

```
店名,店長氏名,販売数
新宿店,鈴木圭太,125
池袋店,山下春香,94
高田馬場店,高橋英介,63
渋谷店,大沢奈緒美,114
中野店,森崎雄太,76
練馬店,長谷川静香,58
世田谷店,小林浩之,60
```

pandasの「read_excel」で、第1引数に指定したExcelブックが読み込まれ、データフレームに変換されます。引数「header」に行番号を指定することで、その行が見出し行となり、それ以降のデータが読み込まれます。また、引数「skipfooter」に行数を指定することで、末尾のその行数が処理から除外されます。

作成されたデータフレームの「to_csv」で、このデータを、第1引数で指定したファイル名で、CSVファイルとして書き出します。右端の列に自動的に付く行番号(インデックス)を付けないように、引数「index」にFalseを指定し、引数「encoding」に文字エンコードとして「shift-jis」を指定しています。これを省略した場合は、自動的に「UTF-8」になります。

Webのデータを シートに入力しよう

Webページからデータを取得し、Excelのワークシートに自動入力してみましょう。対象のWebページの設計図であるHTMLの構成を解析し、目的のデータを取り出して、指定したセルに入力するプログラムを作成します。

指定URLから特定のデータを取り出す

ここでは、技術評論社の書籍紹介ページ(https://gihyo.jp/book)から、「書籍新刊案内」として表示されているすべての書名を取り出し、新規作成したブックに自動入力して、「新刊書籍一覧.xlsx」というファイル名で保存します。

書籍新刊案内のWebページ

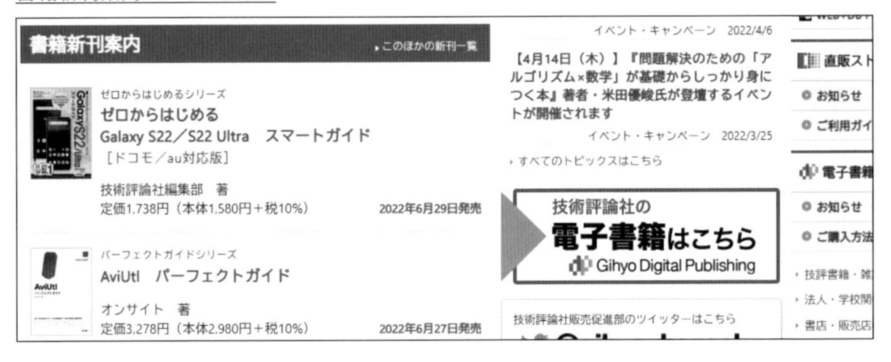

あらかじめこのページのソースを調べて、そのHTMLがどのような構成で、取得したいデータがその中のどの要素かを確認しておきましょう。ここで取り出したい新刊書籍のタイトルは、id属性が「newBookList」であるdiv要素の中の、複数のh3要素です。

PythonでWebからデータを取得するには、標準ライブラリの「request」を使う方法もありますが、ここではより簡単に記述できる外部ライブラリの「requests」を使用します。また、取得したHTMLデータを解析して必要なデータを取り出す処理には、やはり外部ライブラリの「Beautiful Soup」を使用します。これらに加えて「lxml」を、事前にインストールしておく必要があります(P.83参照)。

コマンド

```
py -m pip install requests
```

コマンド

```
py -m pip install lxml
```

コマンド

```
py -m pip install beautifulsoup4
```

PROGRAM | sample108_1.py

```
import openpyxl
import requests
from bs4 import BeautifulSoup
wb = openpyxl.Workbook()
ws = wb.active
ws['A1'].value = '新刊書籍リスト'
ws['A3'].value = '番号'
ws['B3'].value = '書名'
res = requests.get('https://gihyo.jp/book')
soup = BeautifulSoup(res.content, 'lxml')
newbooks = soup.find('div', id='newBookList')
for i, newbook in enumerate(newbooks.find_all('h3')):
    title = newbook.text
    line = [i + 1, title.replace('¥n', '　')]
    ws.append(line)
wb.save('新刊書籍一覧.xlsx')
```

実行例（ブック「新刊書籍一覧.xlsx」）

	A	B	C	D	E	F	G	H	I	J	K	L
1	新刊書籍リスト											
2												
3	番号	書名										
4	1	ゼロからはじめるシリーズ　ゼロからはじめるGalaxy S22／S22 Ultra　スマートガイド［ドコモ／au対応版］										
5	2	パーフェクトガイドシリーズ　AviUtl　パーフェクトガイド										
6	3	情報処理技術者試験シリーズ　令和04年【下期】基本情報技術者 パーフェクトラーニング過去問題集										
7	4	はじめてでもできる　Fusion 360入門										
8	5	図解即戦力シリーズ　図解即戦力UMLのしくみと実装がこれ1冊でしっかりわかる教科書										
9	6	大きな字でわかりやすいシリーズ　大きな字でわかりやすいGoogle グーグル入門										
10	7	レシピ集シリーズ　Photoshopレタッチレシピ集										

まず、openpyxlの他、インストールした各モジュールをインポートします。そして、openpyxlの「Workbook」クラスで新規ブックを作成し、そのアクティブシートのセルA1にこのシートのタイトル「新刊書籍リスト」を、セルA3とセルB3にこの列のデータの見出しとして「番号」と「書名」と入力します。

requestsの「get」に、引数としてデータを取得したいWebページのURLを指定することで、リクエストに対するレスポンスボディを表すオブジェクトを取得できます。ここではそれを変数resに代入しています。「BeautifulSoup」の引数に、変数resの「content」でそのレスポンスボディの内容を取得します。また、HTMLを処理する場合は、第2引数に「lxml」という文字列を指定します。

その「find」で、対象のHTMLの中の特定の要素を表すオブジェクトを取得できます。ここではその第1引数に探したい要素名として「div」を指定しています。また、第2引数に「id='newBookList'」とすることで、id属性が「newBookList」であるdiv要素が検索されます。なお、「find」では、条件に該当する要素が複数あった場合、最初に見つかった要素が返されます。ここではその戻り値のオブジェクトを変数newbooksに代入します。

この変数newbooksに対し、さらに「find_all」で、そのid要素の中のすべてのh3要素を検索します。これをfor文の対象とし、enumerateと組み合わせることで、変数iに0から始まる繰り返しの回数が、変数newbookに見つかったh3要素を表すオブジェクトが代入されて、以降の処理が繰り返されます。

変数newbookの「text」で、対象のh3要素の文字列を取り出し、変数titleに収めます。変数iの値に1を加えた数値と、この変数titleの文字列の中の改行を全角スペースに置換した文字列をリストとして、変数lineに代入します。

この変数lineの2要素のリストを、作成したブックのアクティブシートの末尾に「append」で追加します。すべてのh3要素、つまり新刊書籍の名称をシートに追加したら、このブックを「新刊書籍一覧.xlsx」というファイル名で保存しています。

□ pandasで表データを取り出す

Webページにtable要素として記述された表のデータは、pandasで、そのまま表データとしてデータフレームに変換することが可能です。ここでは、例として作成した次のようなWebページ（https://www.clayhouse.jp/cweb/books）の表データを、新規作成したブックに取り込み、「表記録.xlsx」というファイル名で保存してみましょう。対象のWebページには3つの表がありますが、各表をそれぞれ1つのシートに取り込みます。

表を含むWebページ

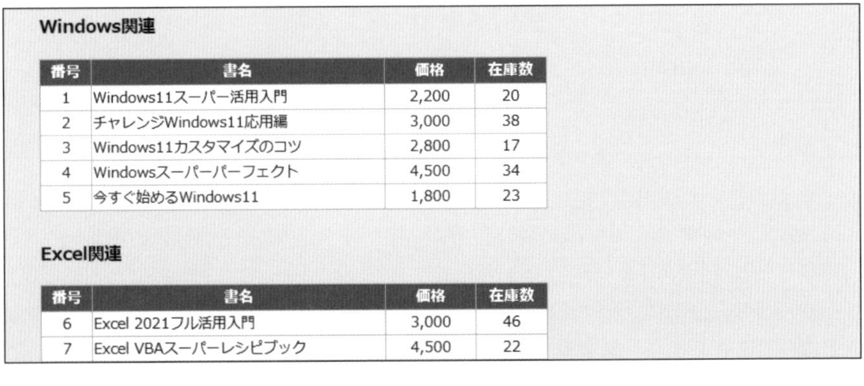

Windows関連

番号	書名	価格	在庫数
1	Windows11スーパー活用入門	2,200	20
2	チャレンジWindows11応用編	3,000	38
3	Windows11カスタマイズのコツ	2,800	17
4	Windowsスーパーパーフェクト	4,500	34
5	今すぐ始めるWindows11	1,800	23

Excel関連

番号	書名	価格	在庫数
6	Excel 2021フル活用入門	3,000	46
7	Excel VBAスーパーレシピブック	4,500	22

PROGRAM | sample108_2.py

```
import requests
import pandas
res = requests.get('https://www.clayhouse.jp/cweb/books')
dfs = pandas.read_html(res.content)
with pandas.ExcelWriter('表記録.xlsx') as writer:
    for i, df in enumerate(dfs):
        df.to_excel(writer, index=False, ⏎
                    sheet_name= 'Sheet' + str(i + 1))
```

実行例(ブック「表記録.xlsx」)

番号	書名	価格	在庫数
1	Windows11	2200	20
2	チャレンジW	3000	38
3	Windows11	2800	17
4	Windowsス	4500	34
5	今すぐ始め	1800	23

Sheet1

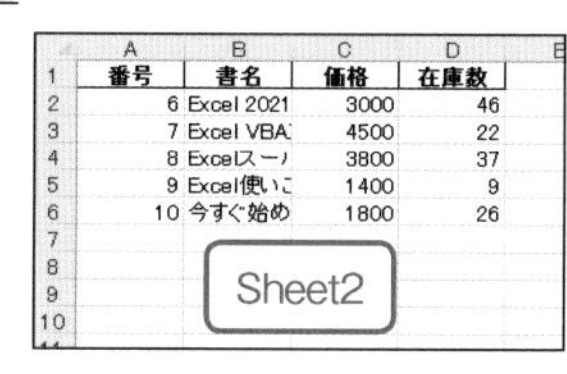

番号	書名	価格	在庫数
6	Excel 2021	3000	46
7	Excel VBA	4500	22
8	Excelスー	3800	37
9	Excel使いこ	1400	9
10	今すぐ始め	1800	26

Sheet2

番号	書名	価格	在庫数
11	Word 2021	2600	51
12	Word使いこ	1200	18
13	Word文書	3600	48
14	誰も知らな	2200	25
15	今すぐ始め	1600	30

Sheet3

pandasの「read_html」に引数として直接URLを指定し、そのWebページから表のデータを取得することも可能ですが、Webページによってはうまく取り込めない場合もあります。ここではrequestsモジュールを利用して取得したHTMLデータをread_htmlの引数に指定しています。これで、対象のHTMLデータの中にあるすべての表データが、データフレームのリストとして、変数dfsに収められます。

複数のデータフレームを書き込む場合、直接to_excelを実行するのではなく、「ExcelWriter」オブジェクトを使用します。pandasの「ExcelWriter」クラスに引数として保存したいブック名の文字列を指定し、取得されるオブジェクトを変数writerに割り当てます。

for文の対象にenumerate関数を使って変数dfsを指定することで、変数iに繰り返しの回数が、変数dfに各データフレームが代入されて、以降の処理が繰り返されます。各繰り返しでは、データフレームのオブジェクトの「to_excel」で、その表データを対象のブックの1つのシートに書き出します。第1引数には変数writerを指定し、引数indexにはインデックスを書き込まないという意味のFalseを指定します。また、引数sheet_nameに書き込むシート名を指定します。ここでは「Sheet」という文字列に変数iに1を加えた値を文字列に変換して結合することで、「Sheet1」「Sheet2」…というシート名が設定されます。

XMLデータをシートに入力しよう

XML形式のデータを、PythonのプログラムでExcelに取り込んでみましょう。Excelの標準機能だけでもXMLデータを取り込むことは可能ですが、プログラム化することで、大量のXMLデータを一括で取り込むなどの処理も可能になります。

▫ XMLの要素の値を取り出す

XML(Extensible Markup Language)は、HTMLなどと同じマークアップ言語の1つです。簡単にいうと、データの各要素に意味付けのための「タグ」を設定し、プログラミング言語などで処理しやすくしたものです。ここでは例として、次のような比較的シンプルなXMLファイル「shoplist01.xml」を処理の対象とします。

XMLソース | ▸shoplist01.xml

```
<?xml version="1.0" encoding="UTF-8"?>
<shops>
	<shop code="3">
		<name>新宿店</name>
		<place>東京都新宿区</place>
		<manager>伊藤栄一</manager>
	</shop>
	<shop code="4">
		<name>池袋店</name>
		<place>東京都豊島区</place>
		<manager>山田博美</manager>
	</shop>
	<shop code="7">
		<name>吉祥寺店</name>
		<place>東京都武蔵野市</place>
		<manager>西川武弘</manager>
	</shop>
	<shop code="8">
		<name>横浜店</name>
		<place>横浜市中区</place>
		<manager>水谷春香</manager>
	</shop>
	<shop code="10">
		<name>大宮店</name>
		<place>さいたま市大宮区</place>
```

```
                <manager>竹内直樹</manager>
        </shop>
</shops>
```

このXMLデータの各「shop」要素に含まれる「name」や「place」といった各情報を、Pythonを使って新規作成したExcelブックのアクティブシートに取り込み、「店舗情報01.xlsx」というファイル名で保存してみましょう。

PROGRAM | sample109_1.py

```
import xml.etree.ElementTree as ET
import openpyxl
tree = ET.parse('shoplist01.xml')
root = tree.getroot()
wb = openpyxl.Workbook()
ws = wb.active
titlerow = [i.tag for i in root[0]]
ws.append(titlerow)
for elems in root:
    datarow = [i.text for i in elems]
    ws.append(datarow)
wb.save('店舗情報01.xlsx')
```

実行例（ブック「店舗情報01.xlsx」）

	A	B	C	D	E	F	G	H	I
1	name	place	manager						
2	新宿店	東京都新宿	伊藤栄一						
3	池袋店	東京都豊島	山田博美						
4	吉祥寺店	東京都武蔵	西川武弘						
5	横浜店	横浜市中区	水谷春香						
6	大宮店	さいたま市	竹内直樹						
7									
8									
9									

このプログラムでは、XMLデータを処理するために、「xml」というモジュールに含まれる「ElementTree」をインポートし、「ET」という名前で使用可能にしています。

その「parse」にXMLファイル名を指定することで、そのXMLファイルを読み込んでパースします。「パース」とは、対象のデータを解析し、プログラムで処理できる形式に変換することです。ここではパスを省略してファイル名だけを指定しているため、実行中のスクリプトファイルと同じフォルダーにある「shoplist01.xml」が読み込まれます。そして、読み込んだデータを変数treeに代入しています。

その「getroot」関数で、対象のXMLデータのルート要素をオブジェクトとして取得し、変数rootに代入します。「ルート要素」とは、XMLデータの最も外側にあるタグで指定された要素のことです。そして、これまでと同様、openpyxlで新規ブックを作成し、そのアクティブシートを取得して変数wsに代入します。

「[i.tag for i in root[0]]」の部分は、リスト内包表記と呼ばれる記述方法です。ルート要素を表すオブジェクトからは、インデックスを指定してその子要素を取り出すことが可能です。shops要素には複数の「shop」要素が含まれていますが、ここでは「root[0]」とすることで、その中の最初のshop要素を取り出しています。リスト内包表記では、そのshop要素をfor文の対象とすることで、その要素の子要素を取り出して変数iに収め、その「tag」で要素名を取り出します。これをshop要素のすべての子要素について繰り返したデータのリストを作成しています。ここでは「name」「place」「manager」という3つの文字列を含むリストが作成され、変数titlerowに代入しています。これを、appendで新規ブックのアクティブシートに追加しています。

次に、ルート要素を代入した変数rootをfor文の対象とすることで、各shop要素を表すオブジェクトを変数elemsに代入して、以降の処理を繰り返します。各shop要素からは、要素名を取り出したのと同様のリスト内包表記で、「tag」の代わりに「text」を使って、各子要素のデータを取り出してリスト化し、変数datarowに代入しています。

これをappendでアクティブシートに追加する処理をすべてのshop要素に対して繰り返した後、このブックを「店舗情報01.xlsx」というファイル名で保存しています。

□ XMLの要素の属性を取り出す

このXMLファイルのshop要素には「<shop code="1">」のように「code」属性が指定されています。前の例では要素の値だけを取り出しましたが、ここではこのような属性を取り出して、同様に新規作成したブックのアクティブシートに入力してみましょう。

PROGRAM | ▸sample109_2.py

```
import xml.etree.ElementTree as ET
import openpyxl
tree = ET.parse('shoplist01.xml')
root = tree.getroot()
wb = openpyxl.Workbook()
ws = wb.active
titlerow = ['コード', '店名']
ws.append(titlerow)
for elems in root:
    datarow = [int(elems.get('code')), ⏎
               elems.find('name').text]
    ws.append(datarow)
wb.save('店舗情報02.xlsx')
```

実行例（ブック「店舗情報02.xlsx」）

	A	B	C	D	E	F	G	H	I
1	コード	店名							
2	3	新宿店							
3	4	池袋店							
4	7	吉祥寺店							
5	8	横浜店							
6	10	大宮店							
7									

対象のXMLファイルをパースし、ブックを新規作成して、アクティブシートを変数wsに代入するところまでは前回と同様です。次に、今回はあらかじめ「コード」と「店名」という2列分の列見出しを、このシートの先頭に入力しておきます。

そして、やはり変数rootに代入したルート要素のすべての子要素を対象とした繰り返し処理を実行します。今回は、まず各shop要素の「get」で、引数に「code」と指定して、この要素のcode属性を取り出します。このデータは数値ですが、取り出した時点では文字列なので、int関数で整数データに変換します。もう1つ、shop要素の「find」で、この要素の下位要素を検索し、引数に指定した「name」要素を取得します。その戻り値に「text」を付けて、この要素の値を取り出します。これらをカンマで区切って指定し、[ ]で囲むことで2要素のリストにして、変数datarowに代入しています。

この変数datarowのリストを、アクティブシートに追加していきます。すべての行についての繰り返しが終了したら、「店舗情報02.xlsx」というファイル名でブックを保存します。

□特定の要素の値をすべて取り出す

作成された「店舗情報02.xlsx」では、A列に「コード」、B列に「店名」が入力されています。この右側のC列に「店長」として、「manager」要素のデータを追加入力します。

PROGRAM | ▶sample109_3.py

```
import xml.etree.ElementTree as ET
import openpyxl
tree = ET.parse('shoplist01.xml')
root = tree.getroot()
fname = '店舗情報02.xlsx'
wb = openpyxl.load_workbook(fname)
ws = wb.active
ws['C1'].value = '店長'
for i, elems in enumerate(root.iter('manager')):
    ws.cell(i + 2, 3).value = elems.text
wb.save(fname)
```

実行例（ブック「店舗情報02.xlsx」）

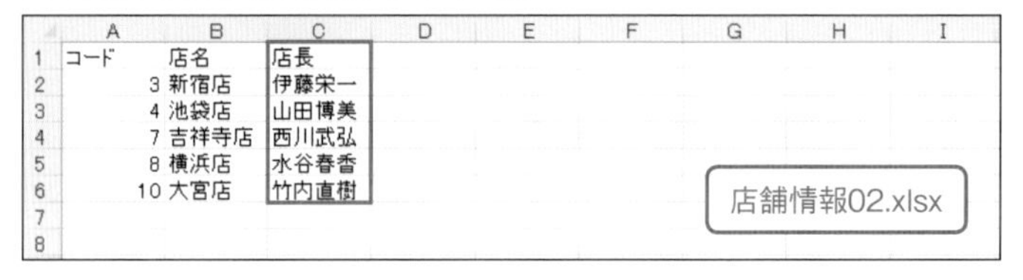

	A	B	C
1	コード	店名	店長
2	3	新宿店	伊藤栄一
3	4	池袋店	山田博美
4	7	吉祥寺店	西川武弘
5	8	横浜店	水谷春香
6	10	大宮店	竹内直樹

今回は、ブックは新規作成ではなく、前の例で作成した「店舗情報02.xlsx」を開いて書き込みます。まず、そのセルC1に「店長」という文字列を入力します。

そして、ルート要素の「iter」で、引数に「manager」という文字列を指定することで、子要素だけでなくさらに下位の要素まで含めて、この名前の要素を取り出します。これをfor文の対象とし、enumerateを使用することで、変数iには繰り返しの回数を表す0から始まる数値が、変数elemsには見つかった各manager要素を表すオブジェクトが代入されます。各繰り返しでは、ワークシートを表すオブジェクトの「cell」の行番号に変数iに2を加えた値を、列番号に3を指定して、「elems.text」で取り出した店長名の文字列を入力しています。

見つかったすべてのmanager要素の入力が終わったら、「店舗情報02.xlsx」を同じファイル名で上書き保存します。

Excelデータに基づいて XMLデータを修正しよう

Excelブック内に記述されたデータに基づいて、XMLファイルを編集するPythonのプログラムを作成します。ここでは、店舗の情報が入力されたXMLファイルを読み込み、Excelブックのシート内で指定された店舗の店長名を変更して別名保存します。

□ XMLデータを修正する

今回は、前項と全く同じ内容のXMLファイル「shoplist02.xml」を処理の対象とします。このXMLデータの各shop要素の中で、特定の店舗の店長名を、指定した名前に自動的に変更します。変更する店舗と店長名は、Excelブック「新店長.xlsx」のアクティブシートに次のように入力しています。

ブック「新店長.xlsx」

	A	B	C	D	E	F	G	H
1	店名	新店長						
2	池袋店	中村健太郎						
3	吉祥寺店	橋本瑞希						
4	大宮店	大沢明彦						
5								
6								
7								

また、このような変更を加えたXMLデータは、「shoplist03.xml」という別のXMLファイルとして保存します。

PROGRAM ▶sample110_1.py

```
import openpyxl
import xml.etree.ElementTree as ET
wb = openpyxl.load_workbook('新店長.xlsx')
ws = wb.active
sdata = []
for row in ws.iter_rows(min_row=2):
    sdata.append([row[0].value, row[1].value])
tree = ET.parse('shoplist02.xml')
for tnum in range(len(sdata)):
    tshop = tree.find("shop[name='" +⮐
```

```
                    sdata[tnum][0] + "']")
    tshop.find('manager').text = sdata[tnum][1]
tree.write('shoplist03.xml', encoding='utf-8', ⮐
        xml_declaration=True)
```

このプログラムを実行すると、次のようなXMLファイルが作成されます。

XML ソース | ▸shoplist03.xml

```
<?xml version='1.0' encoding='utf-8'?>
<shops>
        <shop code="3">
                <name>新宿店</name>
                <place>東京都新宿区</place>
                <manager>伊藤栄一</manager>
        </shop>
        <shop code="4">
                <name>池袋店</name>
                <place>東京都豊島区</place>
                <manager>中村健太郎</manager>
        </shop>
        <shop code="7">
                <name>吉祥寺店</name>
                <place>東京都武蔵野市</place>
                <manager>橋本瑞希</manager>
        </shop>
        <shop code="8">
                <name>横浜店</name>
                <place>横浜市中区</place>
                <manager>水谷春香</manager>
        </shop>
        <shop code="10">
                <name>大宮店</name>
                <place>さいたま市大宮区</place>
                <manager>大沢明彦</manager>
        </shop>
</shops>
```

まず、ブック「新店長.xlsx」を開き、そのアクティブシートを表すオブジェクトを変数wsに収めます。次に、空のリストを作成し、変数sdataに代入します。

for文で、変数wsの「iter_rows」で引数min_rowに「2」を指定することで、2行目以降の入力済みの各行を表すオブジェクトを変数rowに収めて、以降の処理を繰り返します。各繰り返しでは、その各行の1番目と2番目のセルの値を取り出し、変数sdataのリストに追加していきます。

次に、ElementTreeの「parse」で対象のXMLファイルをパースして、変数treeに収めます。その後、改めてfor文による繰り返しを実行し、変数sdataに収められた要素の数、つまり「新店長.xlsx」に入力されていた変更する店長名の行数になるまで、以降の処理を繰り返します。

各繰り返しでは、まずtreeの「find」で、shop要素の下位のname要素の値が特定の店名であるshop要素を検索します。検索対象の店舗名は、たとえば池袋店であれば、「tree.find("shop[name='池袋店']")」のように指定します。この「池袋店」の部分を、変数sdataから取り出して結合しています。変数sdataはリストのリストなので、「sdata[tnum]」でまず変数tnumで指定される順番のリストを取得し、続く「[0]」でその1番目の要素、つまり店名の文字列が取り出されるわけです。検索の結果、見つかったshop要素を変数tshopに収めます。

同様に、「sdata[tnum][1]」で、ブック「新店長.xlsx」に入力されていた各店舗名に対応する新店長名の文字列を取り出せます。見つかったshop要素の「find」で、その子要素のmanager要素を取得し、その「text」で表される要素の値に、新店長名の文字列を代入します。これで、メモリーに読み込まれたXMLデータの中で、該当する店舗の店長名が変更されます。

変数treeの「write」で、このメモリー上のXMLデータを、第1引数に指定したファイル名でXMLファイルとして保存します。また、日本語を含んでいるため、引数encodingに「utf-8」を指定します。XMLファイルの先頭にXML宣言を入れる場合は、引数xml_declarationに「True」を指定します。

JSONデータをシートに入力しよう

JSON形式のデータを、PythonのプログラムでExcelに取り込んでみましょう。JSONはJavaScriptを由来とするデータ記述言語の一種で、JavaScriptだけでなくさまざまなプログラミング言語で、データをオブジェクトとして容易に扱えるようになっています。

□ JSONのデータをExcelに自動入力する

JSONは「JavaScript Object Notation」の略で、JavaScriptのオブジェクトの記述法に基づいて規定されたデータを記録するためのルールです。データ自体はテキスト形式で、ファイルとして保存するときは通常「.json」という拡張子にします。XMLと同様、データを階層的に記述でき、さまざまなプログラミング言語で処理しやすい形式になっています。

ここでは、次のJSONファイル「itemlist01.json」を処理の対象とします。

JSONソース | ▶ itemlist01.json

```
{
  "title":"商品リスト",
  "category":[
    {
      "name":"イートイン",
      "items":[
        {"name":"唐揚げ定食", "price":700},
        {"name":"ハンバーグ定食", "price":750},
        {"name":"とんかつ定食", "price":900}
      ]
    },
    {
      "name":"テイクアウト",
      "items":[
        {"name":"唐揚げ弁当", "price":750},
        {"name":"ロコモコ丼", "price":800},
        {"name":"かつ丼", "price":900}
      ]
    }
  ]
}
```

このJSONファイルのデータを取り出し、作成済みのExcelファイル「メニュー一覧01.xlsx」の末尾に追加してみましょう。JSONデータの処理には「json」というモジュールを使用しますが、これは標準ライブラリなので、インストールなどの操作は必要ありません。

ブック「メニュー一覧01.xlsx」

	A	B	C	D	E	F	G
1	**メニュー一覧**						
2							
3	商品種別	商品名	価格				
4	イートイン	生姜焼き定食	800				
5	イートイン	アジフライ定食	700				
6	テイクアウト	とんかつ弁当	1000				
7							
8							
9							
10							
11							

PROGRAM ▶ sample111_1.py

```
import openpyxl
import json
fname = 'メニュー一覧01.xlsx'
wb = openpyxl.load_workbook(fname)
ws = wb.active
with open('itemlist01.json', 'r') as f:
    jdata = json.load(f)
for category in jdata['category']:
    for item in category['items']:
        line = [category['name'], ⏎
                item['name'], ⏎
                item['price']]
        ws.append(line)
wb.save(fname)
```

実行例

	A	B	C	D	E	F	G
1	メニュー一覧						
2							
3	商品種別	商品名	価格				
4	イートイン	生姜焼き定食	800				
5	イートイン	アジフライ定食	700				
6	テイクアウト	とんかつ弁当	1000				
7	イートイン	唐揚げ定食	700				
8	イートイン	ハンバーグ定食	750				
9	イートイン	とんかつ定食	900				
10	テイクアウト	唐揚げ弁当	750				
11	テイクアウト	ロコモコ丼	800				
12	テイクアウト	かつ丼	900				
13							
14							
15							

読み込んだデータをJSONとして処理するために、最初に「json」をインポートします。そして、openpyxlでデータを書き込むブック「メニュー一覧01.xlsx」をあらかじめ開き、そのアクティブシートを変数wsに収めます。

次に、openでJSONファイル「itemlist01.json」を開き、変数fに収めます。それをjsonの「load」の引数に指定することで、JSON形式のデータをオブジェクトとして処理できるようになります。

読み込んだJSONのデータはPythonの「辞書」形式のデータとして処理できます。その変数jdataの後に「[ ]」を付け、その中にキーを指定することで、そのキーに対応する値を取り出せます。ここでは「category」を指定して、categoryオブジェクトに含まれる配列の2つのデータを対象に、for文で以降の処理を繰り返します。さらに、このcategoryオブジェクトの下位の「items」を取得し、その配列の各要素に対して以降の処理を繰り返します。

categoryオブジェクトの「name」とitemオブジェクトの「name」、やはりitemオブジェクトの「price」の値を取り出してリストに収め、変数lineに代入します。

この変数lineのリストを、ブックのアクティブシートを表す変数の「append」で、そのシートの末尾に追加入力しています。最後に、このブックを保存します。

Excelデータに基づいて JSONデータを修正しよう

前項では、JSONファイルから取り出したデータをExcelの既存のブックに自動入力しました。今回も同じ作例を使用しますが、前回とは反対に、ブックからデータを取り出して、既存のJSONファイルに追加するプログラムを紹介します。

□ ExcelのデータをJSONに追加する

ここでの処理の対象は、次のようなJSONファイル「itemlist02.json」です。

JSONソース | ▶ itemlist02.json

```
{
  "title":"商品リスト",
  "category":[
    {
      "name":"イートイン",
      "items":[
        {"name":"唐揚げ定食", "price":700},
        {"name":"ハンバーグ定食", "price":750},
        {"name":"とんかつ定食", "price":900}
      ]
    },
    {
      "name":"テイクアウト",
      "items":[
        {"name":"唐揚げ弁当", "price":750},
        {"name":"ロコモコ丼", "price":800},
        {"name":"かつ丼", "price":900}
      ]
    }
  ]
}
```

このJSONデータを読み込み、次のExcelブック「メニュー一覧02.xlsx」のメニューをそれぞれ「イートイン」「テイクアウト」のカテゴリーごとにJSONデータに追加して、「itemlist03.json」という別名のJSONファイルとして保存します。ただし、改行やインデントの処理は、元の「itemlist02.json」とは変わっています。

ブック「メニュー一覧02.xlsx」

	A	B	C	D	E	F	G
1	メニュー一覧						
2							
3	商品種別	商品名	価格				
4	イートイン	生姜焼き定食	800				
5	イートイン	アジフライ定食	700				
6	テイクアウト	とんかつ弁当	1000				
7							

PROGRAM | sample112_1.py

```
import openpyxl
import json
fname = 'メニュー一覧02.xlsx'
wb = openpyxl.load_workbook(fname)
ws = wb.active
with open('itemlist02.json', 'r') as f:
    jdata = json.load(f)
for row in ws.iter_rows(min_row=4):
    tcat = [x for x in jdata['category']⏎
            if x['name'] == row[0].value][0]
    aitem = {'name':row[1].value,⏎
             'price':row[2].value}
    tcat['items'].append(aitem)
with open('itemlist03.json', 'w') as fw:
    json.dump(jdata, fw, ensure_ascii=False)
```

実行後のJSONソース | itemlist03.json

```
{"title": "商品リスト", "category": [{"name": "イートイン", "items":
[{"name": "唐揚げ定食", "price": 700}, {"name": "ハンバーグ定食",
"price": 750}, {"name": "とんかつ定食", "price": 900}, {"name": "生姜焼
き定食", "price": 800}, {"name": "アジフライ定食", "price": 700}]},
{"name": "テイクアウト", "items": [{"name": "唐揚げ弁当", "price": 750},
{"name": "ロコモコ丼", "price": 800}, {"name": "かつ丼", "price": 900},
{"name": "とんかつ弁当", "price": 1000}]}]}
```

openpyxlで対象のブックを開き、アクティブシートを表すオブジェクトを変数wsに代入します。次に、JSONファイル「itemlist02.json」を開いてJSONデータとして読み込み、変数jdataに代入するところまでは前項と同じです。

アクティブシートの4行目以降、入力済みの各行について、for文で以下の処理を繰り返します。その各行の1番目のセルの値、つまり「イートイン」または「テイクアウト」の文字列を取り出します。ここではリスト内包表記と呼ばれる記述方法で、JSONデータの「category」の配列の各要素について、その「name」がいずれの文字列かを判定し、その「category」以下の辞書データを変数tcatに代入します。

次に、アクティブシートの処理対象の行の2列目のセルの値を「name」、3列目のセルの値を「price」というキーの辞書形式で、変数aitemに代入します。この辞書のデータを、変数tcatに代入したオブジェクトの「items」以下のリストに追加します。これによって、変数jdataに収めたJSONデータにもそのデータが追加されています。

改めて「itemlist03.json」というテキストファイルを書き込み用に開きます。jsonの「dump」で、変数jdataを第1引数に、第2引数にこのファイルの変数を指定して、変更したJSONデータをファイルに書き込みます。日本語を扱う場合、「ensure_ascii=False」という引数を指定しないと、日本語がバイト文字列で書き出されます。

なお、改行してインデント付きで出力したい場合は、dumpに「indent=4」のような引数を追加します。この場合、「itemlist03.json」は次のようなデータになります。

実行後のJSONソース例(部分)

```
{
    "title": "商品リスト",
    "category": [
        {
            "name": "イートイン",
            "items": [
                {
                    "name": "唐揚げ定食",
                    "price": 700
                },
(以下略)
```

Wordのデータを Excelに入力しよう

Word文書に入力されている文字列データを取り出して、作成済みのExcelブックのワークシートに自動入力してみましょう。また、Word文書内に作成した表のデータを、その構成のままワークシートの各セルに取り込むプログラムも紹介します。

□ 特定の段落の一部を取り込む

ここでは、PythonでWord文書を処理するため、外部ライブラリの「python-docx」を使用します。外部ライブラリなので、最初にインストールが必要です。

コマンド

```
py -m pip install python-docx
```

まず、Word文書中の特定の段落から文字列データを取り出し、ブックの特定のセルに自動入力しましょう。ここでは、Word文書「販売報告01.docx」の4番目の段落の2～3文字目を取り出して、Excelブック「販売記録08.xlsx」のアクティブシートのセルD2に入力します。さらに、同じ文書の3番目の段落の4文字目から行末までの文字列を、同じブックのセルE2に入力します。

文書「販売報告01.docx」

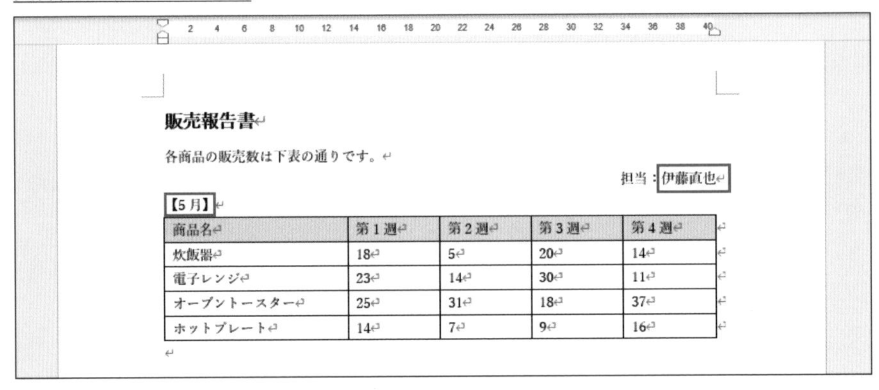

販売報告書

各商品の販売数は下表の通りです。

担当：伊藤直也

【5月】

商品名	第1週	第2週	第3週	第4週
炊飯器	18	5	20	14
電子レンジ	23	14	30	11
オーブントースター	25	31	18	37
ホットプレート	14	7	9	16

ブック「販売記録08.xlsx」

	A	B	C	D	E	F	G	H	I
1	**販売数記録**		店名	月	担当				
2			板橋店						
3									
4	商品名	第1週	第2週	第3週	第4週				
5	ドライヤー	26	12	18	10				
6	アイロン	5	11	7	6				
7	掃除機	10	9	15	4				
8									
9									

PROGRAM | sample113_1.py

```
import openpyxl
import docx
fname = '販売記録08.xlsx'
wb = openpyxl.load_workbook(fname)
ws = wb.active
doc = docx.Document('販売報告01.docx')
month = doc.paragraphs[3].text
ws['D2'].value = month[1:3]
person = doc.paragraphs[2].text
ws['E2'].value = person[3:]
wb.save(fname)
```

実行例（ブック「販売記録08.xlsx」）

	A	B	C	D	E	F	G	H	I
1	**販売数記録**		店名	月	担当				
2			板橋店	5月	伊藤直也				
3									
4	商品名	第1週	第2週	第3週	第4週				
5	ドライヤー	26	12	18	10				
6	アイロン	5	11	7	6				
7	掃除機	10	9	15	4				
8									

あらかじめ、Word文書を処理するためのライブラリ「docx」をインポートします。そして、これまでと同様の手順でExcelブック「販売記録08.xlsx」を開き、そのアクティブシートを変数wsに代入します。

次に、docxの「Document」に引数として「販売報告01.docx」という文字列を指定することで、このWord文書を開き、そのオブジェクトを変数docに代入します。

文書を表すオブジェクトの「paragraphs」で段落の集合を取得し、インデックス（開始値は0）に「3」を指定することで、4番目の段落を表すオブジェクトを取得します。その

「text」でその段落の文字列を取得して、変数monthに収めます。

変数wsに収めたアクティブシートのセルC1の値として、変数monthの文字列の一部を入力します。「[1:3]」と指定することで、2文字目から3文字目までが取り出せます。

同様に、この文書の3番目の段落の文字列を取り出して、変数personに収めます。「[3:]」のように指定することで4文字目から行末までの文字列を取り出し、アクティブシートのセルE1に入力します。

その後、このブックを上書き保存します。

□ 特定の表のデータを取り込む

次に、同じWord文書内に作成されている表から、その各セルのデータをExcelのワークシートに取り込んでみましょう。ただし、この作例の表の1行目の列見出しはすでにワークシートに入力されているので、2行目以降を取り込むようにします。

文書「販売報告01.docx」

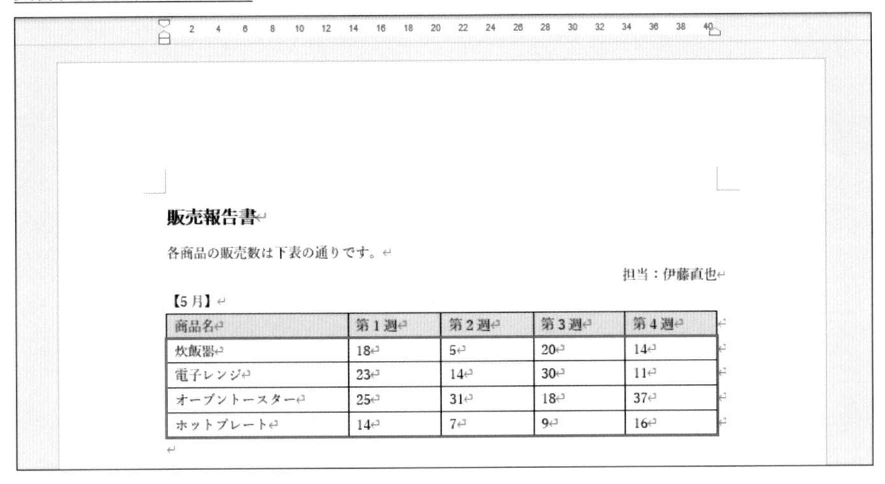

販売報告書

各商品の販売数は下表の通りです。

担当：伊藤直也

【5月】

商品名	第1週	第2週	第3週	第4週
炊飯器	18	5	20	14
電子レンジ	23	14	30	11
オーブントースター	25	31	18	37
ホットプレート	14	7	9	16

PROGRAM | sample113_2.py

```
import openpyxl
import docx
fname = '販売記録08.xlsx'
wb = openpyxl.load_workbook(fname)
ws = wb.active
doc = docx.Document('販売報告01.docx')
tbl = doc.tables[0]
for i, row in enumerate(tbl.rows):
    if i > 0:
```

```
        line = []
        for cell in row.cells:
            val = cell.text
            cval = int(val) if val.isdigit() else val
            line.append(cval)
        ws.append(line)
wb.save(fname)
```

実行例（ブック「販売記録08.xlsx」）

	A	B	C	D	E	F	G	H	I
1	販売数記録		店名	月	担当				
2			板橋店	5月	伊藤直也				
3									
4	商品名	第1週	第2週	第3週	第4週				
5	ドライヤー	26	12	18	10				
6	アイロン	5	11	7	6				
7	掃除機	10	9	15	4				
8	炊飯器	18	5	20	14				
9	電子レンジ	23	14	30	11				
10	オーブントースター	25	31	18	37				
11	ホットプレート	14	7	9	16				
12									

前回と同様、Excelブック「販売記録08.xlsx」とWord文書「販売報告01.docx」を開きます。文書を表すオブジェクトを収めた変数docの「tables」で文書のすべての表を取得し、さらにそのインデックスに0を指定することで、先頭の表を表すオブジェクトを取得して、変数tblに収めます。

enumerate関数を使ったfor文で、繰り返しの回数を変数iに、各行を表すオブジェクトを変数rowに収めて、以降の処理を繰り返します。そして、1行目は処理をスキップするため、if文で変数iが0より大きい場合だけ以降の処理を実行します。

まず、変数lineに空のリストを代入します。そして、変数rowの「cells」で各行のセルを変数cellに代入した繰り返しを実行します。その「text」で各セルの値を取り出して変数valに収めます。「int(val) if val.isdigit() else val」の部分は、「val.isdigit()」でセルの値が数字かどうかを判定し、その結果がTrueなら、ifより前の「int(val)」で文字列を整数型に変換した値を返します。また、結果がFalseなら、elseの後の変数valの値をそのまま返します。その結果を、変数cvalに収めます。

この変数cvalの値を変数lineのリストに「append」で追加していき、最終的に元の表の1行分のデータを表すリストを作成します。このリストを、アクティブシートを表す変数wsの「append」で、シートの末尾に追加します。以上の処理をすべての行について繰り返したら、ブック「販売記録08.xlsx」を上書き保存します。

Excelのデータを Wordに入力しよう

前項とは逆に、Excelのワークシートに入力されているデータを取り出してWord文書に追加するプログラムを紹介します。段落の文章の途中に追加する処理と、既存の表に行を追加して自動入力する処理をまとめて1つのプログラムにしましょう。

▫ExcelのデータをWord文書に自動入力する

ここでは、Excelブック「販売記録09.xlsx」のアクティブシートのセルC2に入力された店名を取り出して、Word文書「販売報告02.docx」の4番目の段落の「【5月】」の月名の前に「：」を付けて挿入します。さらに、同じブックの5行目以降の各セルのデータを、同じ文書の表の末尾に行を追加して自動で転記します。

ブック「販売記録09.xlsx」

	A	B	C	D	E	F	G	H	I
1	販売数記録		店名	月	担当				
2			板橋店						
3									
4	商品名	第1週	第2週	第3週	第4週				
5	ドライヤー	26	12	18	10				
6	アイロン	5	11	7	6				
7	掃除機	10	9	15	4				
8									

PROGRAM ▸sample114_1.py

```
import openpyxl
import docx
fname = '販売報告02.docx'
wb = openpyxl.load_workbook('販売記録09.xlsx')
ws = wb.active
doc = docx.Document(fname)
tinfo = doc.paragraphs[3].text
doc.paragraphs[3].text = tinfo[:1] +ws['C2'].value + '：' + tinfo[1:]
tbl = doc.tables[0]
for row in ws.iter_rows(min_row=5):
    nrow = tbl.add_row()
    for wcell, xcell in zip(nrow.cells, row):
        wcell.text = str(xcell.value)
doc.save(fname)
```

実行例（文書「販売報告02.docx）

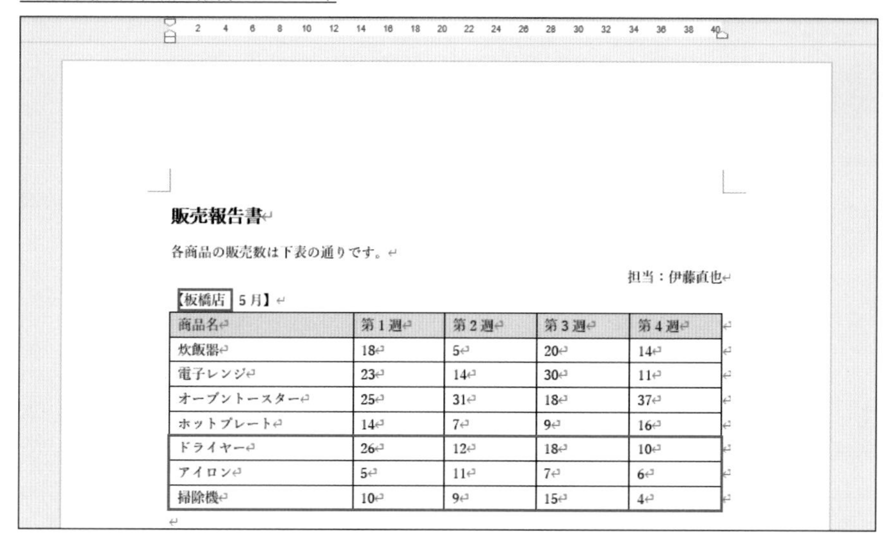

販売報告書

各商品の販売数は下表の通りです。

担当：伊藤直也

【板橋店 5月】

商品名	第1週	第2週	第3週	第4週
炊飯器	18	5	20	14
電子レンジ	23	14	30	11
オーブントースター	25	31	18	37
ホットプレート	14	7	9	16
ドライヤー	26	12	18	10
アイロン	5	11	7	6
掃除機	10	9	15	4

前項の処理と同様、openpyxlで対象のExcelブックを、docxで対象のWord文書を開きます。Word文書を表すオブジェクトの「paragraphs」にインデックスとして「3」を指定することで4番目の段落を取得し、その「text」で文字列を取り出して、変数tinfoに収めます。この「【5月】」という文字列に対し、「[:1]」で1文字目まで、「[1:]」で1文字目以降の文字列をそれぞれ取り出し、ブックのアクティブシートのC2セルの値と「：」という文字列をその間に挟む形で結合します。これを改めて対象の文書の4番目の段落の「text」に代入することで、この段落の文字列が変更されます。

Word文書の最初の表を取得して変数tblに収めます。次に、for文で、ブックのアクティブシートの5行目以降を対象とした繰り返し処理を実行します。各繰り返しでは、まず表を表すオブジェクトの「add_row」で表に行を追加します。次のfor文では、2つの変数をzip関数と組み合わせて指定することで、Wordの表の新行の各セルと、Excelの行の各セルをそれぞれwcell、xcellという変数に収めて、以降の処理を繰り返します。各繰り返しでは、Excelの各セルの値を文字列型に変換し、Wordの各セルの文字列に設定しています。

最後に、文書を表すオブジェクトの「save」で、最初と同じファイル名を指定して、文書を上書き保存しています。

気象庁のRSSデータをブックに自動入力しよう

気象庁のWebサイトで「RSS」として提供されている情報にアクセスし、そのタイトルや詳細ページへのリンクなどのデータを取り出して、新規ブックに自動入力してみましょう。入力したデータには各種の書式も設定します。

□ RSSのアドレスを調べる

「RSS」とは、頻繁に更新されるWebサイトが、最新の情報を提供する仕組みの1つです。新着情報のタイトルや要約などのデータがXML形式で提供され、RSSリーダーと呼ばれるアプリケーションを使用することで、その情報を取得できます。ただし、RSSリーダーは自動取得のためのツールであり、そのデータ自体にはWebブラウザーでもアクセスが可能です。最近はやや利用者も減っており、RSSでの配信を終了するWebサイトもありますが、継続して提供されているWebサイトであれば、Pythonのプログラムを利用することで、そのサイトの情報をRSSから自動取得することが可能です。

ここでは、気象庁のWebサイトで提供されているRSSから、報道発表などの新着情報を自動的に取得し、Excelの新規ブックに入力するPythonのプログラムを作成してみましょう。取得する情報は、新着情報のタイトルと発表日時、およびその詳細な内容が掲載されたWebページへのリンクです。

気象庁のWebサイト（https://www.jma.go.jp/）のトップページで「RSS配信」をクリックすると、下のページが表示されます。

気象庁のRSS配信のWebページ

[URL：https://www.jma.go.jp/jma/menu/rss_info.html]

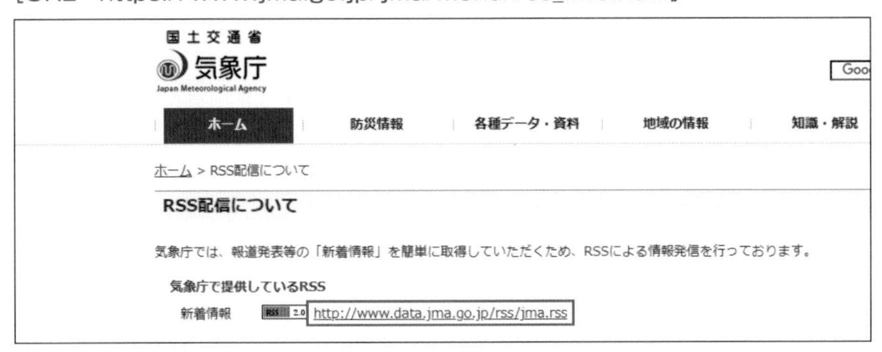

※Webサイトから提供されるサービスは、変更または終了する可能性があります。本書で紹介しているサービスが終了した場合は、他のサービスから情報を取得する際の参考としてご利用ください。

ここでは、「気象庁で配信しているRSS」として、RSS取得のためのURLが表示されています。そのリンクをクリックして、WebブラウザーでRSSの内容を表示できます。

気象庁の配信RSSの例


```
▼<rss xmlns:dcterms="http://purl.org/dc/terms/" version="2.0">
  ▼<channel>
     <!--  チャンネル情報 start  -->
     <title>気象庁 新着情報</title>
     <link>http://www.jma.go.jp/jma/menu/rss_info.html</link>
     <language>ja</language>
     <lastBuildDate>Fri, 10 Jun 2022 14:02:20 +0900</lastBuildDate>
     <generator>http://www.futomi.com/library/rss/index.html?</generator>
     <docs>http://www.rssboard.org/rss-specification</docs>
     <!--  チャンネル情報 end  -->
     <!--  記事一覧 start  -->
   ▼<item>
       <title>エルニーニョ監視速報 (No.357) について</title>
       <link>https://www.jma.go.jp/jma/press/2206/10a/elnino202206.html?180</link>
       <guid>https://www.jma.go.jp/jma/press/2206/10a/elnino202206.html?180</guid>
       <pubDate>Fri, 10 Jun 2022 14:00:00 +0900</pubDate>
       <dcterms:modified>2022-06-10T14:00:00+09:00</dcterms:modified>
       <dcterms:created>2022-06-10T14:00:00+09:00</dcterms:created>
     ▼<description>
         <![CDATA[ 「エルニーニョ監視速報 (No.357) について」を掲載しました。 ]]>
```


前述した通り、RSSはXML形式のデータです。ルートの下位が「channel」要素であり、その下位に各最新情報を表す「item」要素があります。この各item要素から記事タイトルを表す「title」要素、発表日時を表す「pubDate」要素、詳細ページのURLを表す「link」要素を取り出し、Excelの新規ブックに記録するプログラムを作成します。

さらに、このワークシートの書式もある程度整えて見やすくしましょう。

PROGRAM | sample115_1.py

```
import openpyxl
from openpyxl.styles import Font
from openpyxl.styles import PatternFill
from openpyxl.styles.borders import Border, Side
from openpyxl.styles import Alignment
import requests
import xml.etree.ElementTree as ET
import datetime
wb = openpyxl.Workbook()
ws = wb.active
ws.column_dimensions['A'].width = 40
ws.column_dimensions['B'].width = 20
ws.column_dimensions['C'].widht = 10
ws['A1'].value = 'タイトル'
ws['B1'].value = '発表日時'
ws['C1'].value = '詳細ページ'
sd = Side(style='thin', color='000000')
for cell in ws['A1:C1'][0]:
    cell.font = Font(bold=True)
    cell.fill = PatternFill(patternType='solid', ↩
                                fgColor='E6E6FA')
```

```
    cell.border = Border(top=sd, bottom=sd)
res = requests.get('https://www.data.jma.go.jp/rss/jma.rss')
root = ET.fromstring(res.content)
for item in root[0].findall('item'):
    data1 = item.find('title').text
    pdate = item.find('pubDate').text[:-6]
    data2 = datetime.datetime.strptime(pdate, ↩
                                       '%a, %d %b %Y %H:%M:%S')
    data3 = item.find('link').text
    ws.append([data1, data2, data3])
for row in ws.iter_rows(min_row=2):
    row[0].alignment = Alignment(vertical='center', ↩
                             wrapText=True)
    row[1].number_format = 'yyyy/m/d h:mm:ss'
    row[1].alignment = Alignment(horizontal='center', ↩
                             vertical='center')
    link = row[2].value
    row[2].value = '開く'
    row[2].hyperlink = link
    row[2].font = Font(color='0000FF', u='single')
    row[2].alignment = Alignment(horizontal='center', ↩
                             vertical='center')
    for cell in row:
        cell.border = Border(top=sd, bottom=sd)
wb.save('気象庁新着.xlsx')
```

実行例（ブック「気象庁新着.xlsx」）

	A	B	C	D	E	F	G
1	タイトル	発表日時	詳細ページ				
2	エルニーニョ監視速報(No.357)について	2022/6/10 14:00:00	開く				
3	6月15日に緊急地震速報の訓練を実施します	2022/6/8 14:00:00	開く				
4	春(3～5月)の天候	2022/6/1 16:00:00	開く				
5	5月の天候	2022/6/1 16:00:00	開く				
6	「火山噴火等による潮位変化に関する情報のあり方検討会」(第2回)の開催について	2022/5/31 15:00:00	開く				
7	令和4年5月28日17時10分頃のベズィミアニィ火山(ロシア)の大規模噴火について	2022/5/28 19:45:00	開く				
8	「気象庁業務評価レポート（令和4年度版）」を公表します	2022/5/27 11:00:00	開く				
9	第147回気象記念日について～「気象業務はいま2022」を刊行します～	2022/5/27 11:00:00	開く				

□新規ブックの見出し行を作成する

やや長いプログラムになったので、以下、ブロックごとに解説していきます。最初にこのプログラムで使用するモジュールをインポートします。

PROGRAM | sample115_1.py(部分)

```
import openpyxl
from openpyxl.styles import Font
from openpyxl.styles import PatternFill
from openpyxl.styles.borders import Border, Side
from openpyxl.styles import Alignment
import requests
import xml.etree.ElementTree as ET
import datetime
```

まず、Excelのデータを処理するための「openpyxl」と、各種の書式を設定するために使うそのクラスを個別にインポートしています。さらにWebからデータを取得するための「requests」、XMLデータを解析するための「xml.etree.ElementTree」を続けてインポートします。また、「datetime」は、日付を表す文字列をPythonの日付・時刻型のデータに変換するために使用します。

PROGRAM | sample115_1.py(部分)

```
wb = openpyxl.Workbook()
ws = wb.active
ws.column_dimensions['A'].width = 40
ws.column_dimensions['B'].width = 20
ws.column_dimensions['C'].widht = 10
ws['A1'].value = 'タイトル'
ws['B1'].value = '発表日時'
ws['C1'].value = '詳細ページ'
```

新規ブックを作成し、そのアクティブシートを表すオブジェクトを変数wsに代入します。その「column_dimensions」に列番号を表す文字を指定して列を取得し、その「width」でその幅を設定します。ここでは列Aを40、列Bを20、列Cを10に変更しています。

次に、セルA1～C1に、それぞれ「タイトル」「発表日時」「詳細ページ」という表の列見出しを入力しています。

PROGRAM | sample115_1.py(部分)

```
sd = Side(style='thin', color='000000')
for cell in ws['A1:C1'][0]:
    cell.font = Font(bold=True)
    cell.fill = PatternFill(patternType='solid', ⏎
                            fgColor='E6E6FA')
    cell.border = Border(top=sd, bottom=sd)
```

セルの罫線の書式を「Side」クラスを使って作成し、変数sdに収めます。

次に、アクティブシートのセル範囲A1:C1の各セルを対象とした繰り返し処理を実行します。単に「ws['A1:C1']」ではこのセル範囲を表す1要素のタプルになるので、さらに「[0]」を付けることで、その各セルを表すオブジェクトが変数cellに代入され、以降の処理が繰り返されます。各セルに対し、まず「font」に「Font」クラスで作成したフォントの太字の書式を設定します。次に、「fill」に「PatternFill」クラスで作成した塗りつぶしの色を設定します。最後に、「border」に「Border」クラスで作成した上辺と下辺の罫線の書式を設定しています。

□ WebのXMLデータをシートに入力する

次は、気象庁が配信しているRSSからXML形式のデータを取得し、このブックのアクティブシートに追加入力していく処理です。

PROGRAM | sample115_1.py(部分)

```
res = requests.get('https://www.data.jma.go.jp/rss/jma.rss')
root = ET.fromstring(res.content)
for item in root[0].findall('item'):
    data1 = item.find('title').text
    pdate = item.find('pubDate').text[:-6]
    data2 = datetime.datetime.strptime(pdate, ⏎
                                       '%a, %d %b %Y %H:%M:%S')
    data3 = item.find('link').text
    ws.append([data1, data2, data3])
```

「requests」の「get」に、引数としてRSSのURLを指定することで、そのWebサーバーからXMLデータを取得します。「xml.etree.ElementTree」の「fromstring」で、取得した文字列からXMLの構造化されたオブジェクトを作成し、変数rootに代入します。

この変数rootに「[0]」を付けることで最初の子要素「channel」を取得し、「findall」に引数として「item」という文字列を指定することで、すべてのitem要素のリストが作成されます。これをforの対象に指定することで、その各item要素を変数itemに代入して、以降の処理を繰り返します。

各繰り返しでは、まず各item要素の中の「title」要素を探してその文字列を取り出し、変数data1に収めます。次に、「pubDate」要素のタイムゾーン形式の文字列を取り出しますが、この形式の日付・時刻データをExcelで扱える形式にするのはやや面倒なので、ここでは末尾の「+0900」とその前のスペースを除外して取り出し、変数pdateに収めます。この文字列を、「datetime」モジュールの「datetime」の「strptime」で、曜日や日、月などの並び順を「%a, %d %b …」という文字列で指定して、Pythonで扱える日付・時刻データに変換します。このデータを、変数data2に収めます。最後に、「link」要素の文字列を取り出して、変数data3に収めます。

この変数data1～data3をリストにして、アクティブシートを表すオブジェクトの「append」で、表の末尾に追加しています。

□取り込んだデータの書式を整える

最後に、新規ブックに取り込んだデータの書式を整えます。詳細ページへのリンクは、この段階ではURLがそのまま入力されていますが、セル上の表示はすべて「開く」という文字列にして、ハイパーリンクとしてそのURLを設定する形に変更します。

PROGRAM | sample115_1.py(部分)

```
for row in ws.iter_rows(min_row=2):
    row[0].alignment = Alignment(vertical='center', ⮐
                                 wrapText=True)
    row[1].number_format = 'yyyy/m/d h:mm:ss'
    row[1].alignment = Alignment(horizontal='center', ⮐
                                 vertical='center')
    link = row[2].value
    row[2].value = '開く'
    row[2].hyperlink = link
    row[2].font = Font(color='0000FF', u='single')
    row[2].alignment = Alignment(horizontal='center', ⮐
```

```
                                            vertical='center')
    for cell in row:
        cell.border = Border(top=sd, bottom=sd)
wb.save('気象庁新着.xlsx')
```

アクティブシートを表すオブジェクトの「iter_rows」で、引数「min_row」に「2」を指定することで、入力済みのセル範囲の2行目以降の各行を表すオブジェクトを変数rowに代入し、以降の処理を繰り返します。

変数rowにインデックスとして「0」を指定することで、各行の1番目のセル、つまりタイトルを入力した列Aのセルが取得できます。その「alignment」に、「Alignment」クラスで引数「vertical」に「center」という文字列を指定することで縦位置を上下中央に、引数「wrapText」にTrueを指定することで「折り返して全体を表示する」を有効にします。

次に、変数rowにインデックスとして「1」を指定して各行の2番目のセル、つまり発表日時を入力した列Bのセルを取得し、その「number_format」で日付と時刻の表示形式を設定します。さらに「alignment」で、縦位置と横位置をどちらも中央揃えにします。

変数rowにインデックスとして「2」を指定して各行の3番目のセル、つまり詳細ページのURLが入力された列Cのセルを取得し、まずそのURLを変数linkに取り出します。次に、このセルの値を「開く」に変更し、「hyperlink」に取り出したURLの文字列を設定することで、そのリンク先へのハイパーリンクを設定しています。

このセルには、さらに「font」の設定で、一般的なハイパーリンクの書式である青い文字色と下線を設定します。ただし、通常のハイパーリンクとは異なり、このセルをクリックしても文字色は変化しません。また、「alignment」で縦位置と横位置を中央揃えにします。

その後で、改めて列A～Cの各セルについて、上下の辺に罫線を設定しています。

以上で取り込んだXMLデータのセルの書式の設定は完了しました。最後に、ブックを表すオブジェクトの「save」で、「気象庁新着.xlsx」というファイル名を指定して、このブックを保存しています。

ダイアログや
アプリ作成で効率化!
Pythonをもっと活用しよう

ファイルダイアログを表示しよう

ここまでの例では、作業対象のExcelブックやテキストファイルなどは、プログラムの中で直接指定していました。ここでは、ファイルを選択するダイアログボックスを表示し、そのつどユーザーに作業対象のブックを選択させる例を紹介します。

□ 処理対象のファイルをダイアログで指定する

次のプログラムでは、「開く」ダイアログボックスを表示して、ユーザーがExcelブックまたはExcelマクロ有効ブックを選択すると、そのアクティブシート名と、シート内の数値セルの個数、およびそのすべての数値の合計を表示します。

ここでは、「開く」ダイアログボックスで次のようなブック「販売記録10.xlsx」を選択した場合の例を示します。なお、Excelの日付・日時データの実体は数値ですが、この判定では数値セルとは見なされません。また、セルC14には全店舗の販売数の合計を求める数式が入力されており、その結果として数値が表示されています。このセルも、数式が文字列と判定されるため、やはり数値にはカウントされません。

ブック「販売記録10.xlsx」

	A	B	C	D	E	F	G	H	I
1	店舗別商品販売数								
2									
3	自	至							
4	2022/1/1	2022/1/31							
5									
6	店名	店長氏名	販売数						
7	新宿店	鈴木圭太	125						
8	池袋店	山下春香	94						
9	高田馬場店	高橋英介	63						
10	渋谷店	大沢奈緒美	114						
11	中野店	森崎雄太	76						
12	練馬店	長谷川静香	58						
13	世田谷店	小林浩之	60						
14		合計	590						
15									

PROGRAM | sample116_1.py

```
import tkinter
from tkinter import filedialog as fd
from tkinter import messagebox as mb
import openpyxl
root = tkinter.Tk()
root.withdraw()
ftype = [('Excelブック', '*.xlsx *.xlsm')]
```

```
fname = fd.askopenfilename(filetypes=ftype)
if fname:
    wb = openpyxl.load_workbook(fname)
    ws = wb.active
    total = 0
    ncount = 0
    for row in ws.iter_rows():
        for cell in row:
            if isinstance(cell.value, (int, float)):
                ncount += 1
                total += cell.value
    mb.showinfo('アクティブシートの情報', ⏎
                f'シート名:{ws.title}¥n' ⏎
                f'数値セルの数:{ncount}¥n' ⏎
                f'数値セルの合計:{total}')
```

実行例

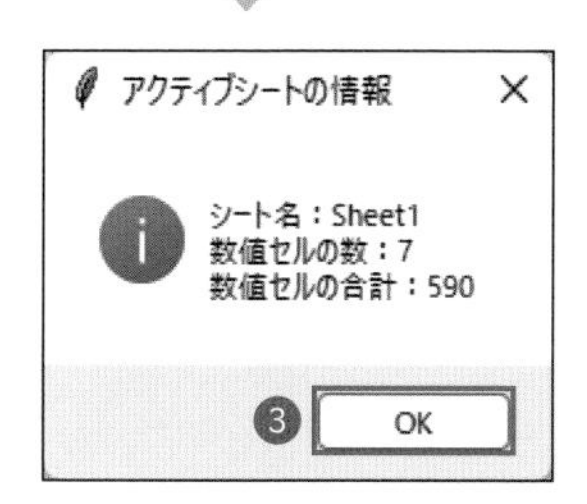

Pythonで独自のユーザーインターフェースを構築したい場合は、標準ライブラリの「tkinter」を使用すると便利です。ここでは、ファイルダイアログとメッセージボックスの表示に、tkinterにあらかじめ用意されているダイアログボックスを使用しています。

それでは、このプログラムの各部分について、詳しく解説していきましょう。

PROGRAM | sample116_1.py(部分)

```
import tkinter
from tkinter import filedialog as fd
from tkinter import messagebox as mb
import openpyxl
root = tkinter.Tk()
root.withdraw()
```

まず、tkinter本体と、ファイル選択ダイアログを表示する「filedialog」、メッセージボックスを表示する「messagebox」をインポートします。tkinterのメインの機能は独自のインターフェース画面を表示することであり、そのための空白の画面が表示されるようになっています。組み込みのダイアログボックスを使用する場合、この画面は必要ないので、最初の「root = tkinter.Tk()」と「root.withdraw()」の2行で、この画面を非表示にしています。

PROGRAM | sample116_1.py(部分)

```
ftype = [('Excelブック', '*.xlsx *.xlsm')]
fname = fd.askopenfilename(filetypes=ftype)
```

次に、filedialogの「askopenfilename」で、ファイル選択ダイアログを表示します。その画面に表示するファイルの種類は、引数「filetypes」にリストとして指定でき、ここではあらかじめ変数ftypeに代入したものを指定しています。この関数で指定できる引数としては、filetypes以外にも、タイトルを指定するtitle、最初に表示するフォルダーを指定するinitialdir、最初に表示するファイル名を指定するinitialfileなどがあります。

このリストの各要素は2要素のタプルで、表示するファイルの種類とその拡張子（ファイル名を表す文字パターン）を指定します。ここでは、通常のExcelブックを表す「*.xlsx」と、Excelマクロ有効ブックを表す「*.xlsm」をスペースで区切って指定しています。これによって、ファイル選択ダイアログにはこれらのファイルだけが表示されるようになります。また、ここでは指定していませんが、askopenfilenameの引数「initialdir」には、開いたときに最初に表示されるフォルダーのパスを文字列で指定できます。askopenfilenameは、選択されたファイルの絶対パス名を返すので、変数fnameに代入します。

PROGRAM | sample116_1.py(部分)

```
if fname:
    wb = openpyxl.load_workbook(fname)
    ws = wb.active
    total = 0
    ncount = 0
```

次に、if文でこの変数fnameを判定します。この変数に何らかの値が代入されていればTrueと判定され、以降の処理が実行されます。「開く」ダイアログで「キャンセル」がクリックされた場合はFalseとなり、この段階でプログラムが終了します。

openpyxlの「load_workbook」で選択されたブックを開き、そのアクティブシートを表すオブジェクトを変数wsに代入します。次に、このシート内の数値セルの個数を収めるための変数ncountと、その数値の合計を収める変数totalに、それぞれ初期値として「0」を代入しておきます。

PROGRAM | sample116_1.py(部分)

```
    for row in ws.iter_rows():
        for cell in row:
            if isinstance(cell.value, (int, float)):
                ncount += 1
                total += cell.value
```

for文で、アクティブシートの入力済みの範囲を行単位で繰り返し、さらにその各行についてfor文を重ねて指定して、各セルについて以降の処理を繰り返します。各セルでは、「isinstance」でその各セルの値が整数型（int）または浮動小数点数型（float）かどうかを判定し、その結果がTrueだった場合は変数ncountに1を加え、さらに変数totalにそのセルの数値を加算します。

PROGRAM | sample116_1.py(部分)

```
    mb.showinfo('アクティブシートの情報', ⏎
                f'シート名:{ws.title}¥n' ⏎
                f'数値セルの数:{ncount}¥n' ⏎
                f'数値セルの合計:{total}')
```

この二重の繰り返しが終了したら、messageboxの「showinfo」でメッセージボックスを出し、取得した情報をその中に表示します。showinfoの第1引数に、メッセージボックスのタイトルとして「アクティブシートの情報」を指定します。さらに、f文字列を使用して、シート名と数値セルの個数、数値セルの合計を求めて、このメッセージボックスの内容として表示させています。

□ 対象フォルダーと保存ファイル名を指定する

「askopenfilename」は開くファイルを指定するのに使用するダイアログボックスですが、処理対象のフォルダーをダイアログで指定することも可能です。また、作業中のデータを保存するファイル名を指定するためのダイアログも用意されています。

ここでは、処理対象のフォルダーをダイアログで選択し、そのフォルダーに含まれるすべてのExcelファイル(拡張子「.xlsx」のExcelブックまたは「.xlsm」のExcelマクロ有効ブック)のファイル名の一覧を、新規作成したExcelブックのアクティブシートに入力します。そのブックを、「名前を付けて保存」ダイアログでユーザーが指定したファイル名で保存します。

PROGRAM ▶sample116_2.py

```
import tkinter
from tkinter import filedialog as fd
import glob
import os
import openpyxl
root = tkinter.Tk()
root.withdraw()
fpath = fd.askdirectory(initialdir=os.path.abspath('.'))
if fpath:
    sname = fd.asksaveasfilename(initialfile='ブック一覧.xlsx', ⮐
                                 filetypes=[('Excelブック', '*.xlsx')])
    if sname:
        if sname[-5:] != '.xlsx':
            sname += '.xlsx'
        wb = openpyxl.Workbook()
        ws = wb.active
        ws['A1'].value = fpath
        bfiles = glob.glob(fpath + "/*.xls[xm]")
        for i, pname in enumerate(bfiles):
            fname = os.path.basename(pname)
            line = [i + 1, fname]
            ws.append(line)
        wb.save(sname)
```

実行例

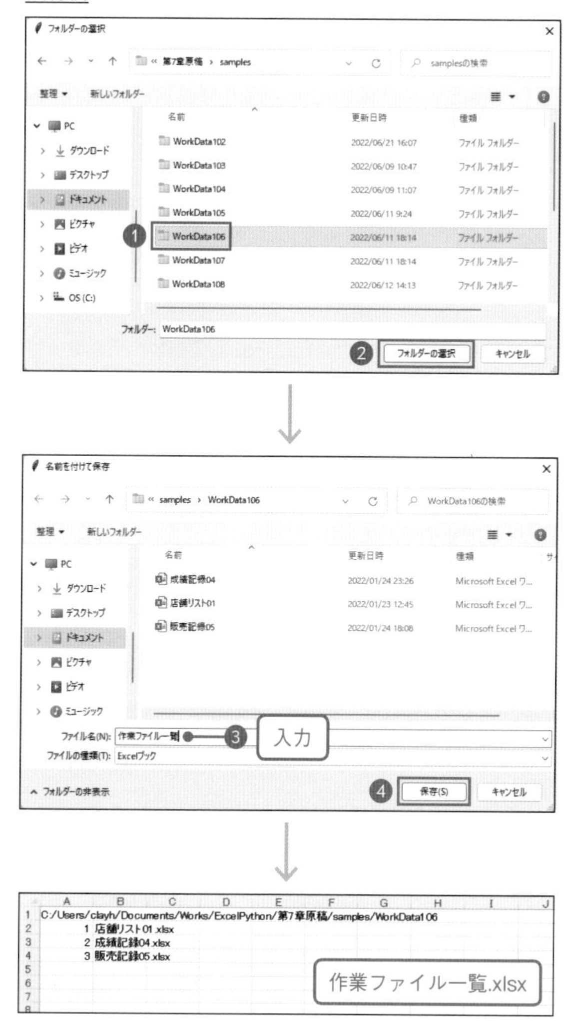

今回は、プログラム全文ではなく、ポイントとなる部分に絞って解説していきます。

PROGRAM ▶sample116_2.py(部分)

```
from tkinter import filedialog as fd
import glob
import os
```

最初に、「filedialog」に加えて、パスの文字列を検索・操作するための「glob」と「os」をインポートします。

PROGRAM | ▶sample116_2.py(部分)

```
fpath = fd.askdirectory(initialdir=os.path.abspath('.'))
if fpath:
    sname = fd.asksaveasfilename(initialfile='ブック一覧.xlsx',⏎
                                  filetypes=[('Excelブック', '*.xlsx')])
```

フォルダー選択ダイアログボックスは、filedialogの「askdirectory」関数で表示できます。その引数initialdirで、最初に表示するフォルダーを指定しています。その戻り値を受け取った変数fpathをif文の条件に指定することで「キャンセル」がクリックされていないことを判定し、さらにfiledialogの「asksaveasfilename」でファイルの保存ダイアログボックスを表示します。ここでは、引数initialfileで最初に表示するファイル名を、引数filetypesで保存するファイルの拡張子を指定しています。

PROGRAM | ▶sample116_2.py(部分)

```
    if sname:
        if sname[-5:] != '.xlsx':
            sname += '.xlsx'
```

保存ダイアログでも「キャンセル」がクリックされなければ、そのファイル名の末尾5文字が「.xlsx」かどうかを判定し、そうでなければ末尾に「.xlsx」を追加します。その後、ブックを新規作成します。

PROGRAM | ▶sample116_2.py(部分)

```
        bfiles = glob.glob(fpath + "/*.xls[xm]")
        for i, pname in enumerate(bfiles):
            fname = os.path.basename(pname)
            line = [i + 1, fname]
            ws.append(line)
        wb.save(sname)
```

globを使用して対象のフォルダーに含まれるExcelファイルをすべて検索し、その番号と、パスを除いたファイル名の文字列を、新規作成したブックのアクティブシートに書き込んでいきます。最後に、この新規ブックを、指定したファイル名で保存します。

なお、ファイル一覧の作成については、P.270も参照してください。

独自の操作画面を設計しよう

tkinterでは、プログラムで独自の操作画面を設計・表示することが可能です。ここでは、実行時に簡単な操作画面を表示して、処理の細かいオプションをユーザーに設定させるプログラムの例を紹介します。

ファイル一覧作成用の設定画面を表示

tkinterには、あらかじめ用意されたダイアログボックスを表示する以外にも、ユーザーインターフェースに関するさまざまな機能が含まれています。ダイアログボックスや簡易的なアプリケーションとして利用できる、独自の操作画面を設計することも可能です。

ここでは、指定した種類のファイルを検索し、新規作成したブックのワークシートにそのファイル一覧を自動入力するプログラムを紹介します。

PROGRAM sample117_1.py

```
import tkinter as tk
from tkinter import messagebox as mb
import glob
import os
import openpyxl

def find_files():
    tfile = ev1.get() + '¥¥**¥¥' + ev2.get()
    bfiles = glob.glob(tfile, recursive=True)
    if len(bfiles) > 0:
        wb = openpyxl.Workbook()
        ws = wb.active
        ws['A1'].value = '番号'
        ws['B1'].value = 'ファイル名'
        for i, pname in enumerate(bfiles):
            ws.append([i + 1, pname])
        wb.save('ファイル一覧.xlsx')
        mb.showinfo('検索結果', '検索を終了しました')
        root.destroy()
    else:
        mb.showinfo('検索結果', ⮐
                    'ファイルが見つかりませんでした')
```

```
root = tk.Tk()
root.geometry('260x140')
root.title('ファイル検索')
frame = tk.Frame(root)
frame.pack()

lbl1 = tk.Label(frame, text='検索対象のフォルダー：')
ev1 = tk.StringVar()
ibox1 = tk.Entry(frame, width=35, textvariable=ev1)
ev1.set(os.path.abspath('.'))
lbl2 = tk.Label(frame, text='検索ファイル指定：')
ev2 = tk.StringVar()
ibox2 = tk.Entry(frame, width=35, textvariable=ev2)
ev2.set('*.xlsx')
btn1 = tk.Button(frame, width=14, text='ファイル検索', ⏎
                 command=find_files)
btn2 = tk.Button(frame, width=14, text='閉じる', ⏎
                 command=root.destroy)

lbl1.grid(row=0, column=0,padx=5, pady=3, sticky='w')
ibox1.grid(row=1, column=0, padx=2, pady=0, columnspan=2)
lbl2.grid(row=2, column=0,padx=5, pady=3, sticky='w')
ibox2.grid(row=3, column=0, padx=2, pady=0, columnspan=2)
btn1.grid(row=4, column=0, padx=5, pady =8)
btn2.grid(row=4, column=1, padx=5, pady =8)

root.mainloop()
```

実行例

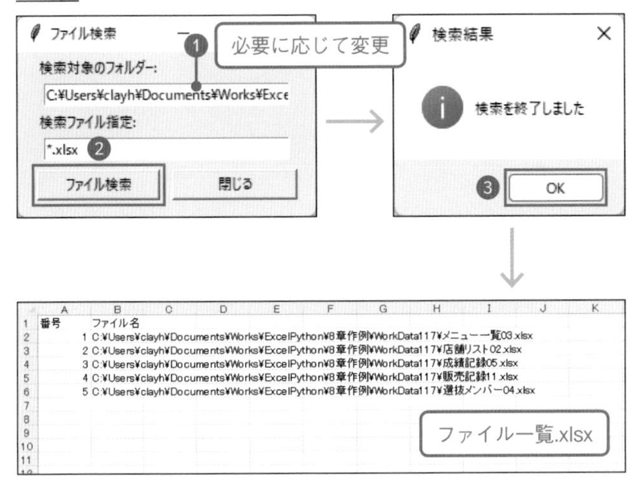

このプログラムを実行すると、独自に設計した画面（ダイアログボックス）が表示されます。「検索対象のフォルダー」として、このスクリプトファイルのあるフォルダーのパスが自動的に入力されていますが、この入力ボックスの内容を変更することも可能です。ここに指定されたフォルダー以下のすべてのサブフォルダーの中で、指定したキーワードに該当するファイルが検索されます。

「検索ファイル指定」の入力ボックスには、最初から「*.xlsx」というファイル拡張子が入力されています。この部分も、検索したいファイルの条件を直接修正することが可能です。たとえば、すべてのテキストファイルを検索したい場合は、「*.txt」とします。

「ファイル検索」をクリックすると、指定したフォルダーが内部のサブフォルダーまで含めて検索され、見つかったすべてのファイルのパスが新規作成したExcelブックに自動入力され、「ファイル一覧.xlsx」というファイル名で、このスクリプトファイルと同じフォルダーに保存されます。

このプログラムについても、部分ごとに解説していきましょう。

PROGRAM ▶sample117_1.py(部分)

```
import tkinter as tk
from tkinter import messagebox as mb
import glob
import os
import openpyxl
```

まず、このプログラムで使用するライブラリをまとめてインポートします。いずれもこれまで紹介してきたプログラムの中で使用したライブラリです。

次のブロックは関数なので後に回して、その次のブロックから説明を続けます。

PROGRAM | ▶sample117_1.py(部分)

```
root = tk.Tk()
root.geometry('260x140')
root.title('ファイル検索')
frame = tk.Frame(root)
frame.pack()
```

tkinterの「Tk」クラスを実行し、作成された独自の操作画面を表すオブジェクトを変数rootに代入します。その「geometry」に、引数として横×縦のサイズを小文字の「x」を使った文字列で指定します。また、変数rootの「title」に代入する形で、この画面のタイトルバーに表示する文字列として「ファイル検索」を指定します。

tkinterの画面上に配置する操作用の部品のことを「ウィジェット」と呼びます。最初に、ウィジェットをまとめるウィジェットであるフレームを「Frame」クラスで作成し、そのオブジェクトを変数frameに代入します。そして、「pack」で画面上に配置します。

PROGRAM | ▶sample117_1.py(部分)

```
lbl1 = tk.Label(frame, text='検索対象のフォルダー:')
ev1 = tk.StringVar()
ibox1 = tk.Entry(frame, width=35, textvariable=ev1)
ev1.set(os.path.abspath('.'))
lbl2 = tk.Label(frame, text='検索ファイル指定:')
ev2 = tk.StringVar()
ibox2 = tk.Entry(frame, width=35, textvariable=ev2)
ev2.set('*.xlsx')
btn1 = tk.Button(frame, width=14, text='ファイル検索', ⮐
                 command=find_files)
btn2 = tk.Button(frame, width=14, text='閉じる', ⮐
                 command=root.destroy)
```

この操作画面上に配置する各ウィジェットを作成していきます。文字列を表示するラベルは「Label」クラス、入力ボックスは「Entry」クラス、コマンド実行用のボタンは「Button」クラスで作成し、それぞれ変数に収めます。いずれも、第1引数には親ウィジェットであるフレームを指定します。Labelクラスの引数textには、ラベルに表示する文字列を指定します。また、複数のウィジェットで指定されている引数widthでは幅を指定します。

tkinterの「StringVar」クラスでは、ウィジェットの値と関連付けられるオブジェクトを作成できます。StringVarはウィジェットの値が文字列の場合に使用するものですが、整数の場合は「IntVar」、浮動小数点数の場合は「FloatVar」、論理値の場合は「BooleanVar」の各クラスを使用します。作成したオブジェクトを変数に収め、各ウィジェットの作成時に引数textvariableの値としてその変数名を指定します。

この変数に「set」で値をセットすると、自動的にウィジェットの値も設定されます。ここでは最初の入力ボックスの値を変数ev1と関連付け、「os.path.abspath('.')」で、このスクリプトファイルのあるフォルダーの絶対パスを取得します。これによって、最初の入力ボックスには最初からこのパスの文字列が入力されている状態になります。同様に、StringVarクラスからオブジェクトを作成して変数ev2に収め、2番目の入力ボックスの値と関連付けます。この変数ev2の「set」で、この入力ボックスの値を、Excelブックの拡張子を表した「*.xlsx」にします。

Buttonクラスから作成するコマンド実行用のボタンでは、やはり引数textで表示文字列を指定します。また、引数commandには、このボタンがクリックされたときに実行される関数を指定します。「find_files」はこのプログラムの最初の方に記述している関数ですが、「root.destroy」はこの操作画面を閉じるという操作を表しています。

PROGRAM | ▶ sample117_1.py(部分)

```
lbl1.grid(row=0, column=0,padx=5, pady=3, sticky='w')
ibox1.grid(row=1, column=0, padx=2, pady=0, columnspan=2)
lbl2.grid(row=2, column=0,padx=5, pady=3, sticky='w')
ibox2.grid(row=3, column=0, padx=2, pady=0, columnspan=2)
btn1.grid(row=4, column=0, padx=5, pady =8)
btn2.grid(row=4, column=1, padx=5, pady =8)

root.mainloop()
```

各ウィジェットを操作画面上に配置していく操作です。「grid」は、対象の画面を格子状に区切り、その各位置に配置していく関数です。引数rowに行番号、引数columnに列番号を、それぞれ0から始まる数値で指定します。引数padxではウィジェットの左右の余白の幅、引数padyでは上下の余白の幅を指定できます。引数stickyでは各枠内でのウィジェットの配置を指定し、「w」を指定した場合は左揃え、「e」を指定した場合は右揃えで表示されます。また、引数columnspanでは、ウィジェットを複数の列に渡って配置できます。この引数に「2」を指定した場合は、ウィジェットが2列に渡って表示されます。

以上の処理で操作画面上の各ウィジェットの配置が決まったら、「root.mainloop()」を実行することで、この操作画面が表示されます。

PROGRAM ▸sample117_1.py(部分)

```
def find_files():
    tfile = ev1.get() + '¥¥**¥¥' + ev2.get()
    bfiles = glob.glob(tfile, recursive=True)
    if len(bfiles) > 0:
        wb = openpyxl.Workbook()
        ws = wb.active
        ws['A1'].value = '番号'
        ws['B1'].value = 'ファイル名'
        for i, pname in enumerate(bfiles):
            ws.append([i + 1, pname])
        wb.save('ファイル一覧.xlsx')
        mb.showinfo('検索結果', '検索を終了しました')
        root.destroy()
    else:
        mb.showinfo('検索結果', ⏎
                    'ファイルが見つかりませんでした')
```

「ファイル検索」ボタンの引数commandでは「find_files」関数を指定し、このボタンをクリックすると、この関数が実行されるようにしています。この関数では、検索対象のフォルダーを指定する入力ボックスに関連付けた変数ev1の「get」で、その入力値を取り出せます。また、「¥¥**¥¥」の部分は、「**」というワイルドカードの前後を、フォルダー(ディレクトリ)の階層の区切りを表す「¥」で囲んだ文字列を意味します。文字列の中での「¥」は特殊な意味を持った記号であるため、「¥¥」と重ねて指定することで、1つの「¥」を表します。さらに、ワイルドカードを使って検索ファイルを指定する入力ボックスに関連付けた変数ev2の「get」でその入力値を取り出し、「¥**¥」の後に結合します。

これによって、たとえば「C:¥Users¥UserName¥Documents¥**¥*.xlsx」のような文字列が生成され、変数tfileに代入されます。この文字列に該当するファイルを、globを使って検索します。間に「*」を2つ指定し、引数recursiveにTrueを指定することで、1階層下のフォルダーだけでなく、さらに下位のフォルダーまで検索することが可能になります。

その結果、該当するファイルが1つでも見つかった場合は、ブックを新規作成してそのアクティブシートのセルA1に「番号」、セルB1に「ファイル名」と入力します。さらに、見つかった各ファイル名のリストを対象としたfor文の繰り返し処理で、その番号とファイル名のリストをこのワークシートに追加していきます。

すべてのファイル名の入力が終わったら、このブックを「ファイル一覧.xlsx」というファイル名で保存し、「検索を終了しました」というメッセージを表示し、さらにこの画面も閉じます。一方、該当するファイルが1つも見つからなかった場合は、「ファイルが見つかりませんでした」というメッセージを表示します。

□ クラスを使って記述する

tkinterを使ったユーザーインターフェースの設計では、前述のような「手続き型」と呼ばれる書き方もできますが、「クラス」(P.72参照)を使って記述することが推奨されています。次のプログラムは、同様の処理を、クラスを使用して記述した例です。この方法は、前述の例と比べてやや複雑になるので、ここでは詳しい説明は省略します。

PROGRAM ▶ sample117_2.py

```
import tkinter as tk
from tkinter import messagebox as mb
import glob
import os
import openpyxl

class Application(tk.Frame):
    def __init__(self, master=None):
        super().__init__(master)
        self.master.geometry('260x140')
        self.master.title('ファイル検索')

        self.lbl1 = tk.Label(self, text='検索対象のフォルダー:')
        self.ev1 = tk.StringVar()
        self.ibox1 = tk.Entry(self, width=35, textvariable=self.ev1)
        self.ev1.set(os.path.abspath('.'))
        self.lbl2 = tk.Label(self, text='検索ファイル指定:')
        self.ev2 = tk.StringVar()
        self.ibox2 = tk.Entry(self, width=35, textvariable=self.ev2)
        self.ev2.set('*.xlsx')
        self.btn1 = tk.Button(self, width=14, text='ファイル検索',⏎
                              command=self.find_files)
        self.btn2 = tk.Button(self, width=14, text='閉じる',⏎
                              command=self.master.destroy)

        self.lbl1.grid(row=0, column=0,padx=5, pady=3, sticky='w')
        self.ibox1.grid(row=1, column=0, padx=2, pady=0, columnspan=2)
        self.lbl2.grid(row=2, column=0,padx=5, pady=3, sticky='w')
        self.ibox2.grid(row=3, column=0, padx=2, pady=0, columnspan=2)
```

```
        self.btn1.grid(row=4, column=0, padx=5, pady =8)
        self.btn2.grid(row=4, column=1, padx=5, pady =8)

        self.pack()

    def find_files(self):
        tfile = self.ev1.get() + '¥¥**¥¥' + self.ev2.get()
        bfiles = glob.glob(tfile, recursive=True)
        if len(bfiles) > 0:
            wb = openpyxl.Workbook()
            ws = wb.active
            ws['A1'].value = '番号'
            ws['B1'].value = 'ファイル名'
            for i, pname in enumerate(bfiles):
                ws.append([i + 1, pname])
            wb.save('ファイル一覧.xlsx')
            mb.showinfo('検索結果', '検索を終了しました')
            self.master.destroy()
        else:
            mb.showinfo('検索結果', ⏎
                         'ファイルが見つかりませんでした')

def main():
    root = tk.Tk()
    app = Application(master = root)
    app.mainloop()

if __name__ == '__main__':
    main()
```

入出庫管理用のアプリを作成しよう

tkinterの応用例として、Excelのブックを作業用データの保管場所とし、tkinterを使用した独自画面をそのユーザーインターフェースとするシンプルなアプリを作成してみましょう。各商品の仕入と売上の数量を入力し、現在の在庫を管理するプログラムです。

□ 独自画面で商品の入出庫を管理

ここでは、tkinterによる独自画面をさらに応用し、やや込み入ったプログラムの商品在庫管理アプリを作成します。また、前回は通常のtkinterのウィジェットを利用しましたが、今回は「ttk」のテーマ付きウィジェットを利用します。ttkはtkinterに含まれる機能であり、通常のtkinterよりも見栄えの良いウィジェットを作成することができます。入力ボックスやコマンド実行用のボタンに加えて、ドロップダウンリストを表示するための「コンボボックス」や、複数の選択肢から1つを選ぶ「ラジオボタン」も使用します。

スクリプトファイルと同じフォルダーに保管した「在庫管理.xlsx」をデータの保存用に使用し、tkinterで作成した画面に各商品の仕入と売上の数量を入力することで、その入出庫のデータ入力と、現在の在庫の確認ができます。

まず、あらかじめ作成した「在庫管理.xlsx」のアクティブシートの内容について説明しておきましょう。

ブック「在庫管理.xlsx」

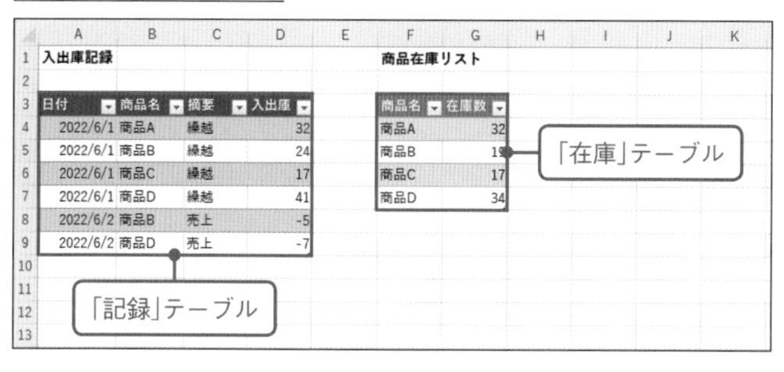

入出庫記録

日付	商品名	摘要	入出庫
2022/6/1	商品A	繰越	32
2022/6/1	商品B	繰越	24
2022/6/1	商品C	繰越	17
2022/6/1	商品D	繰越	41
2022/6/2	商品B	売上	-5
2022/6/2	商品D	売上	-7

商品在庫リスト

商品名	在庫数
商品A	32
商品B	19
商品C	17
商品D	34

このワークシート上には、2つのテーブルを作成しています。左側が、各商品の仕入と売上を記録するためのテーブルで、「記録」というテーブル名にしています。このシートは月ごとに新しいものに変更し、毎月その先頭の数行には、各商品の前月からの繰越在庫数を入力します。右側は、この「記録」テーブルを参照して、各商品の現在の在庫

数を表示するためのテーブルで、「在庫」というテーブル名にしています。

現在、「在庫」テーブルの「商品名」列には、「商品A」～「商品D」の4つの商品名が入力されています。また、「在庫」テーブルの「在庫数」列には、「記録」テーブルに入力された各商品の入出庫の記録を集計し、最終的な在庫数を表示するSUMIF関数の数式が入力されています。

在庫数を求める数式

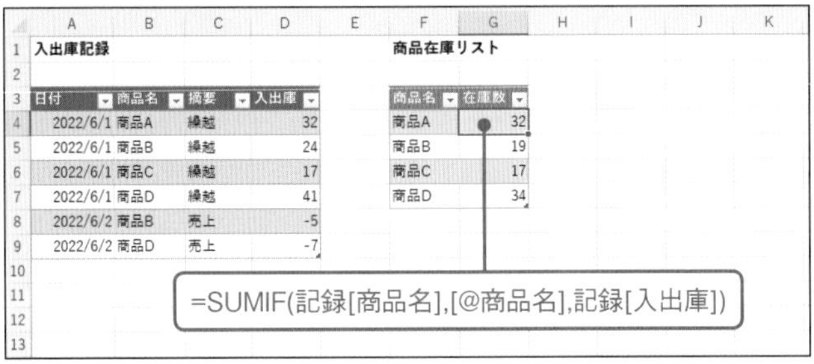

入出庫記録

日付	商品名	摘要	入出庫
2022/6/1	商品A	繰越	32
2022/6/1	商品B	繰越	24
2022/6/1	商品C	繰越	17
2022/6/1	商品D	繰越	41
2022/6/2	商品B	売上	-5
2022/6/2	商品D	売上	-7

商品在庫リスト

商品名	在庫数
商品A	32
商品B	19
商品C	17
商品D	34

=SUMIF(記録[商品名],[@商品名],記録[入出庫])

この数式はテーブル名を使って参照しているため、「記録」テーブルに次々新しいデータが追加されても、自動的に集計対象の範囲が拡張されます。また、このシートにその月の記録を入力していく前の初期状態なら、「在庫」テーブルの各商品名を変更したり、テーブルを拡張して商品を追加したりしても、プログラムの処理には問題ありません。

次のプログラムは、このブックを閉じ、Excelも起動していない状態で実行してください。

PROGRAM | sample118_1.py

```
import tkinter as tk
from tkinter import ttk
from tkinter import messagebox as mb
import datetime
import os
import win32com.client

def view_data(event=None):
    st_num = ws.Range('在庫[在庫数]').Cells( ⏎
        cbox.current() + 1).Value
    snum.set(int(st_num))
    inum.set(1)

def input_data():
    itext = cv.get()
```

```
    dtext = rv.get()
    svalue = snum.get()
    ivalue = inum.get()
    if itext == '商品選択':
        mb.showerror('商品未選択', '商品を選択してください')
    elif dtext == '売上' and svalue < ivalue:
        mb.showerror('在庫超過', '在庫数が不足しています')
    elif ivalue < 1:
        mb.showerror('入力値過少', '正の数で入力してください')
    else:
        nr = ws.ListObjects('記録').ListRows.Add().Range
        tday = datetime.date.today().strftime('%Y/%m/%d')
        nr.Cells(1).Value = tday
        nr.Cells(2).Value = itext
        nr.Cells(3).Value = dtext
        if dtext == '売上':
            ivalue = -ivalue
        nr.Cells(4).Value = ivalue
        mb.showinfo('入力完了', '入出庫を記録しました')
        view_data()

def close_process():
    wb.Close(SaveChanges=True)
    xlApp.Quit()
    root.destroy()

pname = os.path.dirname(__file__)
fname = os.path.join(pname, '在庫管理.xlsx')
xlApp = win32com.client.Dispatch('Excel.Application')
wb = xlApp.Workbooks.Open(fname)
ws = wb.ActiveSheet

root = tk.Tk()
root.geometry('260x180')
root.title('入出庫入力')
frame = ttk.Frame(root)
frame.pack()

lbl1 = ttk.Label(frame, text='商品名:')
cv = tk.StringVar(value='商品選択')
i_menu = []
for icel in ws.Range('在庫[商品名]'):
    i_menu.append(icel.Value)
cbox = ttk.Combobox(frame, width=14, textvariable=cv, ⮐
                    state='readonly', values=i_menu)
cbox.bind('<<ComboboxSelected>>', view_data)
```

```
snum = tk.IntVar()
nlbl1 = ttk.Label(frame, text='現在の在庫数：')
nlbl2 = ttk.Label(frame, textvariable=snum)
dframe = ttk.Labelframe(frame, text='摘要')
rv = tk.StringVar(value='売上')
rb1 = ttk.Radiobutton(dframe, text='売上', value='売上', ⏎
                      variable=rv)
rb2 = ttk.Radiobutton(dframe, text='仕入', value='仕入', ⏎
                      variable=rv)
lbl3 = ttk.Label(frame, text='数量：')
inum = tk.IntVar(value=1)
ibox = ttk.Entry(frame, width=14, justify='right', ⏎
                 textvariable=inum)
btn1 = ttk.Button(frame, width=14, text='入力', ⏎
                  command=input_data)
btn2 = ttk.Button(frame, width=14, text='閉じる', ⏎
                  command=close_process)

lbl1.grid(row=0, column=0, padx=5, pady=10, sticky='e')
cbox.grid(row=0, column=1, padx=2, pady=10, columnspan=2)
nlbl1.grid(row=1, column=0, padx=5, pady=0, sticky='e')
nlbl2.grid(row=1, column=1, padx=2, pady=0, sticky='w')
dframe.grid(row=2, column=0, padx=0, pady=3, columnspan=2)
rb1.grid(row=0, column=0, padx=25, pady=0)
rb2.grid(row=0, column=1, padx=25, pady=0)
lbl3.grid(row=3, column=0,padx=5, pady=3, sticky='e')
ibox.grid(row=3, column=1, padx=2, pady=0, columnspan=2)
btn1.grid(row=4, column=0, padx=5, pady =8)
btn2.grid(row=4, column=1, padx=5, pady =8)

root.mainloop()
```

実行例

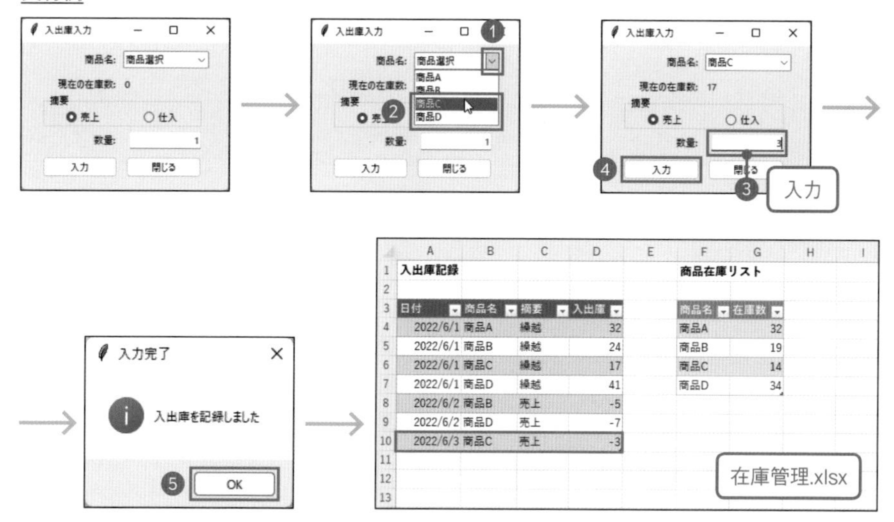

　このプログラムを実行すると、「入出庫入力」というダイアログボックスが表示されます。まず、「商品名」というラベルの右側で「商品選択」と表示されている部分の右側の「▼」をクリックし、表示されるドロップダウンリストから商品を選択します。すると、選択した商品の現在の在庫数が表示されます。「摘要」で「売上」が選択されている状態で、「数量」の入力ボックスにその商品の出庫数を入力し、「入力」をクリックします。

　すると、別のメッセージボックスが表示され、「入出庫を記録しました」と表示されるので、「OK」をクリックします。この画面が閉じて「入出庫入力」ダイアログに戻ります。選択した商品の在庫数が売上の分だけ減っていることを確認し、「閉じる」をクリックして、このダイアログを閉じます。画面右上の「×」(閉じる)では閉じないでください。

　Excelで「在庫管理.xlsx」を開くと、「記録」テーブルの最下行に、入力した日付と商品名、摘要(「売上」または「仕入」)と、その数量が入力された行が追加されています。摘要が「売上」だった場合、入出庫の数量は自動的に負の数になっています。

　「入出庫入力」ダイアログでは、摘要として「仕入」を選択することもできます。この場合、「在庫管理.xlsx」の「記録」テーブルに追加される行の入出庫の数量は、正の数のままです。つまり、入力した数量の分だけ、選択した商品の在庫数が増えます。ちなみに、「入出庫入力」ダイアログの「数量」の入力ボックスに入力できるのは正の数だけです。

　このプログラムでは、数式の自動更新やテーブルの機能を利用するため、openpyxlではなくpywin32を使用しています。プログラムの実行中は、Excelで「在庫管理.xlsx」が開かれていますが、「xlApp.Visible =True」を実行していないため、最後まで非表示の状態のままで処理が完了します。

　以下、このプログラムの内容について、部分ごとに解説していきます。ただし、その多くの部分はこれまで説明してきたことの応用なので、比較的簡潔な説明にとどめます。

PROGRAM ▶sample118_1.py(部分)

```
import tkinter as tk
from tkinter import ttk
from tkinter import messagebox as mb
import datetime
import os
import win32com.client
```

最初に、このプログラムで使用するモジュールをインポートします。「ttk」はtkinterに含まれますが、それ自体もインポートしておきます。

以下、いくつか関数のブロックが続きますが、これらについては後で説明します。ここでは、続けて実行される行から先に説明していきます。

PROGRAM ▶sample118_1.py(部分)

```
pname = os.path.dirname(__file__)
fname = os.path.join(pname, '在庫管理.xlsx')
xlApp = win32com.client.Dispatch('Excel.Application')
wb = xlApp.Workbooks.Open(fname)
ws = wb.ActiveSheet
```

osモジュールを使用して実行中のスクリプトファイルのパスを求め、それと同じフォルダーにあるブック「在庫管理.xlsx」の絶対パスの文字列を作成して、変数fnameに収めます。win32comでExcelアプリケーションを作成し、そのブックを開き、変数wbに収めます。さらに、そのアクティブシートを変数wsに収めます。

PROGRAM ▶sample118_1.py(部分)

```
root = tk.Tk()
root.geometry('260x180')
root.title('入出庫入力')
frame = ttk.Frame(root)
frame.pack()
```

tkinterで独自の操作画面を表すオブジェクトを作成し、変数rootに代入します。その画面サイズを260×180に設定し、タイトルバーに表示するタイトルを「入出庫入力」とします。次にすべてのウィジェットをまとめるFrameを作成しますが、今回はtkinterではなくttkのFrameにしています。これを「pack」で画面上に配置します。

PROGRAM | ▸sample118_1.py(部分)

```
lbl1 = ttk.Label(frame, text='商品名：')
cv = tk.StringVar(value='商品選択')
i_menu = []
for icel in ws.Range('在庫[商品名]'):
    i_menu.append(icel.Value)
cbox = ttk.Combobox(frame, width=14, textvariable=cv, ⏎
                    state='readonly', values=i_menu)
cbox.bind('<<ComboboxSelected>>', view_data)
```

まず、「商品名」のラベルとドロップダウンリスト(コンボボックス)を作成します。「Label」はやはりtkinterではなくttkを使用します。そして、tkinterの「StringVar」で、コンボボックスの値と関連付ける変数cvを作成します。

コンボボックスの選択肢はリストとして指定するため、まず空のリストを作成して変数i_menuに代入します。そして、「ws.Range('在庫[商品名]')」で「在庫」テーブルの「商品名」列のセル範囲のオブジェクトを取得し、その各セルを対象とした繰り返しを実行して、各セルの値を変数i_menuのリストに追加していきます。

ttkの「Combobox」でコンボボックスを作成し、引数textvariableで変数cvを関連付け、引数valuesにコンボボックスの選択肢とするリストi_menuを指定します。

ウィジェットの操作に対応して実行したい関数は、「bind」で設定できます。コンボボックスの値が選択されたときに実行させるには、第1引数に「<<ComboboxSelected>>」と指定します。そして、第2引数に、そのとき自動的に実行させたい関数を指定します。ここでは「view_data」関数を指定しています。

PROGRAM | ▸sample118_1.py(部分)

```
snum = tk.IntVar()
nlbl1 = ttk.Label(frame, text='現在の在庫数：')
nlbl2 = ttk.Label(frame, textvariable=snum)
dframe = ttk.Labelframe(frame, text='摘要')
rv = tk.StringVar(value='売上')
rb1 = ttk.Radiobutton(dframe, text='売上', value='売上', ⏎
                      variable=rv)
rb2 = ttk.Radiobutton(dframe, text='仕入', value='仕入', ⏎
                      variable=rv)
```

整数データを表示するラベルに関連付ける変数snumを、tkinterの「IntVar」で作成します。「現在の在庫数」のラベルと、実際の在庫数を表示するラベルをそれぞれ作成し、後者のラベルの値を変数snumと関連付けます。

次に、「売上」と「仕入」のラジオボタン（オプションボタン）をまとめるラベルフレームを、ttkの「Labelframe」で作成します。ラジオボタンに関連付ける変数rvを、tkinterの「StringVar」で作成し、その初期値を「売上」とします。このラベルフレームの中に、ttkの「Radiobutton」で2つのラジオボタンを作成し、一方の値と表示文字列をいずれも「売上」に、もう一方の値と表示文字列を「仕入」にします。前者のラジオボタンを変数rb1に、後者を変数rb2に収めます。

PROGRAM ▶sample118_1.py（部分）

```
lbl3 = ttk.Label(frame, text='数量：')
inum = tk.IntVar(value=1)
ibox = ttk.Entry(frame, width=14, justify='right', ⏎
                textvariable=inum)
btn1 = ttk.Button(frame, width=14, text='入力', ⏎
                 command=input_data)
btn2 = ttk.Button(frame, width=14, text='閉じる', ⏎
                 command=close_process)
```

数量を入力するための入力ボックスを作成します。そのラベルを作成し、入力ボックスに関連付ける変数inumをtkinterの「IntVar」で作成して、その初期値を「1」とします。そして、ttkの「Entry」で入力ボックスを作成し、変数inumを関連付けます。

最後に2つのコマンドボタンを作成します。一方の表示文字列は「入力」とし、クリックされたときに実行される関数を「input_data」に設定します。もう一方の表示文字列は「閉じる」とし、クリックされたときに実行される関数を「close_process」に設定します。

PROGRAM ▶sample118_1.py（部分）

```
lbl1.grid(row=0, column=0, padx=5, pady=10, sticky='e')
cbox.grid(row=0, column=1, padx=2, pady=10, columnspan=2)
nlbl1.grid(row=1, column=0, padx=5, pady=0, sticky='e')
nlbl2.grid(row=1, column=1, padx=2, pady=0, sticky='w')
dframe.grid(row=2, column=0, padx=0, pady=3, columnspan=2)
rb1.grid(row=0, column=0, padx=25, pady=0)
rb2.grid(row=0, column=1, padx=25, pady=0)
lbl3.grid(row=3, column=0,padx=5, pady=3, sticky='e')
ibox.grid(row=3, column=1, padx=2, pady=0, columnspan=2)
```

```
btn1.grid(row=4, column=0, padx=5, pady =8)
btn2.grid(row=4, column=1, padx=5, pady =8)

root.mainloop()
```

作成した各ウィジェットを、操作画面上に配置していきます。「grid」で画面を格子状に区切り、その各スペースに配置します。

その後、「root.mainloop()」で、この操作画面を表示させます。

PROGRAM | sample118_1.py(部分)

```
def view_data(event=None):
    st_num = ws.Range('在庫[在庫数]').Cells( ↩
        cbox.current() + 1).Value
    snum.set(int(st_num))
    inum.set(1)
```

「view_data」関数は、コンボボックスの「bind」で設定し、ドロップダウンリストからその値を変更したときに自動的に実行されるようにした関数です。

「ws.Range('在庫[在庫数]')」で「在庫」テーブルの「在庫数」列のセル範囲を表すオブジェクトを取得します。「cbox.current()」で、コンボボックスで選択された行の番号を取得し、最小値は0なので1を加えて、対象のセル範囲の中でその位置に当たるセルの値を取り出し、変数st_numに収めます。これが、選択された商品の現在の在庫数を表します。

セルから取り出した数値は自動的にfloat型になるのでint関数でint型に変換し、変数snumの「set」でその値に設定します。また、入力ボックスの値も初期化するため、関連付けた変数inumの「set」で、その値に「1」を設定します。

PROGRAM | sample118_1.py(部分)

```
def input_data():
    itext = cv.get()
    dtext = rv.get()
    svalue = snum.get()
    ivalue = inum.get()
```

次に、「入力」ボタンがクリックされたときに実行される関数「input_data」を作成します。商品を選択するコンボボックスに関連付けられた変数cvの「get」でコンボボックスの値を取得し、変数itextに収めます。

「売上」か「仕入」かを選択するラジオボタンに関連付けられた変数rvの「get」で、選択されたラジオボタンの文字列を求め、変数dtextに収めます。

また、選択した商品の現在の在庫数を表示するラベルに関連付けた変数snumの「get」で、その数値を求め、変数ivalueに収めます。

PROGRAM | ▶sample118_1.py(部分)

```
if itext == '商品選択':
    mb.showerror('商品未選択', '商品を選択してください')
elif dtext == '売上' and svalue < ivalue:
    mb.showerror('在庫超過', '在庫数が不足しています')
elif ivalue < 1:
    mb.showerror('入力値過少', '正の数で入力してください')
```

変数itextに収められたコンボボックスの値が「商品選択」だった場合は、ここで商品が選択されていないということなので、「エラー」のメッセージボックスを表示して、商品の選択を促します。

何らかの商品が選択されていれば、さらに、ラジオボタンの選択が「売上」で、かつ選択された商品の在庫数（変数svalue）が入力ボックスに入力された値（変数ivalue）より小さい場合は、やはり「エラー」のメッセージボックスで、在庫数が不足していることを告知します。

また、入力ボックスに入力された値（変数ivalue）が1より小さい場合、つまり0か負の数だった場合は、やはり「エラー」のメッセージボックスを表示し、正の数での入力を促します。

PROGRAM | ▶sample118_1.py(部分)

```
else:
    nr = ws.ListObjects('記録').ListRows.Add().Range
    tday = datetime.date.today().strftime('%Y/%m/%d')
    nr.Cells(1).Value = tday
    nr.Cells(2).Value = itext
    nr.Cells(3).Value = dtext
    if dtext == '売上':
        ivalue = -ivalue
```

```
        nr.Cells(4).Value = ivalue
        mb.showinfo('入力完了', '入出庫を記録しました')
        view_data()
```

すべてのエラーチェックが問題なかった場合、「在庫管理.xlsx」の「記録」テーブルに、この「入出庫入力」ダイアログの内容を追加入力していきます。まず、アクティブシートの「ListObjects」に「記録」というインデックスを指定して、「記録」テーブルを表すオブジェクトを取得し、さらにその「ListRows.Add()」でこのテーブルに行を追加します。その「Range」で、追加された行のセル範囲を表すオブジェクトを取得し、変数nrに収めます。

「datetime.date.today()」で今日の日付を取得し、その「strftime」で日付を「2022/6/3」のような形の文字列に変換して、変数tdayに収めます。

「記録」テーブルに追加された行の1番目のセルに今日の日付を表す変数tdayを、2番目のセルに入力ボックスの数値を表す変数itextを、3番目のセルに「売上」または「仕入」の文字列を表す変数dtextを、それぞれ入力します。さらに、変数dtextの値が「売上」だった場合、入力ボックスの値を表す変数ivalueの値にマイナス符号を付けて負の数にします。この変数ivalueの値を、追加された行の4番目のセルに入力します。

メッセージボックスで入力が完了したことを知らせた後、「view_data」関数を実行して、表示される在庫数を更新し、入力ボックスの値を「1」に戻します。

PROGRAM ▶sample118_1.py(部分)

```
def close_process():
    wb.Close(SaveChanges=True)
    xlApp.Quit()
    root.destroy()
```

「閉じる」ボタンがクリックされたときに実行される関数「close_process」です。この関数では、ブック「在庫管理.xlsx」を保存して閉じ、Excelを終了した後、この「入出庫入力」ダイアログの画面を閉じます。この「close_process」が実行されるよう、この画面は、必ず「閉じる」ボタンを使って閉じてください。

索引

記号

A

B

C

D

E

F・G

I・J

L

M・N

U・V

W・X

ア行

カ行

サ行

タ行

ナ行

ハ行

マ行・ヤ行

ラ行・ワ行

お問い合わせについて

本書に関するご質問については、本書に記載されている内容に関するもののみとさせていただきます。本書の内容と関係のないご質問につきましては、一切お答えできませんので、あらかじめご了承ください。また、電話でのご質問は受け付けておりませんので、必ずFAXか書面にて下記までお送りください。
なお、ご質問の際には、必ず以下の項目を明記していただきますよう、お願いいたします。

① お名前
② 返信先の住所またはFAX番号
③ 書名（今すぐ使えるかんたんbiz　Python × Excel 自動処理 ビジネス活用大全）
④ 本書の該当ページ
⑤ ご使用のOSとソフトウェアのバージョン
⑥ ご質問内容

なお、お送りいただいたご質問には、できる限り迅速にお答えできるよう努力いたしておりますが、場合によってはお答えするまでに時間がかかることがあります。また、回答の期日をご指定なさっても、ご希望にお応えできるとは限りません。あらかじめご了承くださいますよう、お願いいたします。

問い合わせ先

〒162-0846
東京都新宿区市谷左内町21-13
株式会社技術評論社　書籍編集部
「今すぐ使えるかんたんbiz　Python×Excel自動処理 ビジネス活用大全」質問係
FAX番号 03-3513-6167　URL:https://book.gihyo.jp/116

お問い合わせの例

FAX

①お名前
技術　太郎
②返信先の住所またはFAX番号
03-××××-××××
③書名
今すぐ使えるかんたんbiz
Python × Excel 自動処理
ビジネス活用大全
④本書の該当ページ
100ページ
⑤ご使用のOSとソフトウェアのバージョン
Windows 11
Python 3.11.3
⑥ご質問内容
結果が正しく表示されない

※ご質問の際に記載いただきました個人情報は、回答後速やかに破棄させていただきます。

今すぐ使えるかんたんbiz
Python×Excel自動処理　ビジネス活用大全

2023年7月12日　初版　第1刷発行
2024年8月20日　初版　第2刷発行

著者…………………………土屋　和人
発行者………………………片岡　巌
発行所………………………株式会社 技術評論社
東京都新宿区市谷左内町 21-13
電話　03-3513-6150　販売促進部
03-3513-6160　書籍編集部

カバーデザイン…………小口翔平＋畑中茜（tobufune）
本文デザイン……………今住　真由美（ライラック）
DTP・本文図版　…………ライラック
編集…………………………青木　宏治
製本／印刷…………………日経印刷株式会社

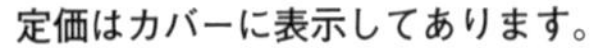

定価はカバーに表示してあります。

ISBN978-4-297-13583-6 C3055

Printed in Japan